U0161776

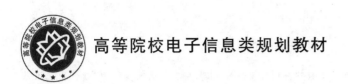

高等院校电子信息类规划教材

通信网理论与技术基础

主　编　彭木根

副主编　李　慧　李　屹　王　珂

　　　　闫　实　谢人超

北京邮电大学出版社
www.buptpress.com

内 容 简 介

"通信网理论与技术基础"是信息与通信工程的一门重要的专业课,在有些高校也称为"通信网理论基础""通信网性能分析基础"等。通信网将不同的通信链路互联互通起来,使得信息能够在广域范围内随时随地快速、可靠、多样、经济地传输,这涉及了通信链路的排队理论,涵盖了通信网的图论理论,同时也包含了相应的通信网络技术等。

本教材共分为9章,分别介绍了通信网的概念、基本组成和关键技术;通信网协议组成与性能分析;通信网络中的随机过程;排队系统及通信网络队列呼损性能;通信网络队列时延性能;通信网络的图理论;通信网络中的多址接入技术;通信网络的路由技术;网络可靠性。

本教材的编写着眼于新工科强化基础理论和典型示例讲解,使读者能更好地掌握基础理论知识。本教材面向通信工程、电子信息工程、信息工程等本科专业,也可以用于相关专业的研究生教学。

图书在版编目(CIP)数据

通信网理论与技术基础 / 彭木根主编 . -- 北京:北京邮电大学出版社,2024.1
ISBN 978-7-5635-7058-4

Ⅰ. ①通… Ⅱ. ①彭… Ⅲ. ①通信网 Ⅳ. ①TN915

中国国家版本馆 CIP 数据核字(2023)第 215551 号

策划编辑:姚 顺 刘纳新 责任编辑:刘 颖 责任校对:张会良 封面设计:七星博纳

出版发行:北京邮电大学出版社
社 址:北京市海淀区西土城路 10 号
邮政编码:100876
发 行 部:电话:010-62282185 传真:010-62283578
E-mail:publish@bupt.edu.cn
经 销:各地新华书店
印 刷:保定市中画美凯印刷有限公司
开 本:787 mm×1 092 mm 1/16
印 张:14
字 数:355 千字
版 次:2024 年 1 月第 1 版
印 次:2024 年 1 月第 1 次印刷

ISBN 978-7-5635-7058-4 定价:45.00 元

前　言

　　人们的信息交流从语言、文字、印刷、电报、电话一直到今日多姿多彩的现代通信,人类社会已经迈向了信息时代。随着人工智能、通信、网络等的发展,以及第四次工业革命的临近,在新的全球格局和大国竞争的国际环境下,信息技术的战略性地位更加突出。自从香农建立经典信息论以来,信源编码、信道编码、密码、多用户信息论等多个方向取得了众多突出成果。

　　信息论是通信的基础理论,各种各样的通信技术不断推陈出新,促进了通信网理论和技术的发展。30多年来,通信网络向数字化、智能化、综合化、宽带化、个人化方向不断迈进,通信网已经成为信息社会的重要基础设施,也是发达国家竞相争夺的制高点。通信网最早主要是指传统的电话交换通信网,它由传输、交换和终端三大部分组成,传输是指传送信息的媒体,交换是指各种终端交换信息的中介体,终端是指用户使用的话机、手机、传真机和计算机等。近年来,因特网、移动通信网、物联网、工业互联网、卫星互联网的发展非常迅速,深刻地改变了人们的生活、出行、居住,也从根本上影响了整个社会。以移动通信网为例,从1G演进到5G乃至6G,移动通信网络正朝着全覆盖、全频谱、全应用、强安全的趋势发展,综合无线/移动、微波、卫星、水下通信、光通信,实现空天地海多域融合覆盖。未来,以大数据、人工智能、6G、物联网为代表的通信网展现出了蓬勃发展的态势,迫切需要相应的基础理论作指导,为未来信息科技的发展奠定坚实的理论基础。

　　经典信息论主要针对小规模通信与信息系统在简单场景下的性能极限进行刻画,不能适应未来大规模网络的结构形态、流量特征、服务需求,更不能适应通信网络节点的动态变化与交换处理等复杂场景。传统网络信息论刻画了网络环境下多用户通信与信息系统的本质规律和性能极限,为现代通信与信息系统的演进和发展提供了重要的理论指导和思想源泉。随着移动互联网、物联网和大数据的飞速发展,通信网络的结构形态、流量特征、服务需求一直在动态变化。特别地,随着通信网络的规模化扩展、资源日益受限、网络状态空间巨大且动态变化,通信网络呈现高度的复杂性、动态性、不均衡性;此外,通信网络面临大数据的实时高效处理需求,大数据的分布性、冗余性、动态性、关联性和时效性等复杂特性给通信网络带来了巨大的困难。这些变化和挑战使得除了要继续突破网络信息理论外,还需要联合排队论和图论的通信网基础理论,从而为通信网络和信息系统的设计奠定基础。

　　本教材聚焦通信网络的排队论和图论,系统讲解话务量、容量、时延、最短路径等关键知识点,构建信息通信网络基础理论框架。本教材主要讲授如何应用概率论、随机过程、排队论、图论等理论分析面向电路交换和面向分组交换的通信网络性能,用数学的语言描述通信网,用图论知识看待最短路径和最大流,掌握网络可靠度的分析方法。

本教材的目标是学以致用,为后续从事通信和网络方面的科研、开发及应用等工作打下坚实的理论基础。通过本教材的学习,读者能了解信息通信网络理论的发展历史;通过对通信网络中的元素进行数学建模,了解如何分析出影响网络容量的关键因素;掌握用概率理论、工程近似、仿真建模等手段来解决信息通信网络分析和设计等关键问题,例如分析不同的多址技术和路由技术的性能,解决实际电信网络、移动通信网络、卫星通信网络、计算机网络、光通信网络、无线局域网络等网络中的配置部署、资源管理、规划优化等问题,也为新型通信网络及其关键技术设计提供基础理论支撑。

本教材源于北京邮电大学通信网理论基础本科生课程教学实践,最早可追溯到 1991 年出版的《通信网理论基础》(第 1 版)及其 2009 年出版的修订版,也充分考虑了 2006 年出版的《通信网性能分析基础》。本教材在这两本教材的基础上,进一步强化了通信网的基础理论,也增加了通信网相应的关键技术和标准协议等内容,以便更好地和当前及未来的通信网络先进技术、体系架构、组网模式紧密关联。

为了方便相关院校基于本教材开设相应的课程,作者在 MOOC 上开建了相应的课程,提供了完备的线上授课资料,可以配套学习和使用。由于水平有限,书中难免会有不严谨、不妥当之处,敬请大家批评指正,欢迎来信交流!

彭木根

2023 年 6 月 1 日于北京邮电大学教 2 楼

目　录

第1章 绪　论

通信意味着信息的传递和交换,是连接人类社会各组成要素的重要手段。随着通信和计算机技术的发展和进步,信息的交换日趋频繁,已经能够突破时间和空间的限制,让人们在广域范围内随时随地获取和交换信息成为可能。通信技术的发展已经深刻改变了传统的社会生产方式和生活模式,极大地促进了社会的进步。通信网将不同的通信链路互联互通起来,以实现信息在广域范围内随时随地快速、可靠、多样、经济地传输。

本章主要讲授通信链路与通信网的基本构成,使学生能够掌握通信网的原理、要素和特征等。

1.1　通信链路与通信网

通信包含通信链路和通信网,其中通信链路包含将一个用户的信息传输到另一个用户的全部设施,主要包括能够把原始信息转换成可在信道上传输的信号发送端、传输信号所需的线路及其附属设备以及能够把信号恢复成原始信息的接收端。根据应用场景不同,通信链路可以是微波链路、移动通信链路、光通信链路、卫星通信链路等。

1.1.1　通信链路

通信链路一般通过电信号或光信号来实现信息的传递和信息的交换。通信链路由各种通信设备和通信信道组合而成,如图 1-1 所示,主要包括信源、变换器、信道、噪声源、反变换器和信宿六部分。

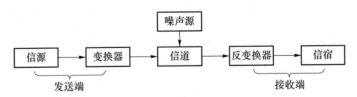

图 1-1　通信链路的组成

① 信源。信源是指产生各类信息(如语音、文字、图像及数字等)的实体,信源的本体可以是人,也可以是机器,如计算机、电视机、收音机、传感器、机器人等。不同类型的信息源将会构成不同模式的通信链路。

② 变换器。变换器是将信源发出的信息按一定的目的变换为适合在相应信道上传输的设备。对不同类型信源的通信链路,变换器有不同的组成及变换功能。例如,在数字电话

通信链路中,变换器主要包括送话器和模拟数字转换器等,其作用是将送话器产生的模拟语音信息变换成适合在数字信道上传输的信息。

③ 信道。信道是信号传输的媒介,一般可分为有线和无线两类。对于有线信道,电磁或光信号通过明线、电缆、波导、光缆等进行传输;对于无线信道,电磁信号通过微波、激光、红外等在空气中传输。按传输信号类型的不同,信道又可分为模拟信道和数字信道。

④ 反变换器。反变换器将通过信道接收的信号变换成接收端所期望的原始信息。反变换器的功能与变换器相反,用于复原信源传递的信息,如数字模拟变换器。

⑤ 信宿。信宿是信息的接收者,与信源相对应,其本体也可以是人或者机器,可构成人-人通信、机-机通信、人-机通信或机-人通信等。

⑥ 噪声源。噪声源是指信息传输过程中各种干扰加注于信道的等效结果,对信息的发送与接收会产生影响,使信息意义发生改变。噪声来自各个部分,包括周围环境、各种设备的电子器件、外部电磁信号等。

如图 1-1 所示,通信链路仅是两个用户之间的单向通信,双向通信则还需另一个通信链路来实现反向的信息传输。对于多用户间通信,则需多个通信链路协同工作,即形成通信网。

1.1.2 通信网组成

通信网可视为实现任意用户间信息传递和交换的全部设备的总和,是通信链路的集合,包括所有的通信设备及通信规程。在通信网中,交换的信息主要有三类,包括用户信息(如语音、数据、图像、视频等)、控制信息(如信令信息、路由信息等)和网络管理信息。由于信息通常以电信号和光信号的形式进行传输,并且在电信行业使用,因而通信网也称电信网。

通信网由硬件和软件设施按照特定方式协作构成,如图 1-2 所示。从硬件设施来看,通信网由终端设备、交换设备和传输系统构成,基本功能包括接入、交换和传输。从软件设施来看,通信网包括信令、协议、控制、管理、计费等功能模块,主要完成通信网的控制、管理、运营和维护,进而实现通信网的自动化和智能化。

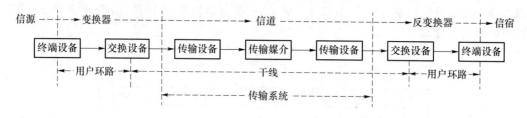

图 1-2 通信网的基本构成示意图

① 终端设备。终端设备是用户与通信网之间的桥梁,包括信源、信宿、变换器、反变换器的一部分,如电话机、传真机、计算机、机顶盒、手机、卫星终端等。终端设备具备以下三个功能:

- 对信源产生的信息和信道上传输的信号进行相互转换,即变换器和反变换器的功能;
- 将信号与信道相匹配,由信号处理设备实现;
- 信令的产生与识别,以实现对通信网的控制作用。

② 传输系统。传输系统即传输链路,负责将通信系统中的发送端和接收端连接起来,是信息的传输通道,包括信道、变换器、反变换器的一部分。组成传输系统的硬件主要包括线路接口设备、传输媒介和交叉连接设备。

③ 交换设备。交换设备是通信网构建的核心,负责信息的交换和处理,如电话交换机、分组交换机、路由器、转发器等。

1.1.3　通信网分类

通信网根据需求不同,存在多种类型。此外,根据应用场景和承载业务不同,存在多种方式的分类。

① 按通信内容。按通信内容可分为电话网、移动通信网、计算机网、数据网、广播电视网等。通信网最初以电话网为主体,早期的通信网就是特指电话网。随着社会的发展,其他类型的信息传输需求及计算机的快速发展催生了计算机网和数据网,它们成为继电话网之后发展最快的通信网。

星座网络

随着个人通信技术和应用的发展,移动通信网在 20 世纪末异军突起,并每隔 10 年推出一代更先进的移动通信技术。至 2020 年,已经启动了对第六代移动通信系统(6G)的研发。与此同时通信网络从陆地向太空发展,高轨同步卫星通信网和低轨巨型星座网络等相继被提出。

② 按服务范围。按服务范围可分为个域网(Personal Area Network,PAN)、专用网(Private Network)、局域网(Local Area Network,LAN)、城域网(Metropolitan Area Network,MAN)、广域网(Wide Area Network,WAN)和骨干网(Backbone Network)等。其中,个域网、专用网、局域网通常为私有网络,其他网一般均为服务于公共社会的网络。

③ 按使用的信道。按使用的信道可分为电缆网、移动通信网、微波中继网、卫星网、光缆网等。不同信道在传输和应用上具有各自的优势。例如,移动通信网比较容易建立,能很好地支撑老百姓移动状态下的通信需求,但受到衰落的影响,其通信质量常得不到保证;卫星网比较适用于远距离的连接,特别适用于无法部署基站的边远地区和海洋等场景;光缆网潜在的通信容量大且干扰小,通常用于城域网和骨干网等。

④ 按拓扑结构。按拓扑结构可分为线型网、星型网、网状网、环型网、复合型网、蜂窝网等。在通信网中,所谓拓扑结构是指构成通信网中节点之间的互连方式。传统无线移动通信网的基站部署呈蜂窝状,所以无线移动通信网也称为蜂窝移动通信网。

1.1.4　通信网的历史发展

目前,通信网主要包括电报网、电话网、计算机网、移动通信网、移动互联网、物联网、卫星互联网、工业互联网等,其中电话网、计算机网和移动通信网相对最成熟、应用最广,对老百姓的生活及工作等影响也最大。

1. 电话网

人类对于远程传递语音的研究源于远古时代,如"顺风耳"的传说。对于远距离传送声音的研究始于 17 世纪的欧洲,英国著名的物理学家和化学家罗伯特·胡克首次提出的远距离传送语音概念。1796 年,休斯提出了利用话筒接力传送语音信息的办法,并称之为电话,电话这一通信方式一直沿用至今。究竟谁是电话的发明者,历史上尚无定论,通常认为第一个申请电话发明专利的亚历山大·格拉汉姆·贝尔是电话的发明者。

电话网经历了一段迅速的变革和发展历程,根据使用的交换技术不同,电话网可分为 3 个阶段:人工交换、机电交换和电子交换。1878 年 1 月 28 日,美国康涅狄格州的纽好恩,开通第一个市内网状网式样的电话交换所,当时只有 20 个用户。第一个研究发明自动电话的人是美国堪萨斯州一家殡仪馆的老板,名叫阿尔蒙·布朗·史端乔(Almon B. Strowger),他于

贝尔的童年

1891 年 3 月 10 日获得了"步进制自动电话接线器"发明的专利权。1892 年 11 月 3 日,利用史端乔发明的接线器制成的"步进制自动电话交换机"在美国印第安纳州的拉波特城投入使用,这是世界上第一个自动电话局。1919 年,瑞典的电话工程师帕尔姆格伦和贝塔兰德发明了一种自动接线器——"纵横制接线器"。"纵横制"和"步进制"都是利用电磁机械动作进行接线,同属于"机电制自动电话交换机",但是纵横制的机械动作很小,又采用贵重金属的接触点,因此比步进制交换机的动作噪声更小,磨损和机械维修工作量也更小,且工作寿命也较长。另外,它们的控制方式也不同:步进制是由用户拨号直接控制其机械动作,称为"直接控制式";而纵横制是用户拨号需要通过一个公共控制设备间接地控制接线器动作,因而称为"间接控制式"。"间接控制式"比"直接控制式"具有明显的优点,其工作比较灵活,便于在有多个电话局组成的电话网中实现灵活的交换,便于实现长途电话自动化,还便于配合使用新技术、开放新业务等,因此得到了广泛的应用。直到 20 世纪 90 年代,许多国家(包括我国少数地区)的公用电话通信网仍以采用纵横制交换机为主。

半导体器件和计算机技术的诞生与迅速发展,猛烈地冲击着传统的机电式交换结构,使之走向电子化。美国贝尔公司经过艰苦努力于 1965 年生产了世界上第一台商用存储程序控制的电子交换机,这标志着电话交换机从机电时代跃入电子时代。程控时分交换机一般在话路部分中传送和交换的是数字语音信号,因而称为程控数字交换机,它标志着交换技术从传统的模拟交换进入数字交换时代。程控数字交换技术的先进性和设备的经济性,使电话交换跨上了一个新的台阶,而且为开通非话业务、实现综合业务数字交换奠定了基础。随着微处理器技术和专用集成电路的飞跃发展,程控数字交换的优越性愈加明显地展现出来。

1995 年,以色列 VocalTec 公司推出 Internet Phone,揭开了电信 Voice over IP(VoIP)的序幕。VoIP 可以理解为透过 IP 网络传输的语音或视频信号,它不仅帮助人们享受到更便宜,甚至免费的通话及多媒体服务,还改变了电信业的服务内容及面貌。最初 VoIP 是以软件的形式呈现,同时仅限于计算机间的通话。换言之,人们只要分别在两端不同的计算机上,安装 VoIP 软件,即可通过 IP 网络进行对话。随着宽带网技术的演进,VoIP 也由纯计算机间的通话,衍生出 IP 和传统电话网间通话等多形式,这也意味着电信业长久以电路交换网络为核心的独占性通信模式逐渐被打破。

2. 计算机网

计算机网是计算机技术与通信技术相结合的产物,自 20 世纪 60 年代以来,陆续应用到经济、军事、生产、教育、科学技术及日常生活等各个领域。计算机网是利用通信链路将不同地理位置的、具有独立功能的多台计算机或共享设备互连起来,配以功能完善的网络软件,使之实现资源共享、信息传递和分布式处理的网络。计算机网经历了从简单到复杂、从单机

到多机、从终端与计算机之间通信到计算机与计算机之间直接通信的发展阶段。

（1）第一代计算机网络

20 世纪 50 年代中后期，众多系统都将地理上分散的多个终端通过通信链路连接到一台中心计算机上，出现了第一代计算机网络，第一代计算机网络是以单个计算机为中心的远程联机系统。典型的应用是 20 世纪 60 年代 IBM 公司为美国航空公司研发的飞机订票系统 SABRE-I，该订票系统具备了通信的雏形，其终端是由一台计算机外部设备组成的简单计算机，仅包括 CRT 控制器、键盘，没有 CPU、内存和硬盘。当时的计算机网络定义为"以传输信息为目的而连接起来，以实现远程信息处理或进一步达到资源共享的计算机系统"。

（2）第二代计算机网

真正的计算机网起始于 1969 年美国国防部高级研究计划局（DARPA）建成的 ARPAnet 实验网。建网之初该网仅有 4 个结点，以电话线路为主干网。其特点主要有：资源共享；分散控制；分组交换；采用专门的通信控制处理机；采用分层的网络协议等。这些特点被认为是现代计算机网络的一般特征。

（3）第三代计算机网

1977 年国际标准化组织（ISO）开始着手制定开放系统互连参考模型（OSI/RM），这标志着第三代计算机网络的诞生。OSI/RM 把网络划分为 7 个层次，并规定计算机之间只能在对应层之间进行通信，这简化了网络通信原理，是公认的现在商用计算机网络体系结构的基础，为普及局域网奠定了基础。

（4）第四代计算机网

20 世纪 80 年代末，局域网技术得到了成熟发展，并出现了光纤及高速网络技术。这使得整个网络看起来就像一个对用户透明的巨大计算机系统，而以因特网为代表的网络取得了显著进展。此时的计算机网络被定义为"将多个具有独立工作能力的计算机系统通过通信设备和路由功能完善的网络软件实现资源共享和数据通信的系统"。1985 年美国国家科学基金会利用 ARPAnet 协议建立了用于科学研究和教育的骨干网络 NSFnet，该网络于 1990 年取代 ARPAnet 成为美国国家骨干网，并走出了大学和研究机构，走进了社会，从此网上的电子邮件、文件下载和信息传输被人们广泛使用。自 20 世纪 90 年代以来，Internet 以惊人的速度向前发展，深刻地改变了人们的生活与工作方式。

3. 移动通信网

移动通信网的发展可以追溯到无线电通信的发明。1897 年马可尼完成的固定站与一艘拖船之间的无线通信实验，通信距离为 18 海里，该实验标志着移动通信正式诞生。移动通信网的发展始于 20 世纪 20 年代，大致经历了 5 个发展阶段。

① 第一阶段（20 世纪 20 年代至 20 世纪 60 年代）。代表是美国底特律市警察使用的车载无线电系统。1946 年，贝尔公司在圣路易斯城建立了世界上第一个公用汽车电话网，称为"城市系统"。随后，美国贝尔实验室完成了人工交换系统的接续问题，特点是从专用移动网向公用移动网过渡，接续方式为人工，网络容量较小。

② 第二阶段（20 世纪 60 年代中期至 20 世纪 70 年代中期）。美国推出了改进型移动电话系统，使用 150 MHz 和 450 MHz 频段，采用大区制和中小容量的设计方案。该系统能够自动选择无线频道，并能够实现与公用电话网的自动接续。其特点包括采用大区制、中小容量，并成功实现了自动选频与自动接续等功能。

③ 第三阶段(20世纪70年代中期至20世纪80年代中期)。1978年年底,美国贝尔实验室推出先进移动电话系统,构建了第一代蜂窝状移动通信网(1G),并于70年代提出了蜂窝网的概念,核心思想是小区制,通过相隔一定距离的小区使用相同的频率,实现了频率复用,从而显著提高网络容量。蜂窝思想有效解决了公用移动通信系统在需要大容量而频率资源有限的情况下所面临的矛盾。

④ 第四阶段(20世纪80年代中期至20世纪90年代中期)。主要是第二代移动通信系统(2G),包括欧洲研制的GSM系统(全球移动通信系统)和美国高通公司的CDMA(码分多址)移动通信系统。

⑤ 第五阶段(20世纪90年代中期开始至今)。包括第三代移动通信系统(3G)、第四代移动通信系统(4G)、第五代移动通信系统(5G)和6G等。ITU(国际电信联盟)从1997年起向全球征集3G标准的备选提案,确定的三大3G主流标准分别为:由GSM延伸而至的WCDMA;由CDMA演变发展的cdma2000;我国提出的TD-SCDMA。21世纪初,4G迅速成熟和大规模应用,重点是增加数据和语言容量,提高用户体验质量,并且推出了全IP系统,摒弃了传统的电路交换技术。之后,为追求高速率、低时延、低功耗、高可靠,4G向5G演进,除了实现个人通信的移动互联网,也追求垂直行业应用,支持海量数据传输,实现万物互联,促进工业互联网等发展。2019年起,为了实现万物智联,业界开始研发6G,以解决海陆空天覆盖等地域受限问题,实现全球无缝覆盖;同时使得人与机器将和谐地互联、形成真正意义上的"智慧互联时代"。

1.2 通信网的基本组成

通信网一般由接入网、传输网、核心网、云计算平台和业务平台等组成。需要注意的是,传统的通信网不包括用户终端,但随着边缘计算技术的发展,有时终端设备也成为了通信网的一个重要组成。

1.2.1 终端设备

终端设备包括手机、电话机、计算机、传感器等。一般而言,通信网服务于人类,人类主要通过听觉和视觉来接受外界的刺激,因而接收声音和图像的设备也是通信网中最常用的终端设备。随着近代计算机的发展,人-机通信和机-机通信逐渐形成,此时数据终端显得尤其重要。作为数据信息的转换设施,出现了键盘、鼠标等输入设备,相应的输入设备也同时涌现,比如打印机、显示屏等。在机-机通信系统中,可利用计算机内存的存储和取出设备完成与电信号的相互变换。此外,由于科学技术的进步,传感器的质量不断提高,类别不断增多。例如,遥感遥测等技术中的信息传送具有特定的传感方式,时常需要把不同类型的物理参数(包括温/湿度、位置、速度等)变换成电信号;而接收端传感器仅需把电信号复原成数据打印出来,不再需要将其变换成原始物理量。

1.2.2　接入网

我国通信行业标准 YD/T1034《接入网名词术语》中,对"接入"的定义是:用户为获得一个电信网络的业务/设施而连接网络的手段或方法。传统通信网将全网划分为公用通信网和用户驻地网(Customer Premises Network,CPN)两大模块,其中用户驻地网属用户所有,故通信网通常指公用通信网部分。公用通信网又可划分为三部分,即长途网(长途端局以上部分)、中继网(长途端局与市话局之间以及市话局之间的部分)和接入网(端局至用户之间的部分)。目前,国际上倾向于将长途网和中继网合起来称为核心网(CN)或转接网(TN),相对于核心网的其他部分则统称为接入网。基于用户接入网络的实际物理连接,通信网可由用户驻地网(CPN)、接入网(AN)和核心网(CN)组成,如图 1-3 所示,或包含 LAN、MAN和 WAN 等。

图 1-3　通信网的基本组成

用户驻地网、接入网和核心网之间的关系如图 1-4 所示。CPN 是指用户终端到用户网络接口之间的相关网络设施。CPN 在规模、终端数量和业务需求方面差异很大,可大至公司、企业和大学校园,由局域网的所有设备组成;也可小至普通居民住宅,仅由一部电话机和一对双绞线组成。

AN 位于 CPN 和 CN 之间,包含连接两者的所有设施、设备和线路,是一个独立于具体业务网的信息传送平台。如今 AN 已经从功能和概念上替代了传统的用户环路结构,成为通信网的重要组成部分。AN 属于通信网的末端,其长度一般为几百米到几千米,因而常被形象地称为信息高速公路(通信网)的"最后一公里"。

1.2.3　传输网

传输网(TN)的主要功能是传送各个业务网的信号,使每个业务网的不同节点设备、不同业务网之间互相连接,从而形成一个四通八达的网络,为用户提供各种业务,即:传输网提供物理通道,将所有通信设备整合为一个整体。TN 服务于网络所承载的各种业务,是通信网的重要组成部分。没有它,网络中不同设备之间则无法进行通信连接。TN 作为信号传送的通道,通常位于交换网、数据网和支撑网之下。它利用铜线、光缆光纤、信号放大器、接口、接头、接口转换器、微波及卫星等传输媒介来实现信号的传送和交换。

TN 由各种传输线路和传输设备组成。传输线路负责完成信号的传递,可分为有线传输线路和无线传输线路。传输设备负责信号的处理功能,实现信息的可靠传输、整合、收敛和转发等。TN 按其所处位置及作用可分为长途(干线)TN 和本地 TN(一般分为核心层、汇聚层和接入层),如图 1-5 所示。

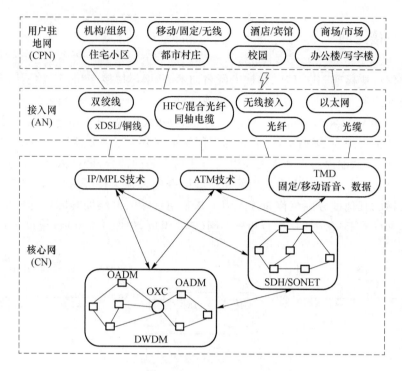

图 1-4   用户网、接入网和核心网之间的关系

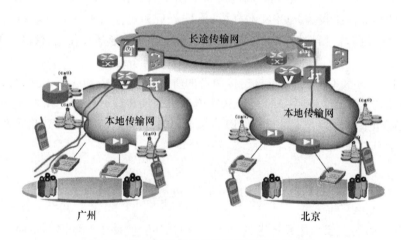

图 1-5   传输网按其所处位置及作用进行分类

1.2.4   核心网

　　核心网(CN)是通信网的核心部分,被喻为整个网络的大脑。它将业务提供者与 AN ,或将 AN 与其他 AN 连接在一起,负责数据收集和分发,能够为接入网上的用户提供多种服务。

　　核心网设备主要采用网络和数据链路层技术 , 包括 IP 技术、异步传输模式(Asynchronous Transfer Mode , ATM)、同步光网络(Synchronous Optical Networking,

SONET)技术和密集波分复用(Dense Wavelength Division Multiplexing ,DWDM)技术。核心网的主要功能如下。

- 聚合:对于服务提供商网络,具有最大程度的聚集度;对于核心设备的层次结构,是分布网络;此外是边缘网络。
- 身份验证:确认向通信网请求服务的用户是否允许在网络中完成任务。
- 呼叫控制或交换:依据呼叫信令的处理结果,确定呼叫的未来路由路径和跨度。
- 计费:对多个网络节点创建的数据进行收费处理及核对。
- 服务调用:为用户执行服务调用任务,可遵从用户的某些精确活动(如呼叫转发)发生,也可以无条件地执行(如呼叫等待)。
- 网关:用于核心网访问其他网络,功能取决于其所连接的网络类型。

当前,核心网已全面进入 IP 时代,IP、融合、宽带、智能、容灾和绿色环保成为其主要特征。

1.2.5 云计算平台

云计算平台也称云平台,是基于硬件和软件资源的服务,提供计算、网络和存储能力。云平台可以被划分为 3 类,分别是:以数据存储为主的存储型云平台;以数据处理为主的计算型云平台;计算和数据存储处理兼顾的综合云平台。按照服务方式,云平台又可划分为公有云平台、私有云平台和混合云平台,如图 1-6 所示。

为什么叫云计算

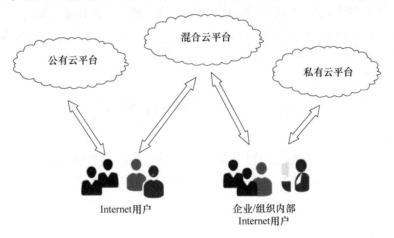

图 1-6 云平台的服务方式

- 公有云平台:公有云平台是通过互联网提供计算资源的第三方提供商,如 Google 云、华为云、百度云、中国电信云等。
- 私有云平台:私有云平台属于单个组织独有,通常处于现场数据中心或由第三方服务提供商托管。
- 混合云平台:混合云平台是公有云平台和私有云平台的组合。数据和应用程序可在两者之间无缝移动,为用户提供了更大的灵活性,且有助于优化基础结构、安全性及合规性。

云平台和网络密不可分,云网融合成为重要的发展趋势。从本质来看,云是计算,网是连接。从企业主体来看,云是云服务提供商(亚马逊、谷歌、阿里、腾讯),网是电信运营商(移动、电信、联通)。云网融合,站在技术的角度,就是云计算中引入网络的技术,通信网中引入云计算的技术。

1.2.6 业务平台

业务平台是向接入用户提供语音、传真、数据、多媒体、VPN 等业务的平台。采用不同交换技术的交换设备通过传输网互连,可形成不同类型的业务平台。通信网提供的业务逐渐呈现移动性、多媒体性、交互性、智能性、带宽按需分配等特征,按照信息类型,可将业务分为如下 4 类。

- 语音业务:提供固定、移动、会议等电话语音业务以及 VoIP 和电话语音信息服务等业务,无需复杂的终端设备,所需带宽一般为 64 kbit/s,采用电路或分组方式承载。

为什么是 64 kbit/s

- 数据业务:提供电子邮件、数据检索、Web 浏览、文件传输、局域网互连、面向事务的数据处理业务等,所需带宽差别较大,一般大于 64 kbit/s,采用电路和分组方式承载。
- 图像业务:提供传真、CAD/CAM 图像传输等业务,所需带宽差别较大,G4 类传真一般为 2.4～64 kbit/s,而 CAD/CAM 则需 64 kbit/s～34 Mbit/s。
- 视频和多媒体业务:提供可视电话、视频会议、视频点播、普通电视、高清晰度电视等业务,所需的带宽差别极大,例如会议电视需 64 kbit/s～2 Mbit/s,而高清晰度电视则需 140 Mbit/s 左右。

1.3 通信网关键技术

要将多个点对点的通信链路按照一定规则构成通信网,在链路间必须配备相应的交换和接入设备。常见的交换包括电路交换、分组交换。为了实现多用户通信,需要使用多址接入和复用技术。

1.3.1 电路交换

电路交换(Circuit Switching,CS)是通信网中最先出现的一种交换方式,也是应用最普遍的一种交换方式,起源于电话交换系统,现已有一百多年的历史。目前主要应用于电话网,也可应用于数据通信。

电路交换即是在两个用户之间搭建一条临时但专用的通信链路,该链路由于要占用传输资源,就称为专门电路,它保持连续的连接,独占相关资源,并一直保持到通信结束为止。电路交换是以电路连接为任务,并进行实时排他通信的一种交换方式,其过程基本可分为电路建立、信息传输和电路释放三个阶段。

- 电路建立：通信双方需先建立一条专用的物理通信链路，且一直维持到通信结束，电路交换是一种面向连接的交换方式。
- 信息传输：当通信链路建立后，双方可进行实时的、透明的、连续的信息传输。
- 电路释放：当信息传输完成后，一方或双方请求拆除此电路，即执行释放电路的操作，被释放的信道空闲后，可被其他通信用户使用。

下面以一个实例来说明电路交换的核心原理。如图 1-7 所示的网络拓扑结构，其中 1~7 为通信网的传输节点，A~F 为通信网的接入站点。若接入站点 A 期望将信息传输到接入站点 D，需要在 A 和 D 之间建立一条物理连接线路。

（1）接入站点 A 向相连的传输节点 1 发出与接入站点 D 连接的请求，由于 A 与节点 1 存在直接连接，因此不必再创建连接，但需在节点 1 和节点 4 之间建立一条专用线路。

（2）节点 1 和节点 4 之间存在多条线路，比如 1—2—3—4、1—6—5—4、1—2—7—3—4 等。此时，需要采用一些路径选择策略或算法，从中选择一条较优的线路，如 1—6—5—4。

（3）节点 4 利用直接连接与接入站点 D 连通，于是 A 和 D 之间的线路建立完成。

（4）源站（A）和目的站（D）可以通过建立的线路进行信号传输，即通过线路 1—6—5—4，可以将信息从站点 A 成功传输到站点 D。同时，在整个过程中，所建立的线路必须始终保持连接状态。

（5）信息传输结束后，由源节点或目的站点发出拆除线路的请求，然后逐节点拆除到对方节点，释放该线路所占用的节点及信道资源。

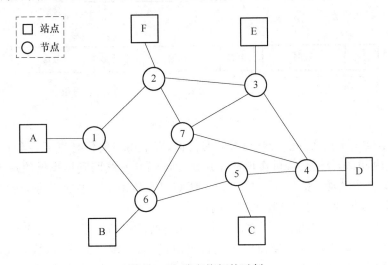

图 1-7　电路交换拓扑示例

电路交换的主要特点是通信双方在通信过程中占用固定带宽的链路，因此能够保障通信的时延特性。它对语音和其他实时性业务比较适合，但面对各种类型的突发信源，线路的利用率低。

1.3.2　分组交换

在数据通信日益发展和演进下，电路交换的资源利用率低的不足问题愈发凸显。

当通信链路资源全部占用时,电路交换能采取的措施只能是拒绝用户的呼叫请求,即呼损。实际上,当占用的电路数相对较多时,仅需稍等片刻,就会有线路被释放而空闲,从而可有效避免呼损,即用时延换取低呼损。此外,在通话过程中,有一半以上的时间通信线路实际上处于空闲状态,完全可以利用这些空隙传输更多用户的语音信号。

对于数据业务,其固有的突发性决定了通常以短时间的脉冲串方式传输信息,这导致更多的线路处于空闲状态。与实时性要求不高相比,数据业务对精确性要求较高。

可见,无论是语音业务还是数据业务,采用电路交换都会带来突出的线路空闲问题,分组交换(Packet Switching,PS)由此应运而生。

在通信过程中,通信双方以分组数据包为单位,利用存储-转发的机制实现分组数据包交互,即为分组交换。PS 是将用户信息划分成若干个更小的等长的数据块,即分组(Packet),其中每个分组都含有携带必要控制信息的首部,如图 1-8 所示。分组的本质就是存储-转发:每个交换节点首先将接收的分组暂时存储,并检测分组传输中是否存在差错;然后分析该分组首部中有关路由选择的信息,进行路由选择并在此路由上排队;最后等待空闲信道,转发分组给相应的交换节点或者用户终端。因此,分组交换又称存储转发系统,该方式可更充分地利用有限的通信线路资源,服务更多的用户,但以时延为代价。

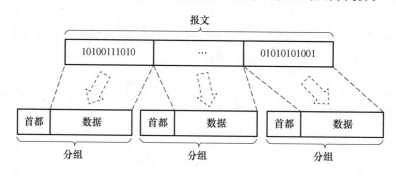

图 1-8　分组的概念

在 PS 中,同一个报文的多个分组可同时传输,多个用户的信息也可共享同一个物理链路,即统计复用,因此分组交换可实现资源共享,弥补了 CS 线路利用率低的缺点,同时也克服了传统报文交换时延大的问题。鉴于以上优点,PS 特别适合数据业务,所以 PS 一经提出,就广泛用于数据通信网和计算机通信网。

PS 有两种典型的工作模式,即面向连接和无连接。一般默认都是工作在无连接模式。为了减少时延的不确定性,对传统的 PS 进行了改进,以实现面向连接,核心思想是通信双方仅占用一个固定的逻辑链路而非实际的物理线路,即虚电路,该逻辑链路不是一直占用全程的链路资源,只有需要用到时才会占用。在数据交换之前建立逻辑的链路连接,在数据传输过程中,各个分组不需要携带目标节点的地址,但需保证数据分组的顺序。基于虚电路,电话信号也能够以分组的形式传输,如 VoIP 利用 IP 网络来传递语音,已成为长途电话的首选。

1.3.3　ATM 交换

ATM(Asynchronous Transfer Mode,异步传输模式)交换是对电路交换和分组交换的演进,它是一种数据传输技术,但没有共享资源和分组传输带来的延时,支持不同速率、类型的宽带信息交换,适用于局域网和广域网。ATM 交换融合了电路交换和分组交换的特点,实时性较好,适用于语音、数据和视频等所有的多媒体业务。ITU-T 在 I.113 建议定义 ATM 交换为"ATM 是一种传递模式,在该模式中信息被组成信元,且信元不需要周期性传输,故称异步"。

- 传递模式。通信网所采用的交换、复用、传输技术,即信息从源端传输到目的端所使用的传递方式。
- 信元。ATM 所特有的分组,任何待传输的信息均可被分成固定长度为 53 字节的数据块,其中 5 字节为信头,48 字节为数据。
- 异步。特指异步时分复用,即信元不必周期性出现。与同步时分复用不同,ATM 的信元在传输过程中与其所在时域的位置无关,可按信头中的控制信息进行区分,动态地占用信道。

ATM 以光纤传输为基础进行设计,在传输链路上采用简单的差错控制、流量控制等措施,以提高信元在网络中的传输速率。ATM 中的信元交换是其特有的交换方式,类似快速分组交换,但难度高于一般的分组交换技术。

1.3.4 复用技术

复用技术是在发送端将多路信号进行组合,并在一条专用的物理信道上完成传输,然后接收端再将复合信号分离出来。它主要分为频分复用、时分复用、统计复用、码分复用、波分复用、空分复用和极化波复用等。

- 频分复用。将载波带宽划分成若干个子频带,每个子频带可以并行传输一路信号。频分复用要求总带宽大于各个子频带之和,为了避免各子信道上所传输的信号互不干扰,需在各子信道之间设立隔离带。
- 时分复用。在交互时间间隔内在同一信道上传送多路信号,即将传输总时间划分为若干个时间片(简称时隙),并分配给多个信源使用,其中每一路信号仅在自己的时隙内独占信道传输数据。
- 统计复用。也称标记复用、统计时分多路复用、智能时分多路复用,实质上是带宽动态分配,是改进的时分复用。
- 码分复用。依靠不同的编码方式来区分各路原始信号的复用技术,在同一时间内可使每一个用户使用同一频带资源但不同编码进行通信。
- 波分复用。主要用于光纤通信,它将两个或多个载有信息且波长不同的光信号在单根光纤上同时传输。目前有粗波分复用和密集型波分复用,粗波分复用中,每根光纤可传输 4~8 种波长,常应用于中型网络系统,如城域网;而密集型波分复用支持 8 种以上的波长,甚至支持上百种波长,主要应用于长距离传输系统。
- 空分复用。多对电线或光纤或无线信道等在不同空间内重复利用的复用方式,例如可以通过空间上的多天线,也可以通过空间上分散部署的设备进行空分复用。
- 极化波复用。是卫星通信系统和 5G 中使用的一种先进空分复用技术,即一个馈源可同时处理两种极化方式的波束,如水平极化和垂直极化、左旋圆极化和右旋圆极化。

1.3.5　多址接入技术

多址接入技术是把位于网内不同地点的多个用户接入公共的传输媒介，以实现多用户同时通信的技术，也称多址技术。

按照有无冲突，多址接入方式可以分为无冲突的多址接入和有冲突的多址接入两类。移动通信系统中的频分多址、时分多址、码分多址等均为无冲突的多址接入。随机接入方式则为有冲突的多址接入，是一种竞争信道访问机制，即各个用户可随机地向公共传输媒介发送信息，竞争占用/访问信道。著名的应用为 ALOHA(阿罗华)接入方式，ALOHA 通常被认为是随机接入方式的代名词。由于用户访问信道具有随机性，可能发生多个用户同时竞争访问信道，造成"冲突"或"碰撞"。尽管无冲突的多址接入方式不必考虑冲突的问题，但在某些情况下，由于流量负荷和业务种类不同，采用有冲突的多址接入方式更高效。

按照信道分配形式，多址接入方式还可划分为固定分配信道接入方式和按需分配信道接入方式两类。固定分配信道接入方式是指信道的分配形式在一次通信过程中保持不变，适用于确定参数描述的业务，即在频域、时域、码域将公共信道划分成若干个子信道，并固定地分配给各用户。按需分配信道接入方式指信道的分配在一次通信过程中可能会发生变化，也称为动态分配接入方式，适用于统计特性描述的业务。

本 章 习 题

1-1　简述通信系统模型中各个组成部分的含义并举例说明。

1-2　简述通信链路与通信网的关系。

1-3　简述通信网的构成要素和基本组成。

1-4　通信网的分类方法有哪些？

1-5　什么是接入网、传输网及核心网？

1-6　什么是云计算平台？简述云计算平台的分类。

1-7　简述通信网的关键技术。

1-8　电路交换和分组交换有哪些差异？对于时延敏感的业务，采用哪种交换技术较好？

1-9　ATM 技术有哪些优缺点？和分组交换相比，ATM 技术主要有哪些不足？

1-10　多址接入技术的原理是什么？多址接入技术主要有哪些类型？

1-11　复用技术和多址接入技术有哪些区别？何时使用复用技术？

第2章 通信网协议组成与性能分析

一个基本的通信网通常由用户通信终端、物理传输链路(通信链路)和链路的汇聚点(网络节点)组成。根据用户类型(移动或固定)、业务种类(电话、多媒体、计算机数据)、传输链路或媒介(有线、光纤、无线)以及节点采用的技术体制(ATM 交换体制、电路交换体制、分组交换体制),通信网可以分为不同的类型。

本章主要介绍基于技术体制的通信网类型,以及相应的通信协议和流程等,让读者对通信网有一个整体认识,然后介绍相应的性能分析方法和主要原理等。

2.1 通信网的类型

通信网的目的是支撑和提供各种业务,根据业务不同,通信网包括模拟电话网、综合数字网、数据网、计算机网络和移动通信网等。

2.1.1 模拟电话网

1876 年,贝尔发明了电话,通过将语音信息转变为电信号,可实现远距离传输。为了能够服务多个用户,需构建一个网络。然而,在任意用户之间均配置一套通信系统代价过高,于是电话交换技术应运而生。电话交换技术能够为通信双方实时建立连接,包括人工交换和自动交换两种方式。电话网络如图 2-1 所示,其中每个用户通过专用接入线和交换节点(也称用户接入交换设备)进行连接通话。接入线通常为双绞线,利用二四线变换技术可以在两条线路上实现双向传输。

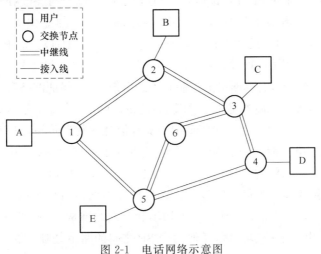

图 2-1 电话网络示意图

若用户 A 希望与用户 C 通话,用户 A 首先摘起话机,此时用户 A 和交换节点 1 之间的回路接通。若交换节点 1 允许用户 A 的通话请求,则会给其一个通话信号。然后,用户 A 开始拨号,交换节点 1 收到通话的目的号码后,将通过信令系统及其他交换节点的会话寻找能够连接到用户 C 的接入交换设备(即节点 3)的空闲线路。若找到一条空闲线路,交换节点 3 将通知用户 C 或振铃。当用户 C 摘机时,用户 C 的回路接通,此时网络已为用户 A 和用户 C 建立了一个端对端的连接,通话正式开始。整个过程的本质是为通信双方搭建一个恒定带宽的端对端连接,可确保通信的时延特性,且符合语音通信的需求。

2.1.2 综合数字网

从 20 世纪 70 年代末到 90 年代,电话网络经历了重大变革,即逐步完成了模拟到数字的转换,实现了数字化传输、程控交换和 7 号信令系统的引入。这一新型网络被称为综合数字网,它标志着模拟电话网具备了现代电话网络的基本特征。

首先是数字化传输,接入线到交换机的模拟信号在交换机的用户网络接口处,通过 PCM 编码转变成 64 kbit/s 的数字信号。为了有效利用中继线路的容量,综合数字网采用同步时分复用技术将信道划分成多个等级,其中基本等级被称为数字基群。中国和欧洲采用的数字基群标准为 El,每秒传输 8 000 帧,每帧由 32 个时隙组成。其中,时隙 0 用于同步,时隙 16 用于信令,其余 30 个时隙供 30 个话路使用。E1 的传输速率为 32×64 kbit/s= 2.048 Mbit/s。美国和日本采用不同的体制,使用 Tl 作为数字基群标准,其传输速率为 1.544 Mbit/s 或可支持 24 个话路。在数字基群之上还存在更高级别的标准,如 E2、E3、E4 等,每个级别的容量是前一个级别的 4 倍。这种数字传输体制被称为准同步数字系列 (PDH)。需要注意的是,在 PDH 体制中,每个等级的速率并不严格地是较低等级的 4 倍。由于是异源复接,采用了正码速调整技术,因此每个等级的速率略高于较低等级速率的 4 倍。在这个复接方法中,从高次群无法直接定位低次群信号,需要将其完全解复才能找到某个低次群,或者说需要全套的复用和解复设备,因此低速信号的上下路十分不方便。另外,鉴于全球存在不同的 PDH 体制,PDH 体制在建立之初就存在众多严重的缺陷。在 1986 年,为了统一光接口及弥补 PDH 的缺陷,北美提出了同步光纤网(SONET),并增加了多种网络管理功能;同时也增加了许多节点设备,传输部分可以独立构成一个传输网络。在 1988 年,ITU-T 提出了相应的世界标准,即同步数字系列(SDH)。基于 SDH 的传输网是第一个被大量应用的商用传输网标准。

其次是 7 号信令系统,它是网络的控制和神经系统,可以保证网络实现需要的逻辑和功能。7 号信令系统的第一个版本是 1980 年发布的协议的下三层。7 号信令系统的下三层为消息转移部(MTP),可分为 3 级,其中 MTP-1 实现消息的物理传输,MTP-2 保证无差错传输,MTP-3 则完成网络功能。基于当时信令转接点的水平,信令网的拓扑结构可为二级或三级结构,如中国是三级网络、美国是二级网络。中国的 7 号信令网有 3 类节点,信令点 (SP)、低级信令转接点和高级信令转接点。这样设计的网络有以下两个特点:一是高可靠性,网络中任何节点单一故障或某些多故障均不会对网络造成影响;二是严格的等级结构,如果不考虑备份路由产生的多样性,任何两个 SP 之间的路由是唯一的,这样 SP 之间在相互发送信令消息(MSU)时,无须建立连接,一般数据网络的路由选择和流量控制等问题在信令网络中基本不存在,故信令网络的 MSU 可以传递得非常快。

2.1.3 数据网

数据网是用于传输数据业务的通信网。它是以分组交换、帧中继交换、ATM 交换、高级路由器、IP 交换机等数据交换机为转接点而组成的网络。数据网发展很快,包括各种综合数据业务和宽带数据业务。以图 2-2 为例,面向连接的数据网通过建立逻辑连接实现双方之间的信息交换。在面向连接的网络中,如果没有信息交换,对应的物理线路资源可以被其他通信进程使用,因此也称虚电路方式,与电路交换中使用资源的方式有所区别。在帧中继中,数据链路连接标识符(DLCI)是一个局部地址。若局域网 1 希望传输一个包到局域网 2,包的地址为 DLCI 100;首先该包到达交换机 A 后,通过查询 A 的路由表可知,应将该包分送给输出线 12,并将地址改为 DLCI 103。随后,该包到达交换机 B,通过查询 B 的路由表可知,应将该包分送给输出线 15,并同时将地址改为 DLCI 106。通过这一过程,局域网 1 成功地将一个包传输给了局域网 2。图 2-2 还展示了局域网 1 到局域网 3 和局域网 4 的数据传输过程。

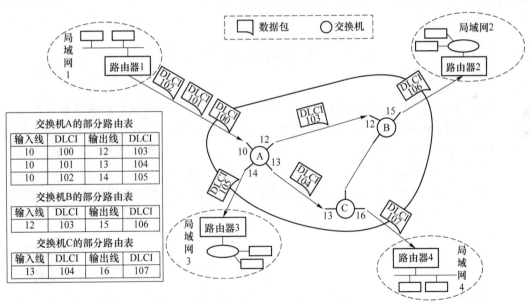

图 2-2 面向连接的数据网的工作原理

数据网的另外一种工作机制为无连接,通信双方在通信开始前不需要建立连接,每个数据包都含有全局地址。交换机在接收到数据包后,根据包的地址和本地的路由表,将包分送到相应的输出口完成交换。与面向连接网络不同,无连接网络的路由表可以根据网络中的负荷变化自适应地进行调整和改变,因此在通信过程中路由表并不是静态不变的。因此,无连接网络整体比较灵活,全网为分布式控制,对网络负荷的变化和故障可以做出自适应调整,典型的无连接网络协议为因特网的 IP 协议。

2.1.4 计算机网络

计算机网络是将分布在不同地理位置的具有独立功能的计算机、终端及附属设备用通信设备和通信信道相互连接起来,再配以相应的网络软件,以实现计算机资源共享的系统。计算机网络的类型很多,从不同的角度可以有不同的分类方法。

根据网络结构及数据传输技术,可分为广播型网络和交换型网络。在广播型网络中,所有节点共享传输媒介,网内任一节点的信息均可被传输到其他节点,且不需要中间节点的交换。在交换型网络中,无直连线路的两个节点通过一些中间节点的交换进行数据传输。目前大多数广域网属于交换型网络。

计算机网络按地理范围可分为:局域网、城域网和广域网。局域网的覆盖范围较小,传输距离为百米至几 km,限于一幢楼房或单位内。城域网介于广域网和局域网之间,覆盖范围通常可达一个地区或一个城市,距离一般为 10～150 km。广域网又称远程网,覆盖范围可从几十 km 到几千 km。广域网可将众多甚至全球的城域网、局域网进行连接,以达到资源的共享。

因特网是全球最大的计算机网络,它是将世界各地的、成千上万的、各种规模的计算机网络,通过互连设备(路由器)连接而成的全球性互联网络。

2.2 通信网信令与协议

在通信网中,若想实现用户之间信息的交互,仅配置端机、线路和交换设备是远远不够的。除了这些物理硬件之外,还需作出相关规定,比如在电话网中,有约定的信令;在计算机网中,有约定的协议。此外,还需约定一些传输标准和质量标准,通信网才能高效地、有条不紊地正常运行。这些规定即是网内使用的“语言”,用来协调通信网的运行,以达到互通、互控和互换的目的。没有这些规定,就不能形成通信网,而且通信网的性能和效率,在很大程度上取决于这些规定。

2.2.1 通信网协议

在通信网中,通信双方两个实体之间的一组管理数据交换的规则,称为通信协议。在分层体系结构中,协议是指一个系统上的第 N 层与另一个系统上的第 N 层通信时,所使用的规则和约定的集合。通信协议的三要素如下。

从一个 idea 到
一份通信协议

① 语法。数据与控制信息的结构或格式,包括数据格式、编码和信号等级。

② 语义。需要发出何种控制信息、完成何种动作以及做出何种应答,包括控制信息和差错控制。

③ 时序(同步)。事件实现顺序的详细说明及严格的同一时刻通信问题,包括同步和顺序控制。

图 2-3 是一个五层结构网络的示意图。通常,将位于不同系统上的对应层实体称为对

等层(Peer),从网络采用的分层体系结构来看,物理上分离的两个系统只能在对等层之间进行通信。对等层之间的通信使用相应层协议,但实际上,一个系统上的第 N(取值 $1\sim5$)层并不是将数据直接传输到另一个系统上的第 N 层,而是将数据和控制信息直接传输到其下一层。该过程一直持续到信息被传递到第 1 层,实际的通信即发生在连接两个对等的第 1 层之间的物理媒介上,图 2-3 中实线表示实际的物理通信,虚线表示对等层之间的逻辑通信。

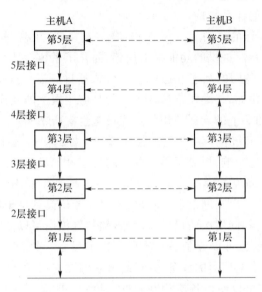

图 2-3　五层结构网络

接口位于每一对相邻层之间,其定义了层间原语操作和下层为上层提供的服务。在网络设计者在决定一个网络应分为几层、每一层应执行哪些功能时,确保相邻层之间定义了简单、清晰的接口非常重要。若想实现此目标,应明确且详细地定义每一层的功能,以及层间的信息交互。在通信网中,经常需要用新版的协议去替换旧版的协议,同时又要向上层提供与旧版相同的服务;简单清晰的接口便于满足这种要求,使得通信网可以不断地自我完善,提高性能,以适应不断变化的用户需求。

通常,网络体系结构就是指其分层结构和相应的协议构成的一个集合。体系结构的规范说明应包含足够的信息,以指导设计者能够利用软硬件构建符合协议要求的每一层实体。但是实现的细节和接口的详细规范并不属于网络体系结构的一部分,因为这些一般隐藏在一个系统的内部,对外不可见,甚至在同一网络中所有系统的接口也可不同。在一个系统上,每一层对应一个协议,这一组协议构成一个协议链,也称协议栈。

此外,一个通信协议具有的主要功能是分段和组装、封装、连接控制、流量控制、差错控制、寻址、复用及附加服务。

2.2.2　通信网分层

通信网的协议十分繁杂,涉及面很广,因此在制定协议时常常采用分层次法,即把整个协议分成若干个层次。每个层次之间既互相独立,又互相联系。所谓独立,是指各层协议各自完成自己的功能,当其中的一层协议发生变化时,对其他层次不会带来影响。所谓互相联系,是指下一层为上一层提供服务,上一层对下一层存在依赖性。

整个协议可划分为几层由协议的制定者来确定,同时应考虑:对协议分的层应当足够多,以使得每一层确定的详细协议不会太复杂;层的数量也不能太多,以防止对层的描述和综合变得困难;选择合适的界面,以使得相关的功能集中在同一层,不同的功能分配在不同层;分层结构中各层之间的相互作用应较少,以使得某一层的改变对接口所带来的影响较小。

通信网均采用分层的体系结构,主要原因如下。

① 可以降低网络设计的复杂度。网络功能越来越复杂,在单一模块中实现全部功能过于复杂。每一层在其下一层提供的功能之上构建,简化了系统设计。

② 便于异构网络设备间的互连互通。用户可依据自身需求选择采用哪一层的设备来实现相应层次的互连。比如,终端用户往往关注的是应用层上的互连,网络服务商关注的是网络层上的互连,不同的层上的互连使用的互连设施也有所不同。

③ 增强了网络的可升级性。层之间的独立性和良好的接口设计,使得下层设施的更新升级不会对上层业务产生影响,提高了整个网络的稳定性和灵活性。

④ 促进了竞争和设备制造商的分工。分层思想的精髓在于开放,任何制造商的产品只要遵循接口标准设计,就可以在网上运行,打破了以往专用设备易于形成垄断性的局势。另外,制造商可以分工制造不同层次的设备。例如,软件提供商可以分工设计应用层软件和操作系统(OS),硬件制造商也可以分工设计不同层次的设备,开发设计工作并行开展。网络运营商则可以购买来自不同厂商的设备,并最终将它们互连在一起。

⑤ 分层的体系结构可以使得各层相互独立、灵活性更好、接入方式更多样化。在不同的网络中,层次的数目、每一层的命名和实现的功能各不相同,但其分层设计的指导思想却完全相同,即每一层的设计目的都是为其上一层提供某种服务,同时对上层屏蔽其所提供服务的实现细节。

2.2.3 对等层间通信

图 2-4 展示了在一个五层结构的网络中,对等层间的逻辑通信是如何进行的,包括信息的打包和解包过程。

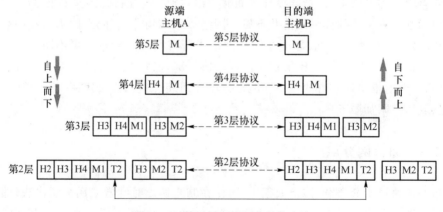

图 2-4 对等层间逻辑通信的信息流

在源端(即主机 A),消息自上而下传递,并逐层打包。在图 2-4 中,消息 M 由运行在第 5 层的一个应用进程产生并交给第 4 层传输。第 4 层将 H4 字段添加到 M 的前面以标识该消息,然后将 M 传送到第 3 层。H4 字段包含相应的控制信息,如消息序号。如果底层不能保障消息传递的有序性,那么目的端(即主机 B)的第四层可利用 H4 字段的内容传送消息,仍然能够按顺序将消息传送到上一层。

在诸多网络中,第 3 层用于实现网络层的功能。在该层协议中,对一个消息的最大长度存在限制,因此第 3 层必须将输入的消息分割成多个较小的单元,即分组,并在每个分组上添加第 3 层的控制信息 H3。在图 2-4 中,消息 M 被分为 M1 和 M2 两部分,然后第 3 层根据预先已创建的分组转发表来决定使用哪一个输出端口将分组传到第 2 层。

第 2 层除了为每个分组加上控制信息 H2 外,还为每个分组加上了一个定界标志 T2,表示一个分组的结束,也表示下一个分组的开始。然后第 2 层将分组传递到第 1 层进行物理传输。

在目的端(即主机 B),消息则自下逐层向上传递,每一层执行相应的协议处理消息并将消息逐层解包,即 HN 字段仅在目的端的第 N 层被处理,然后被删去,不会出现在目的端的第 $N+1$ 层。

2.2.4　电话网信令

电话网以电路交换为主,一个用户呼叫另一个用户时,一般需通过一个或几个交换机,先建立电路,而后通话,通话结束后再拆除电路。下面以基于两个交换机的用户间通话过程为例,阐述现用信令的构成。

图 2-5 展示了用户从呼叫开始到通话结束的情况。用户线信令包括主叫端与交换机之间和交换机与被叫端之间的信令。当主叫端的话机摘机后,构成直流通路,表示有呼叫意图。交换机以拨号音(一般是 400 Hz 的连续音)来应答,表示交换机"已准备好"这一状态。用户听到此声音后即可拨号,通过产生不同数目的脉冲告诉交换机被叫用户的地址。若交换机未准

各国振铃声

备好,未发回拨号音,用户拨号将不起作用。若交换机无空闲选线器,应发回忙音(一般是快速断续音),用户应挂机以后再呼叫。用户拨号后,交换机发现被叫用户非本交换的用户,应根据前几位数字选择合适的中线,并用起动信号通知该交换机,等候对方发回"准备好"信号后,才将被叫地址从暂存器中取出发送出去。此时使用的是局间信令。被叫交换机收到地址后,会连接被叫用户的用户线路,并向被叫用户、主叫交换机和主叫用户发送振铃音(通常是慢断续音)。倘若被叫用户正在与其他用户通话,则发回忙音。当被叫用户听到铃声后,用摘机这一动作作为应答,如此就完成了建立电路的过程。此时这条电路中的设备将被这两个用户占用,进入通话过程。通话完毕后,被叫用户挂机作为一种信令送回被叫交换机,然后被叫交换机发回表示终话的信号给主叫交换机。若主叫用户也已挂机,可将本交换机的接线拆除,并通知被叫交换机。被叫交换机就可把本交换机的接线拆除并发回复原信号。至此拆线过程完成,一切已恢复到起始状态,一次通话结束。

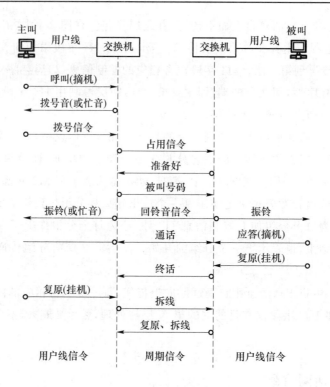

图 2-5　电话信令的构成

信令的构成如下：一是地址，用于选择接线方向；二是控制或申请信号，主叫端的摘机是申请通话，主叫交换机的拆线信号是要求对方拆线，都属于此类；三是状态信号，主叫交换机的拨号音，被叫交换机的"准备好"的信号，都是为了表明本地状态。此外，还有一些管理用的规定，如从被叫用户摘机到主叫用户挂机之间的时间记录作为计费用。在长途通信中，还有一系列的路由选择和状态互相通报等控制信号，以调节网的状态，管理网的运行。

信令应满足完整性和节约性。完整性是指不论设备上出现什么故障，均有适当的信号来表示和应付，使端机能做出正确的反应。节约性是指信令占用信道的时间不宜过长，否则将会降低网的利用率。此外，信令也不能太过复杂，导致实现困难，与完整性存在矛盾。

2.2.5　计算机网协议

计算机或数据通信中所用的协议与电话网中的信令具有类似的功能，但其交换方式不同。通常通过数据帧的格式来表现选址、控制、状态通报、管理等功能，且协议的内容相对较为复杂；其不但包括网内传输的各种规定，还包括计算机内部和用户的各种情况；不但涉及网的结构和运行，也涉及计算机类型、操作系统和软件。对协议的总体进行全面的描述是不易的，所以把协议分成多个层次进行描述。在分层协议中，分层的原则是层间的信息交流尽可能少，且层数不宜过多。ISO 定义了数据通信协议的 7 层模型，从上至下分别为应用层、表示层、会话层、传输层、网络层、数据链路层和物理层。如图 2-6 所示，OSI 模型的上面 4 层为高层协议（也称用户层），提供末端用户功能；下面 3 层为底层协议（也称通信层），提供网络服务。

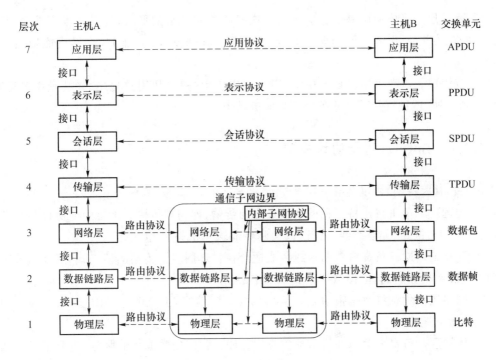

图 2-6　OSI 模型

在 OSI 模型中,在第 2 层以上,各层的数据并不是从一端的第 N 层直接传输到另一端的第 N 层,数据在垂直的层次中自上而下逐层传递直至物理层,在物理层的两个端点进行通信。用户层的通信并不是直接进行,故称虚拟通信。

① 物理层。规定了一些机电性能,包括代表“0”和“1”的电压值、码元宽度、匹配阻抗、每个比特的时长、插脚的数量和功能等;也包括通信方式,如单工、半双工、双工等。简言之,物理层提供有关同步和比特流在物理媒介上的传输手段。

② 数据链路层。规定了建立链路的过程。此层协议包括帧的格式及类型、比特填充技术、数据链路的建立和终止、信息流控制、差错控制以及向网络层报告不可恢复的错误。这一层协议的目的是保证在相邻的站与节点或节点与节点之间正确地、有次序地、有节奏地传输数据帧。典型的例子是高级数据链路控制。

③ 网络层。规定了通信网内的路由选择等方式,以实现两个系统之间的连接。该层协议的功能包括路由选择、数据交换、网络连接的建立和终止、错误检测和恢复、分组的排序和信息流的控制等。这些功能可由计算机的输出输入设备来完成,也可专用一些具有处理功能的接口来完成。

④ 传输层。负责主机之间或信源和信宿之间的数据传输控制,也称源-宿层或端-端层。其主要负责将来自对话层的信息转发到网络层,并在必要的时候把这些信息分割成较小的单元进行传输。也可规定相应的服务方式,如点对点通信或点对多点的广播式通信。

⑤ 会话层。利用传输层以下的通信功能使数据能够有效地传输。其包括建立和拆除对话,确定对话对象。如不是授权的对话者,就不予送出信息,以满足可靠性的要求。这一层也可与传输层合并。

⑥ 表示层。将应用层提供的信息变换成能够共同理解的形式,提供文本压缩、常用词转换、加密、变更文件格式等功能。此外,在满足用户要求的基础上,应尽可能节省传输费用。

⑦ 应用层。一般由用户自己规定,用于实现应用进程(如用户程序、终端操作者等)之间的信息交换,还具有一系列业务处理的服务功能。

2.2.6 Internet 五层协议模型

Internet(因特网)协议共有五层。

① 物理层。负责将比特流在网络节点之间传输,即物理传输。该层中的协议与链路相关,且进一步与链路(如双绞线、光纤)的实际传输媒介相关。

② 数据链路层。负责将数据报封装成适合在物理网络上传输的帧格式并传输,或将从物理层接收到的帧解封,取出数据报交给网络层。

③ 网络层。负责将数据报独立地从信源发送到信宿,主要解决路由选择、拥塞控制和网络互联等问题。

④ 传输层。负责为信源和信宿提供应用程序进程间的数据传输服务,主要定义了两个传输协议,即传输控制协议(TCP)和用户数据报协议(UDP)。传输层提供了在应用程序端点之间传送应用层报文的服务。TCP 向其应用程序提供面向连接的服务,并将长报文划分为短报文,提供拥塞控制机制。UDP 向其应用程序提供无连接服务,不提供可靠性,没有流量控制,也没有拥塞控制。

⑤ 应用层。支持网络应用,应用层协议仅仅是网络应用的一个组成部分,运行在不同主机上的进程则使用应用层协议进行通信。主要的协议有:HTTP、FTP、TELNET、SMTP、POP3 等。

如图 2-7 所示,主机 A 向主机 B 发送消息 M,发送端逐层加包头,接收端去包头。数据在发送端从应用层向下逐层封装(Encapsulation),从原始的消息依次变成数据段(Segment)、数据包(Packet)、数据帧(Frame),这些不同的名称对应于各层的协议数据单元(PDU)名称。数据在网络中通过各种网络设备逐跳转发,送至接收方主机 B,主机 B 再自下而上层层解封装。为简化起见,图中仅列出了两台交换机和一台路由器。

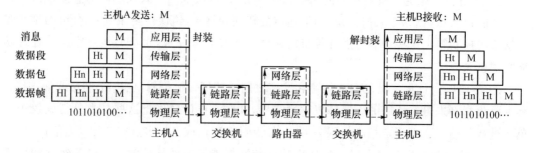

图 2-7　Internet 五层协议模型

2.2.7　物联网的三层协议模型

物联网(Internet of Things,IoT)的"物"是指物理实体，"联"是指与物理实体相关的信息传输，"网"是建立网络后所表现出来的外在特性，是功能表现。物联网以物理实体为信息载体，信息通过在物理实体上运行而表现出各种功能状态，实现物与物、物与人、人与人的交互，满足物联网用户主导性需求的同时，也满足其他物联网参与者的参与性需求。

物联网的体系结构从下到上依次可划分为感知层、网络层和应用层，如图 2-8 所示。在各层之间，信息不是单向传递的，也存在交互和控制。在所传递的信息中，主要是物的信息，包括物的识别码、物的静态信息、物的动态信息等。

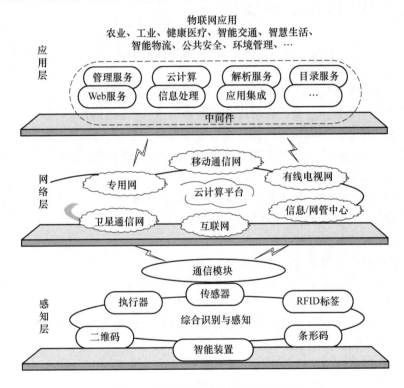

图 2-8　物联网的三层体系结构示意图

① 感知层。解决信息感知和采集问题，由各种传感器、RFID 标签、执行器、摄像头、二维码/条形码、智能装置等构成。核心技术包括 RFID 技术、组网技术、控制技术、感应技术、短距离无线通信技术等。

② 网络层。解决将感知层的数据在一定范围内传输的问题，主要负责完成接入和传输，是进行信息交换、传递数据的通路，包括接入网与传输网。

③ 应用层。解决信息处理和人机界面的问题。由业务支撑平台(中间件平台)、网络管理平台、信息处理平台、信息安全平台、服务支撑平台等组成，完成协同、管理、计算、存储、分析、挖掘，以及提供面向行业和大众用户的服务等功能，包括中间件技术、虚拟技术、高可信技术、云计算等先进技术和服务模式。

2.3 通信网的性能分析

对于通信网的性能分析，需要从全局和整体出发，考虑如何了解和分析电信网络的性能，并进而进行网络设计、规划和优化。进行网络性能分析既需要具备通信网络的基础知识，也需要掌握较深入的数学理论。对通信网建立数学模型进行分析和设计是本书要讨论学习的内容之一，与之相关的数学理论主要是图论和排队论。当涉及分析网络的拓扑结构和网络的路由选择的时候将用到图论，当对交换网进行性能分析的时候将用到排队论。

2.3.1 通信网质量的统一要求

为了能够快速、有效且可靠地传递信息，对通信网的质量提出了要求。通信网的质量可以通过如下几个方面进行衡量。

（1）接通的任意性与快速性

接通的任意性与快速性是对通信网的最基本要求，它是指网内的某用户应能快速地接通网内任一其他用户。影响接通的任意性与快速性的主要因素如下。

- 通信网的拓扑结构：不合理的网络拓扑结构将会增加转接次数，使阻塞率上升、时延增大。
- 通信网的网络资源：网络资源不足将导致阻塞概率增加。
- 通信网的可靠性：可靠性降低会造成传输链路或交换设备出现故障，甚至丧失其应有的功能。

常见拓扑结构

（2）信息传输的透明性与传输质量的一致性

透明是指在规定业务范围内的所有信息均可以在网内传输，对用户不加任何限制。例如，在数据通信中，通常以比特同步保证信息被正确提取，当信息代码全为"0"或全为"1"时，同步提取电路就会失效。传输质量的一致性是指网内任何两个用户通信时，应具有相同或相仿的传输质量，与用户之间的距离无关。

（3）网络的可靠性与经济合理性

可靠性是指在概率的意义上，使 MTBF（Mean Operating Time Between Failures，平均失效间隔工作时间）达到要求。经济合理性和用户的要求有关，一个网的投资常常分阶段进行，以便达到最大的经济效益。每一个阶段网络容量的建设与需求的预测有密切的关系，设备配置多了会闲置而造成经济损失，配置少了会无法满足需求而丧失产生经济效益的机会，这在经济上都是不合理的。可靠性须与经济合理性结合起来，提高可靠性往往要增加投资，影响经济合理性，因此应根据实际需要在可靠性与经济合理性之间取得折中和平衡。

2.3.2 电话网的质量要求

电话通信是用户最基本的业务需求，电话网的质量包括接续质量、传输质量和稳定性质量。

（1）接续质量

接续质量是指电话网接续用户通话的速度和难易程度,通常以接续损失(呼叫损失率,简称呼损)和接续时延来度量。电话网的接续标准定义为:呼损小于 3%(市话)或 10%(长话);故障率小于 1.5×10^{-6}(用户设备)或 $(2\sim6) \times 10^{-5}$(交换设备、线路);接通时延小于 1 分钟。这当然不是绝对的,这里只给出应达到的下限指标。

（2）传输质量

传输质量是指电话网传输话音信号的准确程度,通常用响度、清晰度、逼真度指标来衡量。

① 响度:话音音量,指收听到的话音音量的大小程度。

② 清晰度:话音可懂度,指收听到的话音的清晰可懂程度。

③ 逼真度:话音音色,指收听到的话音音色和特征的不失真程度。

（3）稳定性质量

稳定性质量是指通信网的可靠性,其主要指标如下。

① 失效率:系统在单位时间内发生故障的概率,一般用 λ 表示。

② 平均失效间隔工作时间(MTBF):相邻两个故障发生的间隔时间的平均值 $MTBF = 1/\lambda$。

③ 平均修复时间(MTTR):修复一个故障的平均处理时间,μ 表示修复率,$MTTR = 1/\mu$。

④ 系统有效度(A):在规定的时间和条件下系统完成规定功能的概率,$A = MTBF/(MTBF+MTTR)$。

⑤ 不可利用度(U):在规定的时间和条件下系统丧失规定功能的概率,$U = 1 - A = MTTR/(MTBF+MTTR)$。

2.3.3　通信网的性能指标

对通信网用户而言,所关心的问题主要是如何将其消息快速、正确、安全地传送给对方。用户的信息通常要跨越多个网络,不仅要关注两个相邻节点之间链路传输的有效性、可靠性和安全性,还需关注同一种物理媒介网络中任意两个节点之间的链路传输的有效性、可靠性和安全性。评价一个通信网的主要性能指标如下。

① 带宽。指单位时间能通过网络的数据量,单位为 bit/s、kbit/s、Mbit/s 等。描述带宽时常常把"bit/s 或 bps"省略。例如,带宽 10M,实际上是 10 Mbit/s。

② 数据传输速率。指网络每秒传输的比特数,单位为 bit/s、kbit/s、Mbit/s 等。

③ 时延。指信息从发射端传输到接收端所需的时间,也称延时,其包括发送时延、传输时延、处理时延、排队时延。

④ 吞吐量。其单位和数据传输速率相同,吞吐量其实也是速率的一种,包括瞬时吞吐量和平均吞吐量。

⑤ 丢包率。指丢失数据包数量占所发送数据包的比率。造成丢包的因素主要是物理线路故障、设备故障、病毒攻击、路由信息错误等。

⑥ 利用率。利用香农公式可计算得到一段链路的信道容量,而该链路的实际速率通常

小于该容量。通常,用实际速率与信道容量的比值来表示链路利用率。另外,网络利用率则为实际吞吐量和网络容量的比值。

2.3.4 通信网的性能评估

通信网的性能评估对于流量控制与优化设计至关重要,如图 2-9 所示。

网络性能分析是网络优化的基础,是合理选择网络优化措施的条件,也是判断网络优化效果的依据。

网络优化设计的目标是改善网络性能,提高用户满意度。由于网络的复杂性,任何性能指标、性能评估手段都不能完全从用户角度评价网络性能,这使得优化必须从多方面采集性能数据,分析网络性能。

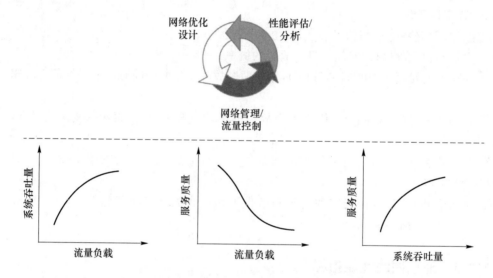

图 2-9　通信性能分析、优化设计、流量控制关系示意图

流量控制是指发送端可根据接收端的实际接收能力控制发送的数据量。在双方通信时,发送方的速率不一定与接收方的速率相等。若发送方的发送速率太快,则会导致接收方无法及时进行处理,此时接收方只能把处理不过来的数据存在缓存区里(失序的数据包也会被存放在缓存区里)。如果缓存区存储已满,但是发送方还在发送数据,此时接收方只能把收到的数据包丢掉,大量的丢包将会对网络资源造成极大的浪费,因此需要控制发送方的发送速率,让接收方与发送方处于一个动态平衡状态,进而避免网络拥塞问题。

通信网络优化即是对网络资源进行合理分配,不同类型的网络具有不同的网络优化方法。对一个网络进行优化,首先要规定好一系列的约束条件和目标函数,优化即是在满足所有约束条件下,使得所考虑的目标函数达到极值。

2.3.5 影响通信网性能的主要因素

影响通信网性能的因素有很多,包括网络拓扑结构设计、网络路由机制与流量控制、网络资源的限制与共享、业务量和业务模式等。

① 网络的拓扑结构。网络的拓扑结构是指通过传输媒介互连各种网络设备的物理布局，即如何将网络设备进行连接。好的拓扑结构应有利于负载均衡，还应有利于降低网络能耗。

② 网络的路由机制与流量控制。一般距离越远，路由跳数越多信息的传输时延越长。如何选择最优的路由，对传输时延的影响较大。同时，网络越来越复杂，网管信令开销的影响也越来越不容忽视。

③ 网络资源的限制与共享。网络资源（如宽带、缓存、功率等）是有限且共享的。通信质量的优劣通常也取决于所能分配资源的多少及其分配效率、网络架构的优劣、信息交互的效果。因此，如何最优地使用和调度网络资源，也是各种通信系统所要解决的共同问题。

④ 业务量。目前，通信网技术已应用到制造、医疗、教育、航空航天、军事等领域，若要满足这些应用的所有业务量的需求，网络的设计（平均）容量需始终大于（平均）需求，否则易导致网络拥塞。

⑤ 业务模式（随机性）。当今社会已步入了信息化的时代，多媒体通信业务、移动数据通信业务和智能网业务等新兴业务的需求，已超过话音业务的需求，逐渐成为主流。同时新兴应用场景及业务模型不断涌现，也对未来网络提出了新的挑战。业务需求的随机性，尤其是突发性将会造成网络资源的巨大浪费。

2.3.6　通信网性能分析的方法

目前，在通信网性能分析过程中比较典型的分析方法有现场试验法、计算机仿真法和理论分析法。

（1）现场试验/数值法

数值法能够处理一些比较复杂的系统模型，并能够得到相应的精确解析解。该方法虽然具有一定的优势，但需付出更多的计算空间和时间为代价。对于小规模的优化问题比较适用。

（2）计算机仿真/仿真法

仿真法能够构建任意详细程度的系统模型。通过跟踪具体抽象模型的状态，即能获得相对更实际的且系统的网络行为特征。该方法可应用于系统设计的任意环节，能够较容易地将数学和经验模型有效结合。但该方法同样具有一定的不足，主要表现在计算量大的问题上，仅能通过前期建模和仿真技术的选择和应用来缓解。

（3）理论分析/解析法

解析法是一种依赖于数学公式的网络性能评估方法，能够得到网络性能参数公式解，也是其最显著的特点。该方法能够在系统输入和网络性能参数之间建立一种明确的关系，有助于对系统性能进行深入的探究及分析。这种方法通常在系统设计前期比较适用，有助于后期对解析解的简化及分析，但难以应用到大规模的复杂网络。

常见通信
仿真工具

网络的复杂度随着现在通信技术的发展也在日益增大，解析法和数值法的应用局限性也越来越突出，已经无法满足系统发展的要求。仿真法凭借其独特优势成为了网络性能分析和评价的一个重要方法。

2.3.7　通信网理论的范畴

本书讨论的通信网理论,主要是研究如何提高通信网络整体的快速性、有效性、可靠性、多样性和经济性,以较低的成本实现网络的性能。但是,如此庞大且繁杂的内容不可能通过一门课程来讲述,所以在本书中将重点讨论一些具有广泛意义且相对较成熟的理论基础。

（1）网络拓扑学
- 网络的连通性,最短树,最大流等静态理论;
- 一般不考虑网络实际流量的随机特性;
- 基础理论为图论。

（2）网络控制理论
控制论/正反馈/负反馈/动态控制/动态路由。

（3）网络优化理论
- 网络资源分配与流量控制等问题;
- 基础理论为线性/非线性规划法等最优化理论。

（4）网络性能分析理论
- 主要讨论网络的阻塞率、延迟时间、通过率等用户的服务质量(QoS);
- 主要考虑业务的随机性对网络性能的影响;
- 基础理论为应用概率论、运筹学及排队论。

2.4　通信网性能分析理论的发展

通信网性能分析主要包括电信流量理论、排队论、图论等,其中电信流量理论属于排队论在通信网中的应用。

2.4.1　电信流量理论

电信流量理论也称电信话务量理论,是研究电信系统结构、设备数量、业务流量与服务质量之间依赖关系的理论(电信网的优化设计)。理论上,电信企业可提供充足的通信设施来满足用户同时通信的需求,但需以庞大的开支为代价,并且实际上无此必要。在日常生活中,通信设施的使用有高峰和低峰时段,因此在设计实现共同通信能力上也存在一定的限制。对于电信管理和设计部门来说,以较少的费用科学地设计电信网以提供让用户满意的良好服务十分必要。电信流量理论的出现与发展,为此提供了科学依据和方法。

（1）电信流量理论的发展

20 世纪初,电话通信主要根据电话业务量和呼损指标来配备电话设备。1909 年,丹麦数学家 A. K. Erlang 发表了第一篇电信流量理论应用的经典著作,首次利用概率论解决了电信交换机容量设计的问题。此后,他又发表了一系列研究成果,奠定了电信流量理论的数学基础,A. K. Erlang 因此

Erlang 生平介绍

被誉为电信流量理论的先驱和奠基人。他提出的"统计平衡"概念以及著名的爱尔兰公式B、爱尔兰公式C在电信等领域中广泛应用。A. K. Erlang主要研究话源数趋于无限大的情况,即无限话源线束的计算。1927年,T. Engset发表了计算有限话源全利用度线束呼损的公式,促进了A. K. Erlang的理论的发展。但他们都假设服务时长为指数分布,呼叫流为泊松分布。20世纪30年代,C. D. Crommelin发表的全利用度等待系统的理论,解决了呼叫流为泊松分布、服务时长为常数分布的情况,被称为克罗米林分布。

纵横制电话交换系统的出现与发展,要求研究多级链路系统话务负荷能力的计算方法。第一个研究成果是由瑞典学者C. Y. Lee于1950年提出的,C. Y. Lee于1955年又提出了概率线性图法。这不仅解决了纵横制电话交换系统设计的问题,也为程控交换系统的话务计算打下了基础。

(2) 电信流量理论的应用

电信流量理论是将各种类型的电信系统看成随机服务系统,并以此为研究对象。其基本任务是系统分析、系统综合和系统优化。系统分析是根据给定的系统结构研究系统服务质量、呼叫流特性与服务机制之间的关系;系统综合是根据给定的系统服务质量指标和呼叫流的特性参数,确定系统的结构参数;系统优化是研究系统最佳结构和呼叫流的控制,使系统能给出最佳的服务质量。

在设计新的电信系统或改进原有的电信系统时,电信流量理论用于系统方案的选择。在通信系统的运行中,它提供调整网结构和控制呼叫流的理论与方法,使系统运行处于最佳状态。电信流量理论还用于各种话务数据的调查统计和预测,且有助于降低系统的成本、充分发挥系统效能、提高服务质量等。

2.4.2　排队论

在通信网规划设计和优化时,掌握相应的理论基础知识和网络分析计算的方法,是设计一种既能满足各项性能指标又能节省费用的方案的必要前提。其中,一个重要的数学理论便是排队论,排队论可应用于很多领域。

(1) 排队论的发展

排队论是一个独立的数学分支,有时也被归类到运筹学中,是专门研究由于随机因素的影响而产生的拥挤现象(如排队、等待)的科学,也称随机服务系统理论或拥塞理论(Congestion Theory)。其基于各种排队系统概率的规律性,研究有关排队系统的最优设计和最优控制问题。

排队论的发展可追溯到20世纪初的电话系统。1909—1920年丹麦数学家A. K. Erlang利用概率论方法研究电话通话问题,从而开启了应用数学学科的大门,并为该学科创建了许多基本原则。20世纪30年代中期,W. Feller取得生灭过程研究成果后,排队论才被数学届承认是一门重要学科。在第二次世界大战期间及以后,排队论在运筹学领域也逐渐变成了一个重要分支。

20世纪50年代,D. G. Kendall对排队论做了系统研究,将马尔可夫链的方法嵌入排队论,促进了排队论的发展。1951年,D. G. Kendall首次采用3个字母(X/Y/Z)组成的符号来表示一个排队系统,其中X表示顾客到达时间分布,Y表示服务时间的分布,Z为服务机构中服务设施的个数。

（2）排队论在通信网的应用

排队论是通信网性能分析中的常用工具。在电话网中，需要配置多少交换机间的中继线才能保证用户呼叫成功呢？在分组交换网中，如何选择缓冲器容量和链路速率来保证分组信息的延时性能呢？这些问题，需要利用排队论来分析解决。同样，局域网的传输媒介随机访问竞争问题、ATM 网的出线竞争问题，都需要利用排队论来进行分析研究。

随着通信、计算机和应用数学三个领域的不断发展，排队论被广泛应用。例如，网络的设计和优化方法、移动通信系统的切换呼叫的处理方法、随机接入系统的流量分析方法、ATM 业务流的数学模型及其排队分析方法等都是排队论的具体应用。此外，通常将"顾客"到达时间间隔和服务时间都相互独立的排队论内容，称为经典（或古典）排队论，经典排队论是新排队论的基础，通信领域的许多问题均可以通过它来解决。

2.4.3　图论

图论是提高和保障网络通信质量的重要理论之一，也是信息网络进行理论分析、结构调整、性能优化、资源融合的基础。利用图论的方法分析网络性能、规划网络拓扑、优化网络设计、优化流量分配与控制策略、增强网络维护和管理等，对于通信网来说必要且有效。

（1）图论的发展

图论是组合数学的一个分支，是一门发展十分活跃的应用学科。它起源于经典的柯尼斯堡（Konigsberg）七桥问题：从四块陆地中任何一块开始，通过每座桥恰好一次，然后回到起点。1738 年，瑞士数学家欧拉利用抽象分析法将该问题转变成了一个图论问题进行求解，由此便诞生了图论，欧拉也成为了图论的创始人。

1936 年，匈牙利数学家 D. Konig 出版了第一部图论专著《有限图与无限图理论》，至此图论也正式成为了一门独立的学科。D. Konig 的思想吸引了一大批数学家专注于图论的研究，例如匈牙利数学家 Erdos 和 Renyi 利用简单的随机图来描述网络，开拓了 ER 随机图论这一重要分支。

1998 年，美国研究者 D. Watts 和 S. Strogatz 首先突破了 ER 理论的思想，提出了小世界网络模型（WS 模型），利用"六度分离"假设揭示了复杂网络的小世界效应。1999 年，美国的巴拉巴西（A. L. Barabasi）和艾尔伯特（Albert）提出了无标度网络模型，发现了复杂网络节点的度分布具有幂指数函数的规律，极大地推动了网络科学及图论的发展。20 世纪 40 年代至 60 年代，图论已衍生出许多新的分支，如拟阵图论、极图理论、超图理论、代数图论、拓扑图论、随机图论等。

（2）图论在通信网中的应用

通信网是由诸多交换机、交叉连接设备和终端等设备及其传输媒介组成的，可以利用图来刻画网的数学模型。图是网络的一种表示形式，且与传输媒介的物理性质（如光纤、无线或卫星）、节点设备的功能（如交换、交叉连接或信息的输入输出）无关。

在图论中，用图的顶点和边来反映实际网络中的具体事物和事物间的相互关系，如图 2-10 所示。在通信网中，用顶点表示通信站，边表示通信站间的通信路线，就构成了一个反映通信站间通信连接情况的图；用顶点表示端点设备或交换设备，边表示传输路线，就构成了一个通信网图。在通信网图中,有向边表示单向通信或传输路线,无向边表示双向通信或传输路线。在实际网络中,根据研究需要,可对顶点或边进行赋值,赋予的值可以表示不同的含义。例如,顶点的权值可为交换节点的造价、交换容量等,边的权值可为信道的造价、容量、长度和时延等。

在通信网中,最短路由选择问题,即两顶点之间的最短路径问题,抽象到网络图论中,即是路径选择或路径优化的问题。图论中有关网络的一些算法,可以很好地解决该问题。最经典的有迪克斯拉(Dijkstra)算法及其改进算法、福特-莫尔-贝尔曼(Ford-Moore-Bellman)算法、叶(Yen)算法、福特-福克森(Ford-Fulkerson)算法、佛洛特-沃歇尔(Floyd-Warshall)算法等。随着网络的建立,图论与线性规划、动态规划等学科分支相互渗透,丰富了图论内容,促进了图论的广泛应用。近年来,图论在通信网络设计分析、电网络分析、印刷线路板分析、信号流图和反馈理论、计算机流程图等众多领域也都有了快速的突破和发展。

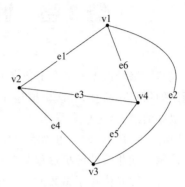

图 2-10　图的概念

本 章 习 题

2-1　试述通信网的业务分类。

2-2　在通信网中,模拟网络和数字网络有何区别,它们各自有何优缺点? 数据网和计算机网有何区别?

2-3　什么是通信协议?

2-4　通信协议的主要功能有哪些?

2-5　通信网为什么要采用分层体系结构?

2-6　试述 OSI 七层模型。

2-7　试述物联网三层模型。

2-8　试述通信网的质量要求。

2-9　通信网的主要性能指标有哪些?

2-10　影响通信网性能的主要因素有哪些? 分析通信网性能的手段主要有哪些?

2-11　简述电信流量理论及其在通信网的应用。

2-12　简述图论及其在通信网的应用。

2-13　简述排队论及其在通信网的应用。

第3章 通信网络中的随机过程

通信网络的服务对象具有随机性,对网络做性能分析,首先要对信源进行建模,描述进入网络的信息流特征;其次要描述业务的服务时间,进而分析网络的呼损、时延等性能指标。信源也称消息源,是信息系统中发送消息的一方。信源所产生或输出的消息是一个符号序列,任何产生符号序列的事物都可以视为信源。为了定量分析通信网络的性能,本章介绍与离散信源建模相关的随机过程基础知识。

随机过程是依赖于参数的一组随机变量的全体,参数通常是时间,随机变量是随机现象的数量表现,其取值随着偶然因素的影响而改变。例如,某银行网点在从时间 t_0 到时间 t_k 这段时间内接待顾客的人数,就是依赖于时间 t 的一组随机变量,即随机过程。随机过程的理论产生于 20 世纪初期,1907 年前后,马尔可夫研究了一列有特定相依性的随机变量,后人称之为马尔可夫链。但是,随机过程理论的正式诞生通常认为开始于 30 年代,1931 年柯尔莫哥洛夫发表了《概率论的解析方法》,三年后辛钦发表了《平稳过程的相关理论》,这两篇重要论文为马尔可夫过程与平稳过程奠定了理论基础。1953 年杜布出版了《随机过程论》,它系统且严格地叙述了随机过程的基本理论。

3.1 泊 松 过 程

经典的随机过程包括正态(高斯)过程、泊松(Poisson)过程、马尔可夫过程、生灭过程等。高斯过程是一系列服从正态分布的随机变量在一指数集内的组合。在信号处理中,高斯过程建模是处理非线性信号的工具,而在人工智能领域,多种机器学习算法都是具有卷积结构的高斯过程。

泊松过程是一系列离散事件的模型,事件之间的平均时间是已知确定的,但事件发生的确切时间是随机的。泊松过程的常见例子是电话用户的呼叫、公共汽车或者出租车的到达、客户给帮助中心打电话、网站的访问、原子的放射性衰变、到达太空望远镜的光子、股票价格的变动等。

以电话用户的呼叫为例,考虑一个交换局中电话的呼叫到达,这里人们拨打电话的行为中拿起电话并拨出对方号码的动作称为一次电话呼叫到达。如果把一次呼叫到达看成一个"随机点",则这是一个源源不断出现随机点的过程。在这一过程中任意一段时间内到达的呼叫数也是随机的。这类呼叫到达数及其特征通常可以用计数过程来描述。

所谓计数过程就是描述事件到达(发生)数及其特征的过程。对于某个通信系统来说,任意观察时间段内,到达的分组/呼叫数是一个随机变量。这里用 $\{N(t), t \geq 0\}$ 表示到时刻 t 为止,到达的分组/呼叫总数,其满足如下几条:

（1）$N(t)$ 是整数，且 $N(t) \geqslant 0$；

（2）$N(t) \geqslant N(s)$，当 $t \geqslant s$ 时；

（3）$N(t) - N(s)$ 代表时间区间 $[t, s)$ 中到达的分组/呼叫数。

3.1.1　泊松过程概述

一个计数过程 $\{N(t), t \geqslant 0\}$，$N(0) = 0$，满足如下条件，则称为泊松过程：

（1）平稳性。对于任意 $a, t \geqslant 0$，有 $P_k(a, a+t) = P_k(t)$，也即在时间区间 $[a, a+t]$ 内有 k 个用户到达的概率只与区间长度 t 有关，而与时间起点 a 无关。

（2）无后效性。在互不相交的区间内，到达的用户数的概率分布是互相独立的。

（3）稀疏性，也称为普遍性。对于任意 $t > 0$ 和充分小的 $\Delta t > 0$，有 $P[N(t+\Delta t) - N(t) = 1] = \lambda \Delta t + o(\Delta t)$ 和 $P[N(t+\Delta t) - N(t) \geqslant 2] = o(\Delta t)$。也即，在充分小的间隔 Δt 内，到达两个或两个以上顾客的概率可以忽略不计。

（4）有限性。在任意有限区间内到达有限个事件的概率为 1，即 $\sum\limits_{k=0}^{\infty} p_k(t) = 1$。

定理 3.1　对于 Poisson 呼叫流，长度为 t 的时间内到达 k 个呼叫的概率 $P_k(t)$ 服从 Poisson 分布，即：

$$P_k(t) = \frac{(\lambda t)^k}{k!} e^{-\lambda t}, \quad k = 0, 1, 2, \cdots$$

其中，$\lambda > 0$ 为一常数，表示平均到达率或 Poisson 呼叫流的强度。

证明：

① 首先求解 $p_0(t)$：

$$\left.\begin{array}{l} 无后效性 \\ 平稳性 \end{array}\right\} \Rightarrow p_0(t+\tau) = p_0(t) \cdot p_0(\tau)$$

由稀疏性得：

$$p_0(t) = 1 - \lambda \Delta t = 1 - \lambda \frac{t}{n}, \quad 0 < \lambda < \infty$$

② 然后求解 $p_k(t)$：

$$p_k(t) = \binom{n}{k} [P_1(\Delta)]^k [p_0(\Delta)]^{n-k}$$

其中，$P_1(\Delta) = \lambda \Delta t = \lambda \dfrac{t}{n}$。

由于

$$p_1(\Delta) = 1 - p_0(\Delta) - p_2(\Delta) - p_3(\Delta) - \cdots$$

所以有：

$$p_k(t) = \binom{n}{k} \left(\frac{\lambda t}{n}\right)^k \left(1 - \frac{\lambda t}{n}\right)^{n-k} = \binom{n}{k} \cdot \frac{(\lambda t)^k}{n^k \left(1 - \frac{\lambda t}{n}\right)^k} \cdot \left(1 - \frac{\lambda t}{n}\right)^n$$

所以，当 $n\rightarrow\infty$ 时，$p_k(t)=\dfrac{n(n-1)\cdots(n-k+1)(\lambda t)^k}{k!n^k\left(1-\dfrac{\lambda t}{n}\right)^k}\left(1-\dfrac{\lambda t}{n}\right)^n=\dfrac{(\lambda t)^k}{k!}\mathrm{e}^{-\lambda t}$，$k=0,1,2,\cdots$

其中，$\lim\limits_{n\rightarrow\infty}\left(1-\dfrac{\lambda t}{n}\right)^n=\mathrm{e}^{-\lambda t}$。

为了应用方便，我们也会用如下泊松过程的等价定义。

设一个随机过程为 $\{N(t)，t\geqslant 0\}$ 的取值为非负整数，如果该过程满足下列条件，那么称该过程为到达率为 λ 的泊松过程。

（1）$N(t)$ 是一个计数过程，它表示在 $[0，t)$ 区间内到达的用户总数，且 $N(0)=0$。任给两个时刻 s 和 t，且 $s<t$，则 $N(t)-N(s)$ 即为 $[s，t)$ 之间到达的用户总数。

（2）$N(t)$ 是一个独立增量过程，即在两个不同时间区间（区间不重叠）内到达的用户数是相互独立的。

（3）任一个长度为 t 的时间区间内，到达的用户数 k 服从参数为 λt 的泊松分布，即：

$$P[N(s+t)-N(s)=k]=P_k(t)=\dfrac{(\lambda t)^k}{k!}\mathrm{e}^{-\lambda t}，\quad k=0,1,2,\cdots \tag{3-1}$$

其中，λ 是单位时间内平均到达的用户数，该参数称为泊松过程的强度。

注：① 第（2）条表示到达过程具有无后效性，即在不相交的时间区间内到达的顾客数是相互独立的；第（3）条表示在 $((t,t+\Delta t]$ 内到达的顾客数只与时间区间的长度有关，而与起点无关，而且服从泊松分布。因此，对一个固定时刻 $t\geqslant 0$，在 $(0,t]$ 内到达顾客的平均数为 $E[N(t)]=\lambda t$，这样在单位时间内到达顾客的平均数为参数 λ，它表示 Poisson 流的强度，此为参数 λ 的物理意义。

② 由第（3）条还可推得，当 Δt 充分小时，有：

$$P\{N(\Delta t)=1\}=\lambda\Delta t+o(\Delta t)$$
$$P\{N(\Delta t)\geqslant 2\}=o(\Delta t)$$

上述两个定义可以互相推导出来。泊松过程被广泛用于各种随机事件的近似，可用来描述完全不可预测的随机事件和大量随机事件的叠加。有了泊松过程，就可以计算发生不同随机事件的概率，进而得到泊松分布。泊松分布是由参数 λ 定义的，λ 是区间内事件的预期数量。通过泊松分布，可以获得不同事件之间的等待时间，比如找到一个时间段内发生若干事件的概率，或者找到等待一段时间后发生下一个事件的概率。在日常生活中，放射源发出的粒子数、交换机收到的电话呼叫数、路由器中到达的分组数、机场降落的飞机数、售货员接待的顾客数、纺纱机发生的断头数等都可以近似看作泊松流。

实际情况很可能并不严格符合泊松过程的条件。以某交换机收到的电话呼叫数为例：白天和晚上到达的呼叫数的统计特性是不相同的，即不满足平稳性；如果被叫一方忙，而主叫一方有急事，可能会不停地重拨，这会破坏独立增量性；呼叫有可能成批到达，不满足稀疏性。事实上，更弱的流量平衡假设和服务器独立假设更接近实际的网络系统，但其往往能产生与经典排队网络模型相同或相近的结果，这就解释了为什么排队论能被很好地应用于信息网络的性能分析中。

例 3.1 计算泊松过程的期望和方差。

解　对泊松过程来说,有:

$$P_k(t) = \frac{(\lambda t)^k}{k!}e^{-\lambda t}, \quad k=0,1,2,\cdots$$

$$E(k) = \sum_{k=0}^{\infty} kP_k(t) = \sum_{k=0}^{\infty} k\frac{(\lambda t)^k}{k!}e^{-\lambda t} = \lambda t\,e^{-\lambda t}\sum_{k=1}^{\infty}\frac{(\lambda t)^{k-1}}{(k-1)!} = \lambda t\,e^{-\lambda t}e^{\lambda t} = \lambda t$$

$$E(k^2) = \sum_{k=0}^{\infty} k^2 P_k(t) = \sum_{k=0}^{\infty} k^2 \frac{(\lambda t)^k}{k!}e^{-\lambda t} = e^{-\lambda t}\sum_{k=1}^{\infty} k\frac{(\lambda t)^k}{(k-1)!}$$

$$= e^{-\lambda t}\sum_{k=1}^{\infty}(k-1+1)\frac{(\lambda t)^k}{(k-1)!}$$

$$= (\lambda t)^2 e^{-\lambda t}\sum_{k=1}^{\infty}\frac{(\lambda t)^{k-2}}{(k-2)!} + (\lambda t)e^{-\lambda t}\sum_{k=1}^{\infty}\frac{(\lambda t)^{k-1}}{(k-1)!}$$

$$= (\lambda t)^2 + \lambda t$$

$$D(k) = E(k^2) - [E(k)]^2 = \lambda t$$

很显然,泊松过程的期望与方差相等。

例 3.2　设电话呼叫按 30 次/h 的泊松过程到达,在 5 min 间隔内,求:

(1) 没有呼叫的概率;(2) 呼叫 3 次的概率。

解　按题意 $\lambda = 30$ 次/h $= 0.5$ 次/min,$t = 5$ min,分别计算 $k=0$ 或 $k=3$ 的概率:

$$P_0(5) = e^{-0.5 \times 5} = 0.082$$

$$P_3(5) = \frac{2.5^3}{3!} \times e^{-0.5 \times 5} = 0.214$$

3.1.2　泊松过程的性质

性质 3.1　m 个相互独立的泊松流的参数分别为 $\lambda_1, \lambda_2, \cdots, \lambda_m$,则 m 个泊松流之和仍然为泊松流,且参数为 $\lambda = \lambda_1 + \lambda_2 + \cdots + \lambda_m$,也就是说独立的泊松过程是可加的。

性质 3.2　如果将一个参数为 $\lambda = \lambda_1 + \lambda_2$ 的泊松流以概率 $P_1 = \frac{\lambda_1}{\lambda}$ 和 $P_2 = 1 - P_1 = \frac{\lambda_2}{\lambda}$ 独立地分配给两个子过程,则这两个子过程分别是参数为 λ_1 和 λ_2 的泊松过程。这里必须将到达的泊松流独立地进行分解。如果把到达过程交替的分解为两个子过程,例如两个子过程分别由奇数号到达和偶数号到达组成,那这两个子过程就都不是泊松过程。进一步,可以推广到分解为 m 个独立的子过程,其中 $P_i = \frac{\lambda_i}{\lambda}$。

为了证明以上两个性质,先给出母函数的概念。对于离散型随机变量 X,若其概率分布为 $P_k, k=0,1,2,\cdots$,则称

$$G(z) = \sum_{k=0}^{\infty} P_k z^k \tag{3-2}$$

为概率分布 $\{P_k, k=0,1,2,\cdots\}$ 的母函数。显然,$G(z) = E(z^X)$。

设 $G_{X_1}(z)$ 和 $G_{X_2}(z)$ 分别是随机变量 X_1 和 X_2 的母函数,那么随机变量 $X = X_1 + X_2$ 的母函数为:

$$G_X(z) = \sum_{k=0}^{\infty} P(X = k)\, z^k = \sum_{r+s=0}^{\infty} P(X = r+s)\, z^{r+s}$$

$$= \sum_r \sum_s P\left[(X_1 = r) \bigcap (X_2 = s)\right] z^{r+s}$$

$$= \sum_r \sum_s P(X_1 = r)P(X_2 = s)\, z^{r+s}$$

$$= \sum_r P(X_1 = r)\, z^r \sum_s P(X_2 = s)\, z^s$$

$$= G_{X_1}(z)\, G_{X_2}(z) \tag{3-3}$$

式(3-3)很容易推广到 n 个独立随机变量的情况,也即 n 个独立随机变量之和的母函数等于各个随机变量的母函数之积。

证明:对于泊松分布,$P_k(t) = \dfrac{(\lambda t)^k}{k!}\mathrm{e}^{-\lambda t}$,$k = 0,1,2,\cdots$,其母函数为:

$$G(z) = \sum_{k=0}^{\infty} P_k z^k = \sum_{k=0}^{\infty} \frac{(\lambda t)^k}{k!}\mathrm{e}^{-\lambda t} z^k = \mathrm{e}^{-\lambda t}\mathrm{e}^{\lambda t z} = \mathrm{e}^{-\lambda t(1-z)} \tag{3-4}$$

于是,参数为 λ_1 的泊松流 $N_1(t)$ 的母函数为 $G_1(z) = \mathrm{e}^{-\lambda_1 t(1-z)}$,参数为 λ_2 的泊松流 $N_2(t)$ 的母函数为 $G_2(z) = \mathrm{e}^{-\lambda_2 t(1-z)}$,……依此类推。由于 m 个泊松流是彼此独立的,所以 $N(t) = N_1(t) + N_2(t) + \cdots + N_m(t)$ 的母函数为 $G(z) = G_1(z)G_2(z)\cdots G_m(z) = \mathrm{e}^{-(\lambda_1 + \lambda_2 + \cdots + \lambda_m)t(1-z)}$,所以 $N(t)$ 是参数为 $\lambda = \lambda_1 + \lambda_2 + \cdots + \lambda_m$ 的泊松流,性质 3.1 得证。

对于性质 3.2,因为

$$P[N_1(t) = k] = \sum_{n=k}^{\infty} P[N_1(t) = k \mid N(t) = n] P[N(t) = n]$$

$$= \sum_{n=k}^{\infty} \mathrm{C}_n^k P_1^k (1 - P_1)^{n-k} \mathrm{e}^{-\lambda t} \frac{(\lambda t)^n}{n!}$$

$$= \mathrm{e}^{-\lambda P_1 t} \frac{(\lambda P_1 t)^k}{k!}$$

所以,$\{N_1(t), t \geqslant 0\}$ 是参数为 $P_1\lambda$ 的泊松流。同理,$\{N_2(t), t \geqslant 0\}$ 是参数为 $P_2\lambda$ 的泊松流。因为 $N_1(t)$ 的母函数与 $N_2(t)$ 的母函数的乘积恰好是 $N(t)$ 的母函数,所以 $N_1(t)$ 与 $N_2(t)$ 彼此独立。

3.2 指 数 分 布

在概率论和统计学中,指数分布是一种连续概率分布,可以用来表示独立随机事件发生的时间间隔,如旅客进入机场的时间间隔、打进客服中心电话的时间间隔等。指数分布应用广泛,在日本的工业标准和美国军用标准中,半导体器件的抽验方案都采用的是指数分布。指数分布还用来描述大型复杂系统(如计算机)的平均无故障间隔工作时间(MTBF)的失效分布。

指数分布具有无"记忆"特性,这限制了它在可靠性研究中的应用。所谓无"记忆"性,是指某种产品或零件经过一段时间长度为 t 的工作后,仍然如同新的产品一样,不影响以后的工作寿命值,或者说,经过一段时间长度为 t 的工作之后,该产品的剩余寿命分布与原来还未工作时的寿命分布相同。指数分布的这种特性,与机械零件的疲劳、磨损、腐蚀、蠕变等损伤过程的实际情况是矛盾的,它违背了产品损伤累积和老化过程。

指数分布虽然不能描述普通零件功能参数的分布规律,但是可以近似地作为高可靠性的复杂部件、机器或系统的失效分布模型,特别是在部件或机器的整机试验中得到广泛的应用。指数分布比幂分布趋近 0 的速度慢很多,有一条很长的尾巴。因此,指数分布很多时候被认为是长尾分布,例如,互联网网页链接的出度入度符合指数分布。

3.2.1　泊松过程与指数分布的关系

计数过程与点
过程讲解

随机事件到达除了可以用计数过程(点过程)描述,还可以用随机事件的到达间隔来描述。对于一个参数为 λ 的泊松过程,其到达间隔 $X_i = t_{i+1} - t_i$,$i = 0, 1, 2, \cdots$ 相互独立,且服从参数 λ 的指数分布。相反,如果一个计数过程的到达间隔序列是相互独立同分布的,如果其分布是参数为 λ 的指数分布,那么该过程是到达率为 λ 的泊松过程。因此,"顾客到达过程是到达率为 λ 的泊松过程"与"顾客到达间隔相互独立且服从参数为 λ 的指数分布"是等价的,两者互为充分必要条件。

$N(t)$ 表示一个泊松过程,$[0, t)$ 内到达 k 个事件的概率为 $P_k(t) = \dfrac{(\lambda t)^k}{k!} \mathrm{e}^{-\lambda t}$,设 t_i($i = 0,$ $1, 2, \cdots$)为相应的呼叫到达时刻,则到达间隔 $X_i = t_{i+1} - t_i$,$i = 0, 1, 2, \cdots$,根据泊松过程的性质,任意 X_i 满足:

$$P\{X_i \geqslant t\} = P_0(t) = \mathrm{e}^{-\lambda t}, \quad t \geqslant 0 \tag{3-5}$$

考虑一个随机变量 X,满足 $P\{X \geqslant t\} = \mathrm{e}^{-\lambda t}$,$t \geqslant 0$,则其累积分布函数为:

$$F(X) = P\{X < t\} = 1 - P\{X \geqslant t\} = 1 - \mathrm{e}^{-\lambda t}, \quad t \geqslant 0 \tag{3-6}$$

这里称随机变量 X 服从参数 λ 的指数分布,其概率密度函数为:

$$f_X(t) = F'(X) = \begin{cases} \lambda \mathrm{e}^{-\lambda t}, & t \geqslant 0 \\ 0, & t < 0 \end{cases} \tag{3-7}$$

因为概率密度函数的指数 $-\lambda < 0$,所以也称其为负指数分布。很显然,如果 $-\lambda > 0$,则其累积分布函数随着 t 的不断增加会趋于无穷大,就违背了其有界性($0 \leqslant F(X) \leqslant 1$)。

例 3.3　计算参数为 λ 的指数分布的期望和方差。

$$\begin{aligned} E[X] &= \int_0^\infty t f(t) \mathrm{d}t = \int_0^\infty t \lambda \mathrm{e}^{-\lambda t} \mathrm{d}t \\ &= -\int_0^\infty t \mathrm{d}(\mathrm{e}^{-\lambda t}) = -[t \mathrm{e}^{-\lambda t}]_0^\infty + \int_0^\infty \mathrm{e}^{-\lambda t} \mathrm{d}t \\ &= \frac{1}{\lambda} \int_0^\infty \mathrm{d}(\mathrm{e}^{-\lambda t}) \\ &= \frac{1}{\lambda} [\mathrm{e}^{-\lambda t}]_0^\infty = \frac{1}{\lambda} \end{aligned} \tag{3-8}$$

$$D[X] = E[X^2] - (E[X])^2 = \int_0^\infty t^2 f(t) \mathrm{d}t - \frac{1}{\lambda^2}$$

$$= \frac{2!}{\lambda^2} - \frac{1}{\lambda^2} = \frac{1}{\lambda^2} \qquad (3\text{-}9)$$

由此可见,指数分布仅有一个参数 λ。

3.2.2 指数分布的性质

性质 3.3 的
例题讲解

设 X 和 Y 是两个相互独立的随机变量,分别服从参数为 λ 和 μ 的指数分布,则有如下结论成立。

性质 3.3 无记忆性,即对于任意 x,$t > 0$ 有 $P[X \geq t + x | X \geq t] = P[X \geq x]$。

性质 3.4 假设 $T = \min\{X, Y\}$,则 T 是一个以 $\lambda + \mu$ 为参数的指数分布。

性质 3.5 $P(X > Y) = \dfrac{\mu}{\lambda + \mu}$

证明:

(1) $P[X \geq t + x | X \geq t] = \dfrac{P[X \geq t + x]}{P[X \geq t]} = \dfrac{\mathrm{e}^{-\lambda(t+x)}}{\mathrm{e}^{-\lambda t}} = \mathrm{e}^{-\lambda x} = P[X \geq x]$,容易看出,$X$ 的残余分布和原始分布服从一致的分布,这个性质被称为无记忆性。

(2) 因为 $P[T > t] = P[\min(X, Y) > t] = P[X > t, Y > t] = P[X > t]P[Y > t]$;
又因为 $P[X > t] = \mathrm{e}^{-\lambda t}$,$P[Y > t] = \mathrm{e}^{-\mu t}$,所以有 $P[T > t] = \mathrm{e}^{-(\lambda + \mu)t}$。

(3) $P(X > Y) = \displaystyle\iint\limits_{0 < x < y} \lambda \mu \mathrm{e}^{-\lambda x - \mu y} \mathrm{d}x \mathrm{d}y = \int_0^\infty \lambda \mathrm{e}^{-\lambda x} \left(\int_x^\infty \mu \mathrm{e}^{-\mu y} \mathrm{d}y \right) \mathrm{d}x$

$$= \int_0^\infty \lambda \mathrm{e}^{-\lambda x} \mathrm{e}^{-\mu x} \mathrm{d}x = \frac{\mu}{\lambda + \mu}.$$

例 3.4 设 X 和 Y 是两个相互独立的随机变量,分别服从参数为 λ 和 μ 的指数分布,若有 $T = \min\{X, Y\}$,试证明:T 的分布与 X 和 Y 谁较小无关,且有 $P\{X < Y | T = t\} = \dfrac{\lambda}{\lambda + \mu}$。

证明: 这里需要证明随机变量 T 与随机事件 $X < Y$ 互相独立,所以只需证明 $P[T > t, X < Y] = P[T > t]P[X < Y]$ 即可。

$$P[T > t, X < Y] = P[t < X < Y] = \int_t^\infty \left(\int_X^\infty \mu \mathrm{e}^{-\mu y} \mathrm{d}y \right) \lambda \mathrm{e}^{-\lambda x} \mathrm{d}x$$

$$= \int_t^\infty \lambda \mathrm{e}^{-(\lambda + \mu)x} \mathrm{d}x = \frac{\lambda}{\lambda + \mu} \mathrm{e}^{-(\lambda + \mu)x}$$

$$= P[T > t]P[X < Y]$$

很显然,T 的分布与 $X < Y$ 相互独立,再由性质 3.5,有 $P\{X < Y | T = t\} = P(X < Y) = \dfrac{\lambda}{\lambda + \mu}$。

总之,Poisson 事件流的等待时间(相继两次出现之间的间隔)服从指数分布,指数分布是描述泊松过程中的事件之间的时间的概率分布,即事件以恒定平均速率连续且独立地发生的过程。指数分布的参数为 λ,则指数分布的期望为 $1/\lambda$,方差为 $\left(\dfrac{1}{\lambda} \right)^2$ 的平方,它是伽马分布的一个特殊情况,具有无记忆的关键性质。

3.3　到达时间的条件分布

本节主要讨论在给定 $N(t)=n$ 的条件下,事件发生(到达)时刻 $t_1,t_2,t_3,\cdots,t_n$ 的条件分布及有关性质。

定理 3.2　设 $\{N(t),t\geqslant 0\}$ 是泊松过程,且在 $[0,t]$ 内已知事件发生了一次,则对于任意 $0<s\leqslant t$ 有 $P\{t_1<s\mid N(t)=1\}=\dfrac{s}{t}$,也即该事件的到来时刻在 $[0,t]$ 上服从均匀分布。

证明: $P\{t_1<s\mid N(t)=1\}=\dfrac{P(t_1<s,N(t)=1)}{P(N(t)=1)}=\dfrac{P(N(s)=1,N(t)-N(s)=0)}{P(N(t)=1)}=$

$\dfrac{(\lambda s)\mathrm{e}^{-\lambda s}\mathrm{e}^{-\lambda(t-s)}}{\lambda t\mathrm{e}^{-\lambda t}}=\dfrac{s}{t}$

这表明在 $[0,t]$ 内有一个事件发生的条件下,该事件发生的时刻在 $[0,t]$ 上是等可能的。这一性质也能推广到 $N(t)=n,n>1$ 的情况,具体见定理 3.3。

定理 3.3　设 $\{N(t),t\geqslant 0\}$ 是泊松过程,则对于任意 $0<s\leqslant t,k\leqslant n$ 有

$$P\{t_k<s\mid N(t)=n\}=\sum_{l=k}^{n}\frac{n!}{l!(n-l)!}\left(\frac{s}{t}\right)^l\left(1-\frac{s}{t}\right)^{n-l}$$

证明: $P\{t_k<s\mid N(t)=n\}=\dfrac{P(t_k\leqslant s,N(t)=n)}{P(N(t)=n)}$

$$=\frac{\displaystyle\sum_{l=k}^{n}P(N(s)=l,N(t)-N(s)=n-l)}{P(N(t)=n)}$$

$$=\frac{\displaystyle\sum_{l=k}^{n}\frac{(\lambda s)^l\mathrm{e}^{-\lambda s}[\lambda(t-s)]^{n-l}\mathrm{e}^{-\lambda(t-s)}}{l!(n-l)!}}{\dfrac{(\lambda t)^n\mathrm{e}^{-\lambda t}}{n!}}$$

$$=\sum_{l=k}^{n}\frac{n!}{l!(n-l)!}\left(\frac{s}{t}\right)^l\left(1-\frac{s}{t}\right)^{n-l}$$

特别是,当 $k=n$ 时,有 $P\{t_n<s\mid N(t)=n\}=\left(\dfrac{s}{t}\right)^n$。

这表明,在 $[0,t]$ 内有 n 个事件发生的条件下,n 个事件的发生时刻 $\{t_1,t_2,t_3,\cdots,t_n\}$ 是一个 n 维独立同分布的随机变量组成的顺序统计量,其中每一个 t_i 都在 $[0,t]$ 上服从均匀分布。

3.4　马尔可夫链

马尔可夫链(Markov Chains)是一类重要的随机过程,它的状态空间是有限的或可数无限的。经过一段时间系统从一个状态转到另一个状态这种进程只依赖于当前出发时的状态,而与以前的历史无关。马尔可夫链有着广泛的应用,也是研究排队系统的重要工具。

3.4.1 离散时间参数的马尔可夫链

定义 3.1 设 $\{X(n),n=0,1,2,\cdots\}$ 是一个随机过程,状态空间 $E=\{0,1,2,\cdots\}$,如果对于任意的一组整数时刻 $0\leqslant n_1<n_2<\cdots<n_k$,以及任意状态 $i_1,i_2,\cdots,i_k\in E$,都有条件概率

$$P\{X(n_k)=i_k\,|\,X(n_1)=i_1,X(n_2)=i_2,\cdots,X(n_{k-1})=i_{k-1}\}$$
$$=P\{X(n_k)=i_k\,|\,X(n_{k-1})=i_{k-1}\}$$

即过程 $\{X(n),n=0,1,2,\cdots\}$ 未来所处的状态只与当前的状态有关,而与以前曾处于什么状态无关,则称 $\{X(n),n=0,1,2,\cdots\}$ 是一个离散时间参数的马尔可夫链。当 E 为可列无限集时,称其为可列无限状态的马尔可夫链,否则称其为有限状态的马尔可夫链。

定义 3.2 设 $\{X(n),n=0,1,2,\cdots\}$ 是状态空间 $E=\{0,1,2,\cdots\}$ 上的马尔可夫链,条件概率

$$p_{ij}(m,k)=P\{X(m+k)=j\,|\,X(m)=i\},\quad i,j\in E$$

称为马尔可夫链 $\{X(n),n=0,1,2,\cdots\}$ 在 m 时刻的 k 步转移概率。

k 步转移概率的直观意义是:质点在时刻 m 处于状态 i 的条件下,再经过 k 步(k 个单位时间)转移到状态 j 的条件概率。特别地,当 $k=1$ 时,

$$p_{ij}(m,1)=P\{X(m+1)=j\,|\,X(m)=i\}$$

称为一步转移概率,简称转移概率。

如果 k 步转移概率 $p_{ij}(m,k)$,$i,j\in E$,只与 k 有关,而与时间起点 m 无关,那么 $\{X(n)\}$ 称为离散时间的齐次马尔可夫链。

定义 3.3 设 $\{X(n),n=0,1,2,\cdots\}$ 是状态空间 $E=\{0,1,2,\cdots\}$ 上的马尔可夫链,矩阵

$$P(m,k)=\begin{bmatrix} p_{00}(m,k) & p_{01}(m,k) & \cdots & p_{0n}(m,k) & \cdots \\ p_{10}(m,k) & p_{11}(m,k) & \cdots & p_{1n}(m,k) & \cdots \\ \vdots & \vdots & & \vdots & \\ p_{j0}(m,k) & p_{j1}(m,k) & \cdots & p_{jn}(m,k) & \cdots \\ \vdots & \vdots & & \vdots & \end{bmatrix}$$

称为 $\{X(n)\}$ 在 m 时刻的 k 步转移概率矩阵。当 $k=1$ 时,$P(m,1)$ 称为一步转移概率矩阵。

对于齐次马尔可夫链,容易推得 k 步转移概率矩阵与一步转移概率矩阵具有关系

$$P(m,k)=[P(m,1)]^k,\quad k=1,2,\cdots$$

而且与起始时刻 m 无关。今后我们用 $p_{ij}(k)$ 表示齐次马尔可夫链的 k 步转移概率,$P(k)$ 为 k 步转移概率矩阵。

定义 3.4 给定齐次马尔可夫链 $\{X(n),n=0,1,2,\cdots\}$,称概率分布

$$P_j(0)=P\{X(0)=j\},\quad j\in E$$

为 $\{X(n),n=0,1,2,\cdots\}$ 的初始分布,其中 $0\leqslant P_j(0)\leqslant 1$,且 $\sum_{j\in E}P_j(0)=1$,而称概率分布

$$P_j(n)=P\{X(n)=j\},\quad j\in E$$

为 $\{X(n),n=0,1,2,\cdots\}$ 的瞬时分布,它表示过程在任意整数时刻 n 的概率分布。

如果极限

$$p_j=\lim_{n\to\infty}p_j(n),\quad j\in E$$

存在,且 $0 \leqslant P_j \leqslant 1$,$\sum\limits_{j \in E} P_j = 1$,则称 $\{p_j, j \in E\}$ 为过程 $\{X(n), n = 0, 1, 2, \cdots\}$ 的平稳分布。

显然,对于齐次马尔可夫链,它的瞬时概率由初始分布和转移概率矩阵完全确定,即:

$$p_j(n) = \sum_{i \in E} p_i(0) \cdot p_{ij}(n)$$

在平稳分布存在的条件下,上式可变为:

$$p_j(n) = \sum_{i \in E} p_i(n-1) \cdot p_{ij}(1)$$

令 $n \to \infty$,得平稳分布 $\{p_j, j \in E\}$ 满足方程:

$$(p_0, p_1, \cdots, p_j, \cdots)[1 - P(1)] = 0$$

即:

$$\begin{cases} (1 - p_{00})p_0 - p_{10}p_1 - p_{20}p_2 - \cdots - p_{i0}p_i - \cdots = 0, \\ -p_{01}p_0 - (1 - p_{11})p_1 - p_{21}p_2 - \cdots - p_{i1}p_i - \cdots = 0, \\ \qquad\qquad\qquad\vdots \\ -p_{0i}p_0 - p_{01}p_1 - p_{21}p_2 \cdots - (1 - p_{ii})p_i - \cdots = 0. \end{cases}$$

再结合正规化条件 $\sum\limits_{j \in E} P_j = 1$ 可求得平稳分布 $\{p_j, j \in E\}$。

上面两个方程式称为过程 $\{X(n), n = 0, 1, 2, \cdots\}$ 的平衡方程。由平衡方程知,若平稳分布存在,它与初始状态无关,完全由一步转移概率矩阵确定。

3.4.2　连续时间参数的马尔可夫链

定义 3.5　设连续时间参数随机过程 $\{X(t), t \geqslant 0\}$,状态空间 $E = \{0, 1, 2, \cdots\}$,如果对于任意的非负整数 n,以及任意 $0 < t_1 < t_2 < \cdots < t_n < t_{n+1}$ 及 $i_1, i_2, \cdots, i_n, i_{n+1} \in E$,有:

$$P\{X(t_{n+1}) = i_{n+1} \mid X(t_k) = i_k, k = 1, 2, \cdots, n\}$$
$$= P\{X(t_{n+1}) = i_{n+1} \mid X(t_n) = i_n\}$$

则称 $\{X(t), t \geqslant 0\}$ 为连续时间参数的马尔可夫链。

定义 3.6　设 $\{X(t), t \geqslant 0\}$ 为连续时间参数的马尔可夫链,对任意 i、$j \in E$,非负实数 s、$t \geqslant 0$,条件概率

$$p_{ij}(s, t) = P\{X(s+t) = j \mid X(s) = i\}$$

称其为转移概率函数。若上式只与时间间隔 t 有关,而与时刻的起点 s 无关,则称 $\{X(t), t \geqslant 0\}$ 为连续时间参数的齐次马尔可夫链。显然,

$$0 \leqslant P_{ij}(s, t) \leqslant 1, \qquad \sum_{j \in E} P_{ij}(s, t) = 1$$

一般地,我们要求齐次马尔可夫链的转移概率函数满足如下连续性条件:

$$\lim_{t \to 0^+} p_{ij}(0, t) = \delta_{ij} = \begin{cases} 1, & i = j \\ 0, & i \neq j \end{cases}$$

定义 3.7　给定连续时间参数的齐次马尔可夫链 $\{X(t), t \geqslant 0\}$,称概率分布

$$p_j(0) = P\{X(0) = j\}, \quad j \in E$$

为 $\{X(t), t \geqslant 0\}$ 的初始分布,其中 $0 \leqslant P_j(0) \leqslant 1$,且 $\sum\limits_{j \in E} P_j(0) = 1$,而称概率分布

$$p_j(t) = P\{X(t) = j\}, \quad j \in E$$

为$\{X(t),t\geqslant 0\}$的瞬时概率分布,它表示过程在任意时刻t的概率分布。

如果极限

$$p_j = \lim_{t\to\infty} p_j(t), \quad j\in E$$

存在,且$0\leqslant p_j\leqslant 1$,$\sum\limits_{j\in E} p_j = 1$,则称$\{p_j,j\in E\}$为$\{X(t),t\geqslant 0\}$的平稳分布。

与离散时间参数的齐次马尔可夫链一样,连续时间参数的齐次马尔可夫链$\{X(t),t\geqslant 0\}$的瞬时概率由初始分布和转移概率函数完全确定,即:

$$p_j(t) = \sum_{i\in E} p_i(0) \cdot p_{ij}(0,t)$$

在平稳分布存在的条件下,由于

$$p_j(s,t) = \sum_{i\in E} p_i(s) \cdot p_{ij}(s,t)$$

令$t\to\infty$,得平稳分布满足方程

$$p_j = \sum_{i\in E} p_i \cdot p_{ij}, \quad j\in E$$

因此,若知道转移概率函数,则结合$0\leqslant p_j\leqslant 1$,$\sum\limits_{j\in E} p_j = 1$可求得平稳分布$\{p_j,j\in E\}$。

3.5 生 灭 过 程

一个到达过程如果是参数为λ的泊松过程,那么任取一个时刻t,在$(t,t+\Delta t)$内有一个事件到达的概率为:$P_1(\Delta t) = \lambda\Delta t e^{-\lambda\Delta t} = \lambda\Delta t + o(\Delta t)$,所以$\lambda$既是任意区间内的平均到达率,又是任意某个瞬时的到达率。泊松过程的一种推广是到达率可以随事件变化。考虑一个路由器中的分组数,既会随着分组到达而增加,也会随着分组离开而减少,所以需要更加复杂的随机过程来描述设备中分组数量的变化规律。

生灭过程是一种特殊的离散状态的连续时间马尔可夫过程,或被称为连续时间马尔可夫链。生灭过程主要用于处理输入过程为最简单流、服务时间为指数分布的一类最简单的排队系统,可用于近似模拟某地区人口数量的自然增减过程、细菌群落的繁殖与死亡过程、服务窗口前顾客数的变化过程等。生灭过程恰好反映了一个排队系统的瞬时状态$N(t)$怎样随着时间t变化,泊松过程是一种特殊的纯生过程。

某个系统有可数状态集$S=\{0,1,2,\cdots\}$,系统的状态随时间t变化的过程为$\{N(t),t\geqslant 0\}$,$N(t)$只能在状态集S中取值。当$N(t)=k$时,称系统在t时刻处于状态k。若$\{N(t),t\geqslant 0\}$满足以下条件,则该系统称为生灭过程。

① 在时间$(t,t+\Delta t)$内系统从状态$k(k\geqslant 0)$转移到$k+1$的概率为$\lambda_k \cdot \Delta t + o(\Delta t)$,这里$\lambda_k$为状态$k$时的出生率;

② 在时间$(t,t+\Delta t)$内系统从状态$k(k\geqslant 1)$转移到$k-1$的概率为$\mu_k \cdot \Delta t + o(\Delta t)$,这里$\mu_k$为状态$k$时的死亡率;

③ 在时间$(t,t+\Delta t)$内系统发生跳转的概率为$o(\Delta t)$;

④ 在时间$(t,t+\Delta t)$内系统停留在状态k的概率为$1-(\lambda_k+\mu_k)\Delta t + o(\Delta t)$。

若状态集 S 仅包含有限个元素 $S=\{0,1,2,\cdots,n\}$,也满足上述条件,则称 $\{N(t),\,t\geqslant0\}$ 为有限状态生灭过程。生灭过程的特殊性在于状态为有限个或可数个,并且系统的状态变化一定是在相邻状态之间进行。

上述生灭过程的定义,可以理解为在某服务场景,顾客的到达是一种生,而被服务完的顾客的离去是一种灭,同时在充分小的一段时间 Δt 内,顾客的到达数与离去数为 1 个的概率是时间段 Δt 的线性函数,为 2 个的概率是时间段 Δt 的高阶无穷小。这也就是说,在充分小的一段时间内,最多只有一个顾客到达或者一个顾客离开,满足这些条件的就是生灭过程。

根据生灭过程的定义,对于任意 $s,t\geqslant0$,非负整数 $i,j,n(u),0\leqslant u\leqslant s$,有

$$P\{N(t+s)=j\mid N(s)=i,N(u)=n(u),0\leqslant u<s\}$$
$$=P\{N(t+s)=j\mid N(s)=i\} \tag{3-10}$$

式(3-10)称为柯尔莫哥洛夫方程组,如果加上初始条件 $P_k(0)$,系统在各个时刻 t 的分布就确定了。由于柯尔莫哥洛夫方程组一般有无穷多个微分方程,瞬态分布 $P_k(t)$ 的求解比较困难。如果仅考虑极限分布或稳态分布,就不需要处理复杂的微分方程组,而只需处理线性方程组即可。

需要说明的是,柯尔莫哥洛夫方程组是由俄罗斯数学家安德烈·柯尔莫哥洛夫提出的,用于描述随机过程的发展规律,它的推导是基于随机过程的概率密度函数的变化规律,并且可以用来研究连续时间和连续空间中的随机过程,包括经典的布朗运动、扩散过程、扩散扩展过程等。

在实际应用中,柯尔莫哥洛夫方程常常被用来研究随机过程的期望值、方差和相关系数等统计特性。例如,可以用柯尔莫哥洛夫方程来研究货币汇率的变化规律和工程系统的稳定性和动态响应。

对于生灭过程,往往只关心系统在充分长的时间之后的稳态分布。以下首先给出生灭过程满足的柯尔莫哥洛夫方程,然后指明稳态分布满足的必要条件,最后给出一个极限定理。

生灭过程
概念讲解

定义 3.8 假定有一系统,设系统具有状态集 $E=\{0,1,2,\cdots,k\}$。令 $N(t)$ 表示在时刻 t 系统所处的状态,且有

$$p_{i,i+1}(\Delta t)=P\{N(t+\Delta t)=i+1\mid N(t)=i\}$$
$$=\lambda_i\Delta t+o(\Delta t),\quad i=0,1,2,\cdots,k-1 \tag{3-11}$$

$$p_{i,i-1}(\Delta t)=P\{N(t+\Delta t)=i-1\mid N(t)=i\}$$
$$=\mu_i\Delta t+o(\Delta t),\quad i=1,2,\cdots,k \tag{3-12}$$

$$p_{ij}(\Delta t)=P\{N(t+\Delta t)=j\mid N(t)=i\}$$
$$=o(\Delta t),\quad |i-j|\geqslant2 \tag{3-13}$$

其中,$\lambda_i>0,i=0,1,\cdots,k-1,\mu_i>0,i=1,2,\cdots,k$,均为常数,则称随机过程 $\{N(t),t\geqslant0\}$ 为有限状态 $E=\{0,1,2,\cdots,k\}$ 上的生灭过程。其状态转移强度图如图 3-1 所示。

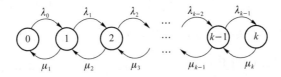

图 3-1　有限状态 $E=\{0,1,2,\cdots,k\}$ 上的生灭过程状态转移强度图

当系统状态为可列无限状态 $E=\{0,1,2,\cdots\}$ 时,称为无限状态的生灭过程,其状态转移强度图如图 3-2 所示。

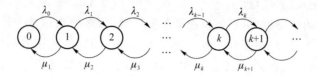

图 3-2　无限状态的生灭过程状态转移强度图

由于生灭过程是一个马尔可夫链,且有着极为简单的状态转移关系,图 3-2 包含了系统所有的状态和所有可能的变化。状态转移图是一个有限或无限的链,从中可以直观的看出生灭过程的系统特征,也即状态变化仅发生在相邻的状态之间,不能越过中间状态直接到达其他状态。这样一来,下一个状态的取值,仅取决于当前状态,而与之前的任何状态无关。令

$$p_j(t)=P\{N(t)=j\},j\in E$$

则由全概率公式,有:

$$p_j(t+\Delta t)=\sum_{i\in E}P\{N(t+\Delta t)=j\mid N(t)=i\}\cdot p_i(t)$$
$$=\sum_{i\in E}p_i(t)\cdot p_{ij}(\Delta t)$$
$$=p_j(t)[1-\lambda_j\Delta t-\mu_j\Delta t+o(\Delta t)]+p_{j-1}(t)[\lambda_{j-1}\Delta t+o(\Delta t)]$$
$$+p_{j+1}(t)[\mu_{j+1}\Delta t+o(\Delta t)]+\sum_{|i-j|\geqslant2}p_i(t)\cdot o(\Delta t)$$
$$=p_j(t)[1-\lambda_j\Delta t-\mu_j\Delta t]+\lambda_{j-1}p_{j-1}(t)\Delta t+\mu_{j+1}p_{j+1}(t)\Delta t+o(\Delta t)$$

于是,

$$\frac{p_j(t+\Delta t)-p_j(t)}{\Delta t}=\lambda_{j-1}p_{j-1}(t)-(\lambda_j+\mu_j)p_j(t)+\mu_{j+1}p_{j+1}(t)+\frac{o(\Delta t)}{\Delta t}$$

其中,$\lambda_{-1}=\mu_0=p_{-1}(t)=0$。

令 $\Delta t\to0^+$,得生灭过程的微分方程为:

(1) 当 $E=\{0,1,2,\cdots,k\}$ 时,有:

$$\begin{cases}p_0'(t)=-\lambda_0p_0(t)+\mu_1p_1(t)\\p_j'(t)=\lambda_{j-1}p_{j-1}(t)-(\lambda_j+\mu_j)p_j(t)+\mu_{j+1}p_{j+1}(t),\quad j=1,2,\cdots,k-1\\p_k'(t)=\lambda_{k-1}p_{k-1}(t)-\mu_kp_k(t)\end{cases}\quad(3\text{-}14)$$

(2) 当 $E=\{0,1,2,\cdots\}$ 时,有:

$$\begin{cases}p_0'(t)=-\lambda_0p_0(t)+\mu_1p_1(t)\\p_j'(t)=\lambda_{j-1}p_{j-1}(t)-(\lambda_j+\mu_j)p_j(t)+\mu_{j+1}p_{j+1}(t),\quad j=1,2,\cdots\end{cases}\quad(3\text{-}15)$$

假设稳态分布存在,考虑稳态分布的形式。当 $t\to\infty$ 时,有 $\lim_{t\to\infty}\frac{\mathrm{d}}{\mathrm{d}t}P_k(t)=0$,且 $p_j=\lim_{t\to\infty}p_j(t)$,$j\in E$,根据下面定理,可以证明生灭过程的极限解或稳态解有很简单的形式。在大多数实际问题中,当 t 充分大时,系统会趋于统计平衡。

定理 3.4(极限定理) 令 $p_j = \lim\limits_{t \to \infty} p_j(t), j \in E$。

（1）对有限状态 $E = \{0,1,2,\cdots,k\}$ 的生灭过程，$\{p_j, j = 0,1,\cdots,k\}$ 存在，与初始条件无关，且

$$p_j > 0, \quad \sum_{j=0}^{K} p_j = 1$$

则 $\{p_j, j = 0,1,\cdots,k\}$ 为稳态分布。

（2）对无限状态 $E = \{0,1,2,\cdots\}$ 的生灭过程，若有条件

$$1 + \sum_{j=1}^{\infty} \frac{\lambda_0 \lambda_1 \cdots \lambda_{j-1}}{\mu_1 \mu_2 \cdots \mu_j} < \infty \quad （收敛） \tag{3-16}$$

及

$$\frac{1}{\lambda_0} + \sum_{j=1}^{\infty} \left(\frac{\lambda_0 \lambda_1 \cdots \lambda_{j-1}}{\mu_1 \mu_2 \cdots \mu_j} \right)^{-1} \cdot \frac{1}{\lambda_j} = \infty（发散） \tag{3-17}$$

成立，则 $\{p_j, j = 0,1,\cdots\}$ 存在，与初始条件无关，且 $p_j > 0, \sum\limits_{j=0}^{\infty} p_j = 1$，则 $\{p_j, j = 0,1,\cdots\}$ 为稳态分布。

定理 3.5 稳态
条件讲解

定理 3.5 在 $p_j = \lim\limits_{t \to \infty} p_j(t), j \in E$ 存在的条件下，有：

$$\lim_{t \to \infty} p_j'(t) = 0, \quad j \in E \tag{3-18}$$

这样，在 $\{p_j, j \in E\}$ 存在的条件下，令 $t \to \infty$，得平衡方程：

（1）对有限状态 $E = \{0,1,2,\cdots,k\}$，有：

$$\begin{cases} \lambda_0 p_0 = \mu_1 p_1 \\ (\lambda_j + \mu_j) p_j = \lambda_{j-1} p_{j-1} + \mu_{j+1} p_{j+1}, \quad j = 1,2,\cdots,k-1 \\ \lambda_{k-1} p_{k-1} = \mu_k p_k \end{cases} \tag{3-19}$$

结合 $\sum\limits_{j=0}^{k} p_j = 1$，解得：

$$p_j = \left(\frac{\lambda_0 \lambda_1 \cdots \lambda_{j-1}}{\mu_1 \mu_2 \cdots \mu_j} \right) p_0, \quad j = 1,2,\cdots,k \tag{3-20}$$

其中，

$$p_0 = 1 \bigg/ \left[1 + \sum_{j=1}^{k} \frac{\lambda_0 \lambda_1 \cdots \lambda_{j-1}}{\mu_1 \mu_2 \cdots \mu_j} \right]$$

特别地，当 $\lambda_0 = \lambda_1 = \cdots = \lambda_{k-1} = \lambda, \mu_1 = \mu_2 = \cdots = \mu_k = \mu$ 时，有：

$$\begin{cases} p_j = \left(\frac{\lambda}{\mu} \right)^j p_0, \quad j = 1,2,\cdots,k \\ p_0 = 1 \bigg/ \sum\limits_{j=0}^{k} \left(\frac{\lambda}{\mu} \right)^j \end{cases} \tag{3-21}$$

（2）对无限状态 $E = \{0,1,2,\cdots\}$，有：

$$\begin{cases} \lambda_0 p_0 = \mu_1 p_1 \\ (\lambda_j + \mu_j) p_j = \lambda_{j-1} p_{j-1} + \mu_{j+1} p_{j+1}, \quad j = 1,2,\cdots \end{cases} \tag{3-22}$$

再结合 $\sum\limits_{j=0}^{\infty} p_j = 1$，可得：

$$p_j = \left(\frac{\lambda_0 \lambda_1 \cdots \lambda_{j-1}}{\mu_1 \mu_2 \cdots \mu_j} \right) p_0, \quad j = 1, 2, \cdots \tag{3-23}$$

其中，

$$p_0 = 1 \Big/ \left[1 + \sum_{j=1}^{\infty} \frac{\lambda_0 \lambda_1 \cdots \lambda_{j-1}}{\mu_1 \mu_2 \cdots \mu_j} \right]$$

特别地，当 $\lambda_0 = \lambda_1 = \cdots = \lambda, \mu_1 = \mu_2 = \cdots = \mu$ 时，只要 $\frac{\lambda}{\mu} < 1$，则 $\{p_j, j = 0, 1, \cdots\}$ 存在，而且

$$p_j = \left(1 - \frac{\lambda}{\mu} \right) \left(\frac{\lambda}{\mu} \right)^j, \quad j = 1, 2, \cdots \tag{3-24}$$

通过上面的求解过程可以看出，一般来说，得到 $N(t)$ 的分布 $p_n(t) = P\{N(t) = n\}$ ($n = 0, 1, 2, \cdots$) 是比较困难的，因此通常是求当系统达到平稳状态以后的状态分布，记为 $p_n, n = 0, 1, 2, \cdots$ 可以认为，对于任一状态而言，在统计平衡下，单位时间内进入该状态的平均次数和单位时间内离开该状态的平均次数是相等的，即符合"流入＝流出"原理。因此，基于此原理，可以根据排队模型，画出排队模型框图，列出各节点的平衡方程，解方程组，最后得到平稳状态解。在后面的排队模型中，我们主要根据这种方法对排队模型进行分析。

生灭过程中微分方程和稳态方程的建立可以通过列平衡方程来完成。在时刻 t 进入状态 k 的到达率与离开状态 k 的离去率之差就是状态 k 的变化率，于是有：

$$\frac{dP_k(t)}{dt} = [\lambda_{k-1} P_{k-1}(t) + \mu_{k+1} P_{k+1}(t)] - (\lambda_k + \mu_k) P_k(t) \tag{3-26}$$

当系统处于稳态时，进入状态 k 的到达率与离开状态 k 的离去率相等，也即：

$$(\lambda_k + \mu_k) P_k = \lambda_{k-1} P_{k-1} + \mu_{k+1} P_{k+1} \tag{3-27}$$

柯尔莫哥洛夫方程组和初始值决定了系统的变化，它们是瞬态分析的基础。生灭过程的稳态分布，虽然一般是无限多变量的线性方程组，但是由于生灭过程只有相邻状态有关系，故可以简单化解。如果系统的状态变化不局限在相邻状态之间，分布就不容易得到。如果到达的分组/呼叫流不平稳，有时可以用特殊的生灭过程表示信源。

3.6 辅助知识：几个重要的概率分布

1. 定长分布(单点分布)

定义 3.9 设随机变量 X 以概率 1 取常值 a，即 $P\{X = a\} = 1$，则称 X 服从定长分布或单点分布。它的概率分布函数为：

$$F(t) = P\{X \leqslant t\} = \begin{cases} 0, & t < a \\ 1, & t \geqslant a \end{cases}$$

2. 指数分布

定义 3.10 一个连续型随机变量 X，若它的分布密度函数为：

$$f(t) = \begin{cases} \lambda e^{-\lambda t}, & t \geqslant 0 \\ 0, & t < 0 \end{cases}$$

其中，$\lambda(\lambda > 0)$ 为常数，则称随机变数 X 服从参数 λ 的指数分布，其概率分布函数为：

$$F(t) = \begin{cases} 1 - \mathrm{e}^{-\lambda t}, & t \geqslant 0 \\ 0, & t < 0 \end{cases}$$

可以求得其 k 阶原点矩为 $E[X^k] = \dfrac{k!}{\lambda^k}(k=1,2,\cdots)$，方差为 $D[X] = \dfrac{1}{\lambda^2}$。

服从指数分布的随机变量具有下面的基本性质——"无记忆性"或称"无后效性"。

定理 3.6　设连续型随机变量 X 服从参数 $\lambda(\lambda > 0)$ 的指数分布，则

(1) 对任意 $t \geqslant 0, s \geqslant 0$，有：

$$P\{X > t + s \mid X > s\} = P\{X > t\} = \mathrm{e}^{-\lambda t}$$

(2) 对任意一个与 X 相互独立的非负随机变量 Y 和任意 $t \geqslant 0$，若 $P\{X > Y\} > 0$，有：

$$P\{X > Y + t \mid X > Y\} = P\{X > t\} = \mathrm{e}^{-\lambda t}$$

证明　(1) 由条件概率公式，有：

$$P\{X > t + s \mid X > s\} = \frac{P\{X > t + s, X > s\}}{P\{X > s\}}$$

$$= \frac{P\{X > t + s\}}{P\{X > s\}} = \frac{\mathrm{e}^{-\lambda(t+s)}}{\mathrm{e}^{-\lambda s}} = \mathrm{e}^{-\lambda t}$$

(2) 由条件概率公式和全概率分解，有：

$$P\{X > Y + t \mid X > Y\} = \int_0^\infty P\{X > y + t \mid X > y\} \mathrm{d}P\{Y \leqslant y\}$$

$$= \int_0^\infty \mathrm{e}^{-\lambda t} \mathrm{d}P\{Y \leqslant y\} = \mathrm{e}^{-\lambda t}$$

3. k 阶埃尔朗(Erlang)分布

定义 3.11　如果连续型随机变量 X 的概率分布密度 $f(t)$ 为：

$$f(t) = \begin{cases} \dfrac{\lambda(\lambda t)^{k-1}}{(k-1)!} \mathrm{e}^{-\lambda t}, & t \geqslant 0 \\ 0, & t < 0 \end{cases}$$

则称 X 服从参数 $\lambda(\lambda > 0)$ 的 k 阶埃尔朗分布，记为 E_k，其分布函数 $F(t)$ 为：

$$F(t) = 1 - \mathrm{e}^{-\lambda t} \sum_{i=0}^{k-1} \frac{(\lambda t)^i}{i!}, \quad t \geqslant 0$$

期望 $E[X] = \dfrac{k}{\lambda}$，方差 $D[X] = \dfrac{k}{\lambda^2}$。

借用概率密度函数，用归纳法易证定理 3.7。

定理 3.7　设 $X_1, X_2, \cdots, X_k$ 是相互独立、服从相同参数 $\lambda(\lambda > 0)$ 的指数分布，则 $X = X_1 + X_2 + \cdots + X_k$ 服从参数为 λ 的 k 阶埃尔朗分布。

由定理 3.7 及中心极限定理，容易证明定理 3.8。

定理 3.8　设随机变量 X 服从 k 阶埃尔朗分布，则对一切 $x \geqslant 0$，有：

$$\lim_{k \to \infty} P\left\{ \frac{X - \dfrac{k}{\lambda}}{\sqrt{\dfrac{k}{\lambda^2}}} \leqslant x \right\} = \int_{-\infty}^x \frac{1}{\sqrt{2\pi}} \mathrm{e}^{-\frac{t^2}{2}} \mathrm{d}t$$

注：当 $k = 1$ 时，E_1 分布即为指数分布；当 $k \to \infty$ 时，E_k 分布近似正态分布。

4. 超指数分布

定义 3.12 若连续型随机变量 X 的概率密度函数为：

$$f(t) = \begin{cases} \sum_{i=1}^{k} \alpha_i \lambda_i \mathrm{e}^{-\lambda_i t}, & t \geqslant 0 \\ 0, & t < 0 \end{cases}$$

其中，$\alpha_i > 0$，且 $\sum_{i=1}^{k} \alpha_i = 1$，$\lambda_i > 0$ 且均为常数$(i=1,2,\cdots,k)$，则称 X 服从超指数分布。其概率分布函数为：

$$F(t) = 1 - \sum_{i=1}^{k} \alpha_i \mathrm{e}^{-\lambda_i t}, \quad t \geqslant 0$$

它的期望 $E[X] = \sum_{i=1}^{k} \dfrac{\alpha_i}{\lambda_i}$，方差 $D[X] = 2\sum_{i=1}^{k} \dfrac{\alpha_i}{\lambda_i^2} - \left(\sum_{i=1}^{k} \dfrac{\alpha_i}{\lambda_i} \right)^2$。

注：超指数分布是负指数分布的一种混合分布，其背景解释为：设有 k 个服务台独立地并行服务，第 i 个服务台提供的服务时间服从参数 $\lambda_i(>0)$ 的指数分布，到达的顾客以概率 α_i 选择第 i 个服务台接受服务$(i=1,2,\cdots,k)$，这样顾客的服务时间就是超指数分布。

本 章 习 题

3-1 网络中有标记为 A、B、C 的三种业务流，三类分组分别以强度为 λ_A、λ_B、λ_C 的泊松流到达转发设备，且三种业务流是彼此独立的。若把三种业务流合并为一个数据流，试求解以下问题：

(1) 两个分组之间的时间间隔的概率密度函数；

(2) 在 t_0 时刻到达的是 A 业务分组，则下一个分组是 B 业务分组的概率是多少？下一个分组是 C 业务分组的概率是多少？

(3) 在 t_0 时刻到达的是 A 业务分组，则之后连续到达三个 A 业务分组，但第四个到达的不是 A 业务分组的概率是多少？

3-2 设某办公室来访的顾客数 $N(t)$ 服从泊松分布，平均每小时到访 3 人，试求以下问题：

(1) 上午 8~12 点没有顾客到访的概率；

(2) 下午 2~6 点第一个顾客的到达时间的分布。

3-3 设到达某商场的顾客流是强度为 λ 的泊松流，每个顾客购买商品的概率为 p，各个顾客是否购买商品与其他顾客无关，这里分别用 $\{Y(t), t \geqslant 0\}$ 和 $\{Z(t), t \geqslant 0\}$ 表示购买商品和未购买商品的顾客流过程，试证明它们分别是强度为 $p\lambda$ 和 $(1-p)\lambda$ 的泊松流。

3-4 如果一个连续分布满足无记忆特性，试证明它就是指数分布。

3-5 假定顾客在银行的时间服从均值为 10 分钟的指数分布，即 $\lambda = 1/10$，则某顾客在银行的时间超过 15 分钟的概率是多少？假定某顾客已经在银行停留了 10 分钟，他还要在银行停留 15 分钟以上的概率是多少？

3-6　你到达邮局时,邮局仅有的两个办事员都在忙,且在你之前没有其他人排队。只要任何一个办事员有空,你马上就可以得到服务。两个办事员的服务时间分别服从参数为 λ_1 和 λ_2 的指数分布,设你在邮局的停留时间为 T,求 T 的期望 $E[T]$。

3-7　假设群众到达某办事处的人数服从泊松分布,且 $\lambda = 1$ 人/天,试求以下问题:

(1) 第 10 个人到达时间的期望是多少？

(2) 第 10 个人与第 11 个人到达间隔超过 2 天的概率是多少？

3-8　如果探险者以每星期 10 人的 Poisson 速率到达北极地区,若每个探险者是中国人的概率是 1/12,那么在二月份没有中国人到达北极探险的概率是多少？

第4章 排队系统及通信网络队列呼损性能

为了定量地描述通信网络的运行过程,设计网络的体系结构,评估网络容量、平均呼损和服务质量等,我们需要了解网络中每个链路、节点、交换机、用户终端等设备的输入输出业务流的行为特征和处理过程。描述这些行为特征和处理过程的数学理论是随机过程和排队论,本章介绍排队系统的概念与模型,并用排队系统和排队网络对实际的话音业务队列进行模拟和分析。

排队论(Queueing Theory)或称随机服务系统理论,是通过对服务对象到来及服务时间的统计研究,得出这些数量指标(等待时间、排队长度、忙期长短等)的统计规律,然后根据这些规律来改进服务系统的结构或重新组织被服务对象,使得服务系统既能满足服务对象的需要,又能使机构的费用最经济或某些指标最优。它是数学运筹学的分支学科,也是研究服务系统中排队现象随机规律的学科,广泛应用于计算机网络、生产、运输、库存等各项资源共享的随机服务系统。排队论研究的内容有3个方面:统计推断,根据资料建立模型;系统的性态,即和排队有关的数量指标的概率规律性;系统的优化问题。研究排队论的目的是正确设计和有效运行各个服务系统,使之发挥最佳效益。

4.1 排队系统的概念与模型

排队是日常生活中经常遇到的现象,如到商店买东西,到医院看病,均是顾客希望得到某种服务,而当某时刻要求服务的顾客数量超过服务机构的容量时,便会出现排队现象。如果服务设施过少或服务效率太低,便会加剧拥挤,排队成龙。然而,增加服务设施便会增加服务成本或造成系统空闲,而有些服务设施(如机场、港口泊位等)一旦建成就不易改动。因此,有必要对排队系统的结构和运行规律加以研究,为排队系统的设计和调控提供依据。

4.1.1 排队系统的概念

排队论是研究随机拥挤现象的优化理论。排队系统也称随机服务系统。在这些系统中,顾客到来的时刻与进行服务的时间都是随机的,且会随条件的变化而变化,因而服务系统的状况也是随机的,会随各种条件的变化而波动。许多服务系统,如电话通信、机器维修、病人候诊、存货控制、水库调度、购物排队、船舶装卸、红绿灯转换等,都可用排队论来描述。

排队论起源于20世纪初的电话通话,1909—1920年丹麦数学家、电气工程师埃尔朗(A. K. Erlang)用概率论方法研究电话通话问题,从而开创了这门应用数学学科,并为这门学科建立了许多基本原则。埃尔朗在热力学统计平衡理论的启发下,成功地建立了电话统计平衡模型,并由此得到一组递推状态方程,从而导出著名的埃尔朗电话损失率公式。20世纪 30 年代中期,当费勒(W. Feller)引进了生灭过程时,排队论才被数学界承认为一门重要的学科。

在信息网络中,交换机、路由器等设备都可以看成一种随机服务系统。对于不同的应用场景,可使用不同的排队系统模拟不同的业务处理设备来分析。图 4-1 给出了一种典型的排队系统模型,排队系统的参与者包括要求服务的"顾客"和提供服务的"服务员"。

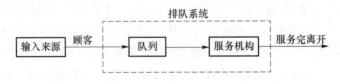

图 4-1　排队系统模型

排队系统的基本组成包括输入过程、排队规则和服务机构。

输入过程描述顾客按照怎样的规律到达,对此我们主要讨论两方面内容。

(1) 顾客源:有限 ∞,如待修理的机器等。

　　　　　无限 m,如分组达到、电话呼叫到达等。

(2) 到达规律:到达间隔服从定长分布。

　　　　　到达间隔服从指数分布。

　　　　　到达间隔服从 k 阶埃尔朗(Erlang)分布。

排队规则要求顾客按照一定规则排队等待服务,如先来先服务、后来先服务、随机服务、有优先权的服务等。排队方式有混合排队和分别排队,混合排队指所有顾客排成一队,分别排队指顾客排成多个队列。如果仅有一个服务窗口,那么只能进行混合排队;如果有多个服务窗口,那么有混合排队与分别排队两种选择。此外,还要对顾客的行为做一些约定。例如,在未被服务之前是否会离开,队列很长的时候是否会离开,可否从一个队列移到另一个队列等。具体来说,可以分为三种类型。

(1) 损失制。顾客到达时,若所有服务台均被占用,则顾客自动离去。

(2) 等待制。顾客到达时,若所有服务台均被占用,则顾客留下来等待,直到被服务完后离去。

(3) 混合制。兼顾了损失制和等待制。这种情况允许排队,但不允许队列无限长,主要分为系统容量受限和等待时间受限两类。

服务机构包括服务机构的设置、服务窗口的数量、服务的方式、服务时间分布等。服务窗口的数量可以有一个、多个、无限个。如果服务窗口有 $m(m>1)$ 个,相应的服务方式可分为串行和并行两种。

串行服务方式:m 个窗口的服务内容不同,每个顾客要依次经过这 m 个窗口接受服务,就像一个零件的生产要经过 m 道工序一样。

并行服务方式:m 个窗口的服务内容相同,对于成批到达的顾客,系统一次可以同时服务 m 个顾客,这 m 个顾客随机选择空闲的窗口。

服务时间与到达间隔一样,多数情况下服务时间也是随机的,需要知道其概率分布。一般来说,服务时间可以服从定长分布、指数分布、k 阶爱尔兰(Erlang)分布等。

4.1.2　肯德尔记号

自第二次世界大战以来,排队论在运筹学这个新领域中变成了一个重要的内容。20世纪50年代初,肯德尔(D. G. Kendall)对排队论作了系统的研究,他用嵌入马尔可夫(A. A. Markov)链方法研究排队论,使排队论得到了进一步的发展。

根据输入过程、排队规则和服务机构的不同情况对排队系统进行描述和归类,可以给出很多排队模型。为了方便对众多模型进行描述,肯德尔在1953年提出一种依据排队系统的三个基本特征对排队模型进行分类表示的方法,称为肯德尔(Kendall)记号,表示为 $X/Y/Z/A/B/C$,其中 X 是顾客到达时间间隔的分布,Y 代表服务时间的分布,Z 表示服务窗口的数量,A 表示系统容量,B 是潜在的顾客源数量,C 是服务规则。A 和 B 为无穷大时均可缺省,C 表示排队规则为先来先服务(FCFS)时可缺省。

不同输入过程(顾客流)和服务时间的分布符号有:

M——泊松流(或指数分布)

D——定长分布

E_k——k 阶埃尔朗分布

G——一般随机分布

例如,$M/M/1$ 实际上的内涵是 $M/M/1/\infty/\infty/$FCFS,表示到达间隔服从指数分布,服务时间也服从指数分布,1个服务窗口,顾客源无限,系统容量也无限,先到先服务。$G/D/m/m$ 表示到达间隔服从一般随机分布,服务时间服从定长分布,有 m 个服务窗口,系统最多可容纳 m 个顾客,顾客源无限,系统容量也无限,先到先服务。

4.1.3　排队问题的求解与优化

研究排队系统的目的是通过了解系统的运行状况,对系统进行调整和控制,使系统处于最优运行状态。描述系统运行状况的客观指标主要是系统中由于排队和被服务而滞留的顾客数量,以及顾客为等待服务而必须在系统中消耗的时间。这些系统运行指标一般来说都是随机变量,并且和系统运行的时间 t 有关。这里,我们主要研究 $t \rightarrow \infty$ 时的稳态情形,此时系统处于平衡状态,数量指标的分布等与时间无关,求得的结果称为系统处于统计平衡下的解。

在求解排队问题时,到达率和离去率(服务率)是两个重要的统计指标。前者表示单位时间内到达系统的顾客数,后者是平均服务时间的倒数。系统中的顾客数被称为队长,队长可以增加,也可以减少。许多简单排队系统的队长变化实际是一个生灭过程,许多排队系统的分析均可演变到不同的生灭过程。

对于排队系统的分析,主要希望得到三类指标的概率特性。

(1) 队长和排队队长

队长是某观察时刻系统中的总顾客数,包括正在接受服务的顾客,其均值记作 N_s。排队队长是某观察时刻系统中正在排队等待的顾客数,其均值记作 N_q。如果正在接受服务的

顾客数的均值为 n,则有 $n = N_s - N_q$。N_s、N_q、n 均为离散型非负随机变量。

队长一般有三种观察方式。第一,服务员或某旁观者随机取一个时刻来观察队长。在平稳条件下,队长为 k 的概率记为 P_k;第二,某顾客在自己到达时刻观察到的队长(不包括自己)为 k,其概率记为 r_k;第三,某顾客被服务完毕,在离开时刻观察到的队长(不包括自己)为 k,其概率记为 d_k。一般来说,P_k、r_k、d_k 三者是不同的。但当顾客到达是泊松流时,有 $P_k = r_k = d_k$。

（2）逗留时间和等待时间

逗留时间是一个顾客在系统中的停留时间,也称为系统时间,其均值记为 W_s。等待时间是一个顾客在系统中排队等待的时间,其均值记为 W_q。如果服务时间的均值为 τ,即顾客从开始接受服务到离开系统的时间长度,则有 $\tau = W_s - W_q$。W_s、W_q、τ 均为连续型非负随机变量,其中 W_q 是信息网络中平均时延的主要部分,顾客希望 W_q 越小越好。其他时延(如传输时延、处理时延等)一般较小,且为常量。

（3）忙期和闲期

从顾客到达空闲的窗口接受服务起,到窗口再次变成空闲为止的这段时间,即窗口连续服务时间或有顾客的持续时间称为忙期,表征了服务窗口的工作强度。与忙期相对的是闲期,即窗口连续保持空闲的时间长度或无顾客的持续时间称为闲期。忙期和闲期均为连续型非负随机变量,两者总是交替出现。对于单窗口服务系统,忙期所占的百分比称为窗口利用率或系统效率,记作 $\eta = \dfrac{忙期}{忙期 + 闲期}$。对于多窗口服务系统,假设共有 m 个服务窗口,某观察时刻有 r 个窗口被占用,则占用率为 $\dfrac{r}{m}$,这是一个随机变量,其统计平均值就是系统效率 η。η 越大,服务资源的利用率就越高。

研究了排队系统性能指标的概率规律以后,可以在此基础上进一步研究排队系统的最优化问题。最优化问题一般涉及两类:一是研究排队系统的最优设计问题,这属于静态优化,例如电话网中交换机的数量、分组网中路由器的数量等;二是研究排队系统的最优控制问题,这属于动态优化,例如电话网中的中继电路群数量是否增加,分组网中的缓存空间大小如何调整等。系统优化的目标是:在满足客户服务质量需求和控制成本最小之间取得一个合理的折中。

4.2　M/M/1 排队模型

在排队系统中,最简单的队列模型是 M/M/1 排队系统,其到达过程为一个参数为 λ 的泊松过程,服务时间是参数为 μ 的负指数分布,系统仅有一个服务员,队列长度无限制。如果用系统中的顾客数来表征系统的状态,容易验证这是一个生灭过程,并且有:

$$\lambda_k = \lambda, \mu_k = \begin{cases} \mu, & k = 1, 2, \cdots \\ 0, & k = 0 \end{cases} \tag{4-1}$$

其状态转移图如图 4-2 所示。

令 $\rho = \dfrac{\lambda}{\mu}$，根据生灭过程的性质有：

M/M/1 系统
性质扩散

$$P_k = \rho^k P_0 \tag{4-2}$$

由于概率归一性，也即 $\displaystyle\sum_{k=0}^{\infty} P_k = 1$，容易得出 $\rho < 1$ 时，有：

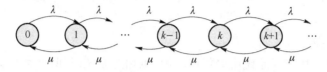

图 4-2　M/M/1 排队系统状态转移图

$$P_0 = \cfrac{1}{1 + \displaystyle\sum_{k=1}^{\infty} \rho^k} = 1 - \rho \tag{4-3}$$

可见，$\rho = 1 - P_0$，该参数在数值上等于用户到达 $M/M/1$ 队列需要等待（系统中的用户数非零）的概率。根据定理 3.4 和定理 3.5，当 $\rho < 1$ 时，$M/M/1$ 排队系统达到稳态，且稳态队长为：

$$P_k = \rho^k (1 - \rho) \tag{4-4}$$

进一步，$M/M/1$ 系统队长的均值和方差如下：

$$
\begin{aligned}
E(N) &= \sum_{k=0}^{\infty} k P_k = (1-\rho) \sum_{k=0}^{\infty} k \rho^k \\
&= (1-\rho)\rho \sum_{k=0}^{\infty} (\rho^k)' = (1-\rho)\rho \left(\frac{1}{1-\rho} \right)' \\
&= \frac{\rho}{1-\rho}
\end{aligned}
\tag{4-5}
$$

$$\mathrm{Var}(N) = \sum_{k=0}^{\infty} k^2 P_k - [E(N)]^2 = \frac{\rho^2 + \rho}{(1-\rho)^2} - \left(\frac{\rho}{1-\rho} \right)^2 = \frac{\rho}{(1-\rho)^2} \tag{4-6}$$

易见，ρ 代表系统的繁忙程度，$E(N)$ 和 $\mathrm{Var}(N)$ 都随着 ρ 的增加而增加。当 ρ 趋于 1 时，$E(N)$ 和 $\mathrm{Var}(N)$ 都趋于无穷大。因此，当 $\rho \geqslant 1$ 时，$M/M/1$ 系统来不及服务，其队长会趋于无穷大。

4.3　Erlang 损失制排队模型 $M/M/m/m$

4.3.1　网络业务量的基本概念和指标

通信业务的理论基础是业务量理论。1917 年，丹麦工程师埃尔朗（Erlang）首先提出了通信业务的拥塞理论，并用统计平衡的概念分析了通信业务量问题，形成了概率论的一个新分支。后经 Palm C. 等人引入近代概率论研究拥塞理论，奠定了业务量理论的数学基础。

进入网络的话音、数据等输入信息，可以统称为通信呼叫，简称呼叫。网内业务量取决于彼此连接的全部设备所产生的呼叫,网内所有用户都是呼叫源。通信网络中的呼叫有许多类型,有些是恒定速率,有些是变速率。每个呼叫进入网络的时间也具有不确定性,且几乎没有什么规律。但大量呼叫形成的信息流进入网络后,会表现出一定的统计规律。到达网络接入点的呼叫(对应排队系统中的顾客)及持续时间(对应排队系统中的服务时间)等参数通常为一族随机变量,需要用概率论、数理统计和随机过程等来研究其变化规律,以解决呼叫与通信设备之间的供需关系,为用户提供良好的服务质量。

下面以电话系统为例来加以说明。首先,定义电话网中的各种基本指标。

定义 4.1　业务量(Q):业务量是在指定时间内线路被占用的总时间。

假设某交换系统有 m 条中继线,其中第 r 条中继被占用的时间为 Q_r,则 m 条中继线上的业务量为:

$$Q = \sum_{r=1}^{m} Q_r \tag{4-7}$$

业务量和
呼叫量

可见,业务量的量纲是时间。各条中继线被占用的时间可以重叠,也可以不重叠。

换一种角度,业务量 Q 的计算也可以表达为:

$$Q = Q(t_0, T) = \int_{t_0}^{t_0+T} R(t) \, dt \tag{4-8}$$

其中,t_0 为观察起点,T 为观察时长,$R(t)$ 为时刻 t 被占用的中继数,这是一个随机过程,其样本函数的取值在 $0 \sim m$ 之间。因此,$Q(t_0, T)$ 也是一个随机过程,是 t_0 和 T 的函数。只有当 T 足够大时,Q 才有可能是一个恒定值。

业务量有两个方面的含义:其一是信息源所发生的用户需求的业务量,从这个角度看可能有 $Q \geqslant mT$;其二是仅考虑通过网络的实际业务量,从这个角度看有 $Q \leqslant mT$。

定义 4.2　呼叫量(a):业务量的强度通常称为呼叫量。

呼叫量可以表示为线路占用时间和观察时间之比:

$$a = \frac{业务量}{观察时间} = \frac{Q}{T} \tag{4-9}$$

显然,呼叫量是没有量纲的,通常用 Erlang 来表示它的单位,简写为 erl。由式(4-9)可知,有 m 条中继线的系统中,实际能通过的呼叫量不可能超过 m,有部分呼叫量可能被拒绝。同样地,呼叫量也有两个方面的含义:其一是信息源实际发生的呼叫量,这与中继线群大小无关,可能有 $a \geqslant m$;其二是仅考虑通过网络的实际呼叫量,从这个角度看有 $a \leqslant m$。

根据式(4-8),呼叫量也可以表达为:

$$a = \frac{1}{T} \int_{t_0}^{t_0+T} R(t) \, dt \tag{4-10}$$

容易看出,在一段时间 T 内通过的话务量,就是该时段内被占用的平均中继数。如果 $R(t)$ 是一个遍历过程,当 T 足够大时,a 将与起始时刻 t_0 和观察时间 T 无关。实际上 $R(t)$ 是非平稳、非遍历的,每个小时的呼叫量会不停地变化。如果取 T 为 1 小时,所得的平均值 a 称为小时呼叫量。通常,一天中最忙的 1 小时内的呼叫量称为日呼叫量。每天的呼叫量也会变化,通常在一年内取 30 天,这些天的日呼叫量的平均值称为年呼叫量。

对于从外界到达交换系统的呼叫流,一种为无限源,这种系统被称为 Erlang 系统;另一种为有限源,这种系统被称为 Engset 系统。本节仅讨论前者。

以下讨论阻塞率和呼损,这是两个重要的性能指标。系统中的 m 条中继线全忙时,新到的呼叫将被拒绝,系统处于阻塞状态。

定义 4.3　时间阻塞率(p_s):系统处于阻塞状态的时间与观察时间的比值。

$$p_s = \frac{\text{阻塞时间}}{\text{观察时间}} \qquad (4-11)$$

定义 4.4　呼叫阻塞率(p_c):呼叫被拒绝的次数与总呼叫次数的比值,也称呼损。

$$p_c = \frac{\text{被拒绝的呼叫次数}}{\text{总呼叫次数}} \qquad (4-12)$$

一般来说,当用户数 N 为有限值时,$p_c \le p_s$;当用户数 N 远大于截至队长 n 时,有 $p_s \approx p_c$。从统计测量的角度来看,p_c 比 p_s 方便。在纯随机呼叫的情况下,也即到达的呼叫流为泊松过程,有 $p_s = p_c$。以下我们不再区分 p_s 和 p_c,统一使用呼损 p_c。

定义 4.5　通过的呼叫量(a'):对于容量有限的系统,到达的呼叫可能仅有一部分通过,其他被拒绝。若到达的呼叫量为 a,则通过的呼叫量为:

$$a' = a(1 - p_c) \qquad (4-13)$$

定义 4.6　线路利用率(系统效率)(η):通过的呼叫量与线路容量的比值。

假设某电话交换系统有 m 条中继线,则其线路利用率或系统效率为:

$$\eta = \frac{a'}{m} = \frac{a(1 - p_c)}{m} \qquad (4-14)$$

4.3.2　Erlang-B 公式与呼损计算

许多公共网络资源,如信道和交换设备等,被不同终端竞争使用,由于信息流的随机性可能在一定时候使用达到高峰,网络无资源可用,网络或者拒绝使用请求或会出现排队等待现象。在实际的通信系统中,呼叫遇到无可用资源时,有两种典型的处理方法,第一种是立即拒绝该呼叫,如电话交换系统;第二种是让该呼叫等待,直到有可用资源时再接受服务,如数据交换系统。本节讨论即时拒绝系统。

假设某电话交换系统有 m 条中继线,电话呼叫流的到达率为 λ。每到达一个呼叫,均可随机占用任何一条空闲的中继线,并完成接续通话。每个呼叫的服务时间服从参数为 μ 的指数分布。当系统中的 m 条中继线全部繁忙时,该呼叫被拒绝。这种排队系统属于 $M/M/m/m$ 模型,是一个特殊的生灭系统,其状态转移图如图 4-3 所示。

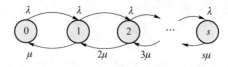

图 4-3　$M/M/m/m$ 状态转移图

该生灭过程的达到率和离去率分别如下:

$$\lambda_k = \begin{cases} \lambda, & k=0,1,\cdots,m-1 \\ 0, & k \ge m \end{cases} \qquad (4-15)$$

$$\mu_k = \begin{cases} k\mu, & k=0,1,\cdots,m \\ 0, & k > m \end{cases} \qquad (4-16)$$

根据生灭过程的稳态分布规律有：

$$p_k = \frac{1}{k!}\left(\frac{\lambda}{\mu}\right)^k p_0, \quad k=0,1,\cdots,m \tag{4-17}$$

令 $a=\lambda/\mu$，代入式(4-17)有：

$$p_k = \frac{a^k}{k!}p_0, \quad k=0,1,\cdots,m \tag{4-18}$$

根据概率归一性，有 $\sum_{k=0}^{m}p_k = 1$，结合式(4-18)得：

$$p_0 = \frac{1}{\sum_{r=0}^{m}\dfrac{a^r}{r!}} \tag{4-19}$$

从而，稳态分布为：

$$p_k = \frac{\dfrac{a^k}{k!}}{\sum_{r=0}^{m}\dfrac{a^r}{r!}} \tag{4-20}$$

特别地，当 $k=m$ 时，式(4-21)表达了中继线全忙的概率。

$$p_m = \frac{\dfrac{a^m}{m!}}{\sum_{r=0}^{m}\dfrac{a^r}{r!}} \tag{4-21}$$

这个概率为系统的呼损，可以记为：

$$B(m,a) = \frac{\dfrac{a^m}{m!}}{\sum_{r=0}^{m}\dfrac{a^r}{r!}}, \quad a = \frac{\lambda}{\mu} \tag{4-22}$$

式(4-22)就是著名的 Erlang-B 公式。式中，m 代表中继线的容量，$a=\lambda/\mu$ 是到达的总呼叫量。这个呼叫量和交换系统无关，并且会被拒绝一部分，实际通过的呼叫量为：

$$a' = a[1-B(m,a)] \tag{4-23}$$

相应地，被拒绝的呼叫量为：

$$a-a' = aB(m,a) \tag{4-24}$$

系统效率为：

$$\eta = \frac{a'}{m} = \frac{a[1-B(m,a)]}{m} \tag{4-25}$$

很显然，呼损 $B(m,a)$ 随着呼叫量 a 的增加而上升；当呼叫量 a 一定时，增加中继线的数量 m 能使呼损下降，如图 4-4 所示。

Erlang-B 公式表达了 $B(m,a)$ 和 m 的关系，为电话网络的规划和中继线容量配置奠定了基础，具有伟大的历史意义。虽然这个公式的推导中假设呼叫的持续时间服从指数分布，但后来证明了这个公式对服务时间的分布没有要求，对任意分布均成立。

Erlang-B 公式的推导中，假设每个呼叫可以占用任意一个空闲的中继线，这类系统称为全利用度系统，如果呼叫不能到达任意一个空闲的中继线，而只能到达部分中继线，这类系统称为部分利用度系统，在实际应用中，部分利用度系统是很常见的。Erlang-B 公式仅能应用于全利用度系统。部分利用度系统中呼损的计算比较复杂。由于部分利用度系统的利用率低,其呼损会大于相应全利用度系统的呼损。

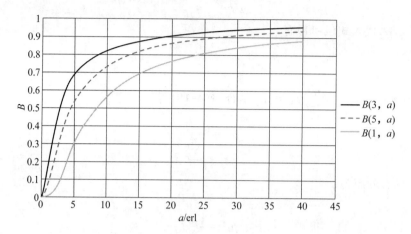

图 4-4　Erlang 即时拒绝系统的 B-a 曲线

例 4.1　计算 $M/M/\infty/\infty$ 排队系统的平均队长和通过的呼叫量。

解　$M/M/\infty/\infty$ 为一个虚拟系统,有 ∞ 个中继线。到达的呼叫流是参数 λ 的泊松过程,持续时间服从参数为 μ 的指数分布。由于有 ∞ 个服务员或中继线,系统一定有稳态分布,取系统中的呼叫数为状态变量,这个排队系统是一个生灭过程。状态转移图如图 4-5 所示。

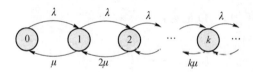

图 4-5　$M/M/\infty/\infty$ 状态转移图

各状态的到达率和离去率如下:

$$\lambda_k = \lambda, \quad k \geqslant 0$$
$$\mu_k = k\mu, \quad k \geqslant 1$$

设 $a = \lambda/\mu$,有:

$$p_k = \frac{1}{k!}\left(\frac{\lambda}{\mu}\right)^k p_0 = \frac{a^k}{k!}p_0, \quad k \geqslant 1$$

根据概率归一性,有 $\sum_{k=0}^{m} p_k = 1$,则:

$$p_0 = \mathrm{e}^{-a}$$

从而,稳态分布为:

$$p_k = \frac{a^k}{k!}\mathrm{e}^{-a}, \quad k \geqslant 0$$

这里 $\{p_k\}$ 服从参数为 a 的泊松分布。设 N 为系统中的呼叫数,则其平均队长 $E[N]$ 和方差 $\mathrm{Var}[N]$ 均为 a。平均队长为 a 表明通过的呼叫量为 a。该系统没有拒绝,则到达的总呼叫量也为 a。

例 4.2　某商店有 3 个服务员,每个服务员同一时间只能为一个顾客服务,假设服务时间服从指数分布,平均服务时间为 2.5 分钟,顾客的到来服从泊松分布,平均每分钟到达 1.2 人,服务系统为即时拒绝系统。试求:

(1) 顾客到达商店被拒绝服务的概率;

(2) 若要顾客到达商店被拒绝的概率小于 5%,需要几个服务员?

解　(1) $\lambda=1.2$ 人/分钟,$\mu=0.4$ 人/分钟,$a=\lambda/\mu=3$

$$B(3,3)=\dfrac{a^3}{3!\sum\limits_{j=0}^{3}\dfrac{a^3}{j!}}=\dfrac{3^3}{3!\left(\dfrac{3}{1}+\dfrac{3^2}{2!}+\dfrac{3^3}{3!}\right)}\approx 0.35$$

(2) 根据 Erlang-B 公式有:

$$B(m,3)=\dfrac{3^m}{m!\sum\limits_{k=0}^{s}\dfrac{3^k}{k!}}<0.05$$

查表或计算可得:$B(6,3)=0.052$,$B(7,3)=0.022$,取 $m=7$。

例 4.3　若将交换系统的中继线依次编号为 $1,2,\cdots,m$,并且严格按顺序使用。请计算每条中继线的通过呼叫量。

解　对任意 $k,1\leqslant k<m$,根据中继线的使用规则,在 $1,2,\cdots,k$ 这 k 条中继线上的溢出呼叫量将由 $k+1,k+2,\cdots,m$ 这些中继线来承载。于是有:

$1,2,\cdots,k-1$ 这 $k-1$ 条中继线通过的呼叫量为:$a[1-B(k-1,a)]$

$1,2,\cdots,k$ 这 k 条中继线上通过的呼叫量为:$a[1-B(k,a)]$

所以,第 k 条中继线通过的呼叫量为:

$$a_k=a[1-B(k,a)]-a[1-B(k-1,a)]=a[B(k-1,a)-B(k,a)],\quad 1\leqslant k\leqslant m$$

这里 $B(0,a)=1$

例 4.4　某主备线系统如图 4-6 所示,其中有两类呼叫,到达率分别为 λ_a 和 λ_b,共用一条线路,该线路的服务率为 μ,规定 a 类的优先级较低,即 b 类无排队时才可以传送。不计正在传送的业务,各队的截止队长分别为 $N_a=1,N_b=1$。试求:

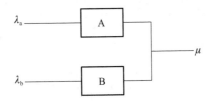

图 4-6　主备线系统

(1) 画出状态转移图;

(2) 列出稳态下的系统状态方程;

(3) 当 $\lambda_a=\lambda_b=\alpha$($\alpha$ 为常数),$\mu=2\alpha$ 时,计算各状态概率、系统的空闲概率,以及这两类呼叫的阻塞率。

解　(1) 以 (x,y) 作为系统的状态变量,其中 x 表示中继线忙时 A 队列中的呼叫数,则 $x\in\{0,1\}$,y 表示中继线忙时 B 队列中的呼叫数,则 $y\in\{0,1\}$。则有 $(x,y)\in\{(0,0),(0,1),(1,0),(1,1)\}$。这里的状态 $(0,0)$ 表示 A 和 B 两队中均没有正在排队的呼叫,但是中继线中有一个呼叫正在被处理,用状态(0)表示既没有排队等待的呼叫,也没有正在被处理的呼叫,系统处于空闲状态。状态转移图如图 4-7 所示。

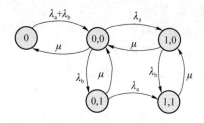

图 4-7　状态转移图

（2）根据状态转移图列如下稳态方程:

$$(\lambda_a+\lambda_b)p_0=\mu p_{00}$$
$$(\lambda_a+\lambda_b+\mu)p_{00}=(\lambda_a+\lambda_b)p_0+\mu(p_{01}+p_{10})$$
$$(\lambda_b+\mu)p_{10}=\lambda_a p_{00}+\mu p_{11}$$
$$(\lambda_a+\mu)p_{01}=\lambda_b p_{00}$$
$$\mu p_{11}=\lambda_a p_{01}+\lambda_b p_{10}$$

结合概率归一化方程:$p_{00}+p_0+p_{01}+p_{10}+p_{11}=1$

（3）当 $\lambda_a=\lambda_b=\alpha$（$\alpha$ 为常数）,$\mu=2\alpha$ 时,代入解线性方程组得各个状态的概率分别为:

$$p_{00}=p_0=\frac{2}{7}$$
$$p_{01}=\frac{2}{21}$$
$$p_{10}=\frac{4}{21}$$
$$p_{11}=\frac{1}{7}$$

系统的空闲概率为

$$p_0=\frac{2}{7}$$

A 类呼叫的阻塞率为

$$p_{10}+p_{11}=\frac{1}{3}$$

B 类呼叫的阻塞率为

$$p_{01}+p_{11}=\frac{5}{21}$$

通过的呼叫量,即平均被占用的中继线数为

$$1-p_0=\frac{5}{7}$$

例 4.5　如图 4-8 所示的排队系统,泊松流在入口按照 $p_1=0.4$ 和 $p_2=0.6$ 的概率分别去往 A、B 两个不同的系统,其中 A 系统为 $M/M/2/2$ 系统,B 系统为 $M/M/3/3$ 系统。每条中继线的服务率 $\mu=2$。试求:

（1）A 系统和 B 系统的通过呼叫量；

（2）整体系统中的呼叫被拒绝的概率。

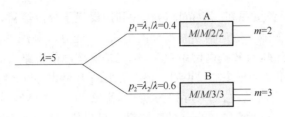

图 4-8　某分流排队系统

解　（1）对于 A 系统，$\lambda_1 = p_1\lambda = 2$，$a_1 = \lambda_1/\mu = 1$ erl

呼损 $B_1 = B(m, a_1) = B(2, 1) = 0.2$

A 系统的通过呼叫量 $a'_A = a_1(1 - B_1) = 1 \times (1 - 0.2) = 0.8$ erl

对于 B 系统，$\lambda_2 = p_2\lambda = 3$，$a_2 = \lambda_2/\mu = 1.5$ erl

呼损 $B_2 = B(m, a_2) = B(3, 1.5) = 0.134$

B 系统的通过呼叫量 $a'_B = a_2(1 - B_2) = 1.5 \times (1 - 0.134) = 1.299$ erl

（2）整体系统中呼叫被拒绝的概率为：

$$B = p_1 B_1 + p_2 B_2 = 0.4 \times 0.2 + 0.6 \times 0.134 = 0.160\ 4$$

最后，需要特别说明的是：Erlang 公式是一个局部呼损的计算公式。以下几种情况，Erlang 公式并不适用：

（1）交换机的中继线群不是全利用度；

（2）用户数目有限；

（3）大量重复呼叫流；

（4）大量迂回呼叫流。

对于情况（1），中继线群不是全利用度意味着一个呼叫不能到达任意空闲的中继线，只能到达一部分。在这种情况下，由于交换机的中继线群效率不高，交换机的呼损比全利用度情况要高，增加的幅度与部分利用度的方式有关，且计算也相当复杂。

对于情况（2），用户数目有限，到达的呼叫流不可能是一个泊松过程。这种有限用户的系统被称为 Engset 系统。呼叫流为泊松过程意味着用户数目无穷大。Engset 系统的分析要比 Erlang 系统复杂许多。

对于情况（3），呼叫被拒绝时一般会尝试重复呼叫，当网络负载较重或发生拥塞时，重复呼叫流的强度会很快上升，这表示到达交换机的呼叫流不平稳，瞬时到达率随时间会较快上升，对网络性能影响较大。

对于情况（4），网络中很多端点对之间不止有一个路由，可能有多个路由。如果路由的使用依照一定顺序，那么在第二路由上到达的呼叫量为第一路由上的溢出呼叫量，在第三路由上到达的呼叫量为第二路由上的溢出呼叫量，依此类推。溢出呼叫不是泊松过程。

4.3.3　网络效率的提升技术

本节给出一些组建通信网络时需要考虑的问题，旨在提高信道利用率并降低呼损。实际上，这就是保证通信质量和充分利用网络资源的问题。以下讨论大群化效应、延迟效应、综合效应和迂回效应相关的一些措施。

1. 大群化效应

一般来说,社会服务资源在一定范围内统一利用要优于分散经营,通信网中的信道资源也有类似的规律。在保障一定通信质量指标的前提下,变分散利用的信道为集中利用的信道,以传输更多的业务量,有效提高网络效率,这就是所谓通信线路大群化效应。

我们通过一个简单的例子来加以说明。根据 Erlang-B 公式可以算得 $B(30,21.9)=0.02$, $B(10,5.08)=0.02$。也就是说,如果呼损为 0.02,那么 30 条中继线可以承载 21.9erl 的呼叫量,而 10 条中继线可以承载 5.08 erl 的呼叫量。很显然,$21.9 > 5.08 \times 3 = 15.24$。

相应地,在以上两种情况下的中继线效率分别为:

$$\eta_{30} = \frac{21.9 \times (1-0.02)}{30} = 0.715\,4 \text{ erl/线}$$

$$\eta_{10} = \frac{5.08 \times (1-0.02)}{10} = 0.497\,8 \text{ erl/线}$$

这说明在同样的呼损条件下,分散的中继线群(如 3 组 10 条中继线构成的线群)能承载的呼叫量小于中继线群集中(如 1 组 30 条中继线构成的线群)以后能承载的呼叫量,且中继线越多,效率越高,这种集中效应就是大群化效应。

大群化效应不仅用于即时拒绝系统,也用于不拒绝的分组系统,后者采用集中器尽可能多地集中业务量。在相同的时延条件下,系统效率可以得到大幅提高,且业务量越大,效果越明显。

当然,大群化效应也有负面影响,一般来说包括两方面。其一,任何系统都有一定的故障率,交换线群越大,故障的影响面就越大,而分散的中继线群反而把风险降低了。其二,系统呼叫量可能会有波动。而在同样的业务量波动水平下,大容量中继线群上呼损的上升会比较多。这是因为中继线群越大,适应能力就越低。

2. 延迟效应

即时拒绝系统(如电话系统)的等待时间为零,在系统容量一定的情况下,业务越繁忙,呼损就越大。如果允许一部分用户等待,呼损就会降低,但会引入等待时延。这样的系统称为延迟拒绝系统。此类系统的呼损、时延和效率之间存在一定关系,如能恰当利用,常常能取得较好的综合性能指标。

假设某个电话系统,只允许一个呼叫等待,再来呼叫就拒绝。也就是,如果系统有 m 条中继线,那么系统的截至队长 $n=m+1$。表 4-1 列出了该延时拒绝系统的呼叫量 a、呼损 p_m 和中继数 m 之间的关系。

表 4-1 延迟拒绝系统中 a、p_m、m 之间的关系

m/条	p_m	
	$a=1$ erl	$a=10$ erl
1	0.33	0.9
2	0.09	0.79
3	0.02	0.71
10	约为 10^{-8}	0.18
12	约为 0	0.09

作为对照,表 4-2 列出即时拒绝系统的呼叫量 a、呼损 p_m 和中继数 m 之间的关系。

表 4-2　即时拒绝系统中 a、p_m、m 之间的关系

m/条	p_m	
	$a=1$ erl	$a=10$ erl
1	0.5	0.91
3	0.062 5	0.75
10	约为 10^{-7}	0.215
30	约为 0	1.7×10^{-7}
100	约为 0	约为 0

容易看出,只要允许一个呼叫等待,呼损就能有所下降,付出的代价是有的用户要等待 $1/m\mu$ 的时间。当 m 较大时,这个等待时间是很短的。如果允许两个呼叫等待,呼损还会下降,当然等待时间也会增加。

若要保证 $p_m\leqslant0.1$,以 $a=1$ 为例,截至队长 $n=m+1$ 的延迟拒绝系统比即时拒绝系统少用一条电话中继线,且效率由 31% 提升到 45.6%。

网络中的非实时业务很多,在允许一定时延且存储容量足以适应业务量的情况下,采用延迟拒绝,甚至不拒绝系统(详见第五章)是有利的。分组交换理论上采用不拒绝系统,但实际上因为存储器容量有限,也是采用延迟拒绝系统。当队长超过存储容量时,分组将被丢弃,相当于产生了呼损。

网络中的实时业务可采用呼叫信令排队等待的方式,达到降低呼损的效果。例如在电话网络中,采用公共信道信令的方式。此时,信令系统与话路是分开,可以通过合理的通信协议实现延迟拒绝的方式,以降低呼损。

总之,利用延迟效应可以提高网络资源利用率并降低呼损,是组网中需要考虑的一个重要措施。

3. 综合效应

综合一般指将不同性质的业务综合起来放在一条线路上传输。例如,把数字和模拟、宽带和窄带、实时和非实时、高速和低速业务进行综合处理,以实现大容量信道的综合效应。很显然,信道综合可以提高信道利用率。

在信源处进行业务综合处理也是可行的。例如,在话音信号的间隙插入数据业务,在图像扫描的逆程上插入数据业务等,这都属于利用实时业务的间隙传输非实时业务的信源综合,可以提高信道利用率。

4. 迂回效应

在通信网络中,节点间一般用最短路径作为主路由。当主路由发生故障时,以其他路径作为迂回路由。此外,迂回路由还被用来转接主路由中因业务量超载而溢出的业务流。由于业务的随机性和突发性,主路由上发生业务超载是常有的事。利用迂回路由来传输主路由上溢出的业务流,可以减少主路由中业务的呼损。若迂回路由中本来已有业务流,则呼损会有所增加,但总的网络性能指标会有所改善。

一般来说,系统中的原始呼叫可以假定为泊松流,但溢出的呼叫不再是泊松流,不能简单地将两类业务流相加。计算溢出呼叫流的概率特性,需要用状态方程来求解。值得一提的是,迂回路由中级联的链路数是两个以上,占用的网络资源一定比直达路由多。在网内业务总体处于轻负载的情况下,采用迂回路由会更有效。在网内业务总体处于重负载的情况下,增加一个多链路的迂回路由,就会有阻塞几个潜在呼叫的可能性。这样一来,不但无法降低网络平均呼损,而且会加重网络拥塞。在这种情况下,应对自动迂回路由的选择加以控制。

接下来,我们介绍溢出呼叫流的统计特征。考虑 Erlang 即时拒绝系统,设到达的呼叫量为 a,中继线数量为 m 条,则拒绝概率为 $B(m,a)$,溢出的呼叫量为 $aB(m,a)$。溢出的呼叫流走迂回路由(第 2 路由),迂回路由上的呼叫流不再是泊松流,到达的呼叫量和方差的计算方法如下:

$$\delta=aB(m,a), \quad \nu=\delta\left(1-\delta+\frac{a}{m+1+\delta-a}\right) \tag{4-26}$$

可以证明 $v>\delta$,称 $z=\dfrac{\nu}{\delta}>1$ 为峰值因子。

例 4.6 设到达的呼叫量为 $a=15$ erl,首先到达主路由(第 1 路由),溢出的部分走迂回路由(第 2 路由),中继线数量为 $m=20$,请计算:

(1) 主路由上通过的呼叫量、方差和峰值因子;

(2) 迂回路由上通过的呼叫量、方差和峰值因子。

解 (1) 主路由上通过的呼叫量为:

$$a'=a[1-B(m,a)]=15[1-B(20,15)]=14.31 \text{ erl}$$

通过的呼叫量的方差为:

$$v' = \sum_{k=0}^{m} k^2 p_k - a'^2 = \sum_{k=1}^{m} k(k-1)p_k - a' - a'^2$$
$$= a^2(1-p_{m-1}-p_m)+a(1-p_m)-a^2(1-p_m)^2$$
$$= a(1-p_m-ap_{m-1}+ap_m-ap_m^2)$$

又因为

$$p_{m-1}=(1-p_m)B(m-1,a)$$

所以

$$v'=a'\{1-a[B(m-1,a)-B(m,a)]\}=10.45$$

峰值因子 $z=\dfrac{v'}{a'}=0.73<1$。

(2) 迂回路由上到达的呼叫量为 $\delta=aB(m,a)=15\times B(20,15)=15\times 0.046=0.69$ erl

方差 $\nu=\delta\left(1-\delta+\dfrac{a}{m+1+\delta-a}\right)=1.55$,峰值因子 $z=\dfrac{\nu}{\delta}=2.24>1$。

进一步,我们考虑溢出呼叫流呼损的近似计算方法。也就是说,在一个有迂回路由的拒绝系统中,第一路由上溢出的呼叫流会走第二路由,那么第二路由上的呼损可以用 Rapp 近似方法计算。

假设有 n 个中继线群,第 i 个中继线群有 m_i 条中继线,到达第 i 个中继线上的呼叫量为 a_i,这 n 个中继线群溢出的呼叫量都去一个公共的备用中继线群。这个备用中继线群的容量为 c,如图 4-9 所示。考虑一个呼叫被第 i 个中继线群拒绝后在备用中继线群又被拒绝的概率。

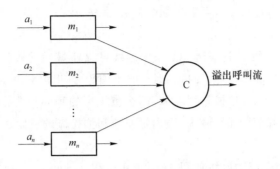

溢出呼叫流分析

图 4-9　溢出呼叫流的分析

每个中继线群的溢出呼叫量为：
$$\delta_k = a_k B(m_k, a_k), \quad k = 1, 2, \cdots, n$$

方差为：
$$\nu_k = \delta_k \left(1 - \delta_k + \frac{a_k}{m_k + 1 + \delta_k - a_k} \right), \quad k = 1, 2, \cdots, n$$

在备用中继线群上到达的总呼叫量和方差分别为：
$$\delta = \delta_1 + \delta_2 + \cdots + \delta_n \tag{4-27}$$
$$\nu = \nu_1 + \nu_2 + \cdots + \nu_n \tag{4-28}$$

Rapp 近似算法是用一个等效的主备线系统,算出其等价的呼叫量 a 和等价的中继线数 m,使得按照式(4-26)计算得到的等效系统的 (δ, ν) 正好与按照式(4-27)和式(4-28)式计算的结果一致。这样,在知道了备用中继线群的中继线数 m 后,就可以计算最后的呼损了。如果在备用中继线群上有 Poisson 呼叫流,那么这个流的 $\delta = \nu$。具体来说,Rapp 近似算法的步骤如下:

(1) 根据 (δ, ν),计算 $z = \dfrac{\nu}{\delta}$。

(2) 令 $a = \nu + 3z(z-1)$,然后令 $m = \dfrac{a(\delta + z)}{\delta + z - 1} - \delta - 1$。一般来说,$m$ 不是整数,向下取整,记为 $\lfloor m \rfloor$。

(3) 重新计算 $a = \dfrac{(\lfloor m \rfloor + \delta + 1)(\delta + z - 1)}{\delta + z}$。

这样,就有等效系统的 a 和 $\lfloor m \rfloor$ 了,通过它们就可以计算最后的呼损。

例 4.7　在一个迂回路由上到达的呼叫量的特征为:$\delta = 3.88$,$\nu = 7.29$。请计算需要多少条中继线才能使最后的呼损小于 0.01? 被拒绝的呼叫量为多少?

解　峰值因子 $z = \dfrac{\nu}{\delta} = 1.88$

利用 Rapp 的近似算法：
$$a = \nu + 3z(z-1) = 7.29 + 3 \times 1.88 \times (1.88 - 1) = 12.25 \text{ erl}$$

$$m = \frac{a(\delta + z)}{\delta + z - 1} - \delta - 1 = \frac{12.25 \times (3.88 + 1.88)}{3.88 + 1.88 - 1} - 3.88 - 1 = 9.94$$

所以有：
$$\lfloor m \rfloor = 9, \quad a = \frac{(9 + 3.88 + 1) \times (3.88 + 1.88 - 1)}{3.88 + 1.88} = 11.47 \text{ erl}$$

等效呼叫量为 $a=11.47$ erl,等效中继线群容量为 $m=9$,若要 $B(m+c,a)<0.01$,可得: $m+c\geqslant20$,也即 $c\geqslant11$。

本题中,在迂回中继线群上,需要 11 条中继线可以使最后的呼损小于 0.01,被拒绝的呼叫量为: $11.47\times B(20,11.47)=0.115$ erl。如果泊松呼叫量 3.88 erl 到 11 条中继线上,因 $B(11,3.88)\approx0.0016$,呼损差别较大,那么被拒绝的呼叫量为: $3.88\times B(11,3.88)=0.006$ erl。一般来说,峰值因子 z 越大,溢出呼叫流和泊松流的差距越大,在同样的呼损下,需要更多的中继线。

例 4.8 有一个四个端的网络如图 4-10 所示。仅 v_1 到 v_2、v_1 到 v_3、v_1 到 v_4 三对端点之间有呼叫量,且均为 1.3 erl。v_1 到 v_3 有两个路由,第一路由为直达,溢出流量经由 v_2 转接。其余 v_1 到 v_2、v_1 到 v_4 两端之间只有直达路由。如果各条边的中继线数目均为 3,请计算:

(1) v_1 和 v_3 直达路由上的溢出呼叫流的均值和方差;

(2) 边 $e_{1,2}$ 上的呼损;

(3) 网络平均呼损。

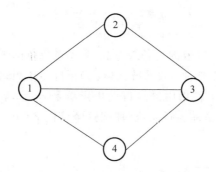

图 4-10　Rapp 算法例题图

解　(1) v_1 和 v_3 直达路由上的溢出呼叫流的均值和方差

均值:　　　　$\delta_1=a_1B(m_1,a_1)=1.3\times B(3,1.3)=1.3\times0.104=0.1352$

方差:　　　　$\nu_1=\delta_1\left(1-\delta_1+\dfrac{a_1}{m+1+\delta_1-a_1}\right)$

$$=0.1352\times\left(1-0.1352+\dfrac{1.3}{3+1+0.1352-1.3}\right)=0.1789$$

(2) 边 $e_{1,2}$ 上的呼损

边 $e_{1,2}$ 上的呼叫量的均值为 $\delta=\delta_1+a_1=1.3+0.1352=1.4352$

边 $e_{1,2}$ 上的呼叫量的方差为 $\nu=\nu_1+a_1=1.3+0.1789=1.4789$

利用 Rapp 近似法求边 $e_{1,2}$ 等效呼叫量的 a 和 s:

$$z=\frac{\nu}{\delta}=\frac{1.4789}{1.4352}=1.0304$$

令　　　　$a=\nu+3z(z-1)=1.4789+3\times1.0304\times0.0304=1.5729$

$$s=\frac{a(\delta+z)}{\delta+z-1}-\delta-1=\frac{1.5729\times(1.4352+1.0304)}{1.4352+1.0304-1}-1.4352-1=0.2109$$

$$m=\frac{a(\delta+z)}{\delta+z-1}-\delta-1=\frac{1.572\,9\times(1.435\,2+1.030\,4)}{1.435\,2+1.030\,4-1}-1.435\,2-1=0.210\,9$$

m 向下取得 $\lfloor m \rfloor=0$，重新计算：

$$a=\frac{(\lfloor m \rfloor+\delta+1)(\delta+z-1)}{\delta+z}=\frac{(0+1.435\,2+1)\times(1.435\,2+1.030\,4-1)}{1.435\,2+1.030\,4}=1.447\,5$$

则边 $e_{1,2}$ 上的呼损为：

$$B(m+c,a)=B(3,1.447\,5)=0.126$$

（3）网络平均呼损

v_1 和 v_4 端的溢出呼叫量为：

$$a_1B(m_1,a_1)=1.3\times B(3,1.3)=1.3\times0.104=0.135\,2$$

边 $e_{1,2}$ 上的溢出呼叫量为：

$$aB(m+c,a)=1.447\,5\times B(3,1.447\,5)=1.447\,5\times0.126=0.182\,4$$

则网络的平均呼损为：

$$p=\frac{\sum_{i<j}a_{i,j}p_{i,j}}{\sum_{i<j}a_{i,j}}=\frac{0.135\,2+0.182\,4}{1.3\times3}=0.081\,4=8.14\%$$

Rapp 近似方法也可以用于计算部分利用度的中继线群的呼损，例 4.9 中有一个部分利用度中继线群的简单例子。

例 4.9　设 A，B 两个交换机之间中继线数目为 $m=24$。将该中继线等分为 3 组，分别编号为 1，2 和 3。A，B 之间到达的呼叫量为 $a=20$ erl。当一个呼叫的主叫为 A 时，该呼叫首先尝试编号为 1 的组，被拒绝后尝试编号为 2 的组，如果仍然没有空闲的中继线，就拒绝该呼叫；当一个呼叫的主叫为 B 时，该呼叫首先尝试编号为 3 的组，被拒绝后尝试编号为 2 的组，如果仍然没有空闲的中继线，就拒绝该呼叫。如果呼叫的主叫是 A 或 B 的概率一样，那么被拒绝的呼叫量是多少？

解　中继线 2 组上承载了中继线 1 组和中继线 3 组的溢出呼叫量，中继线 1 组和中继线 3 组溢出呼叫量的特征一致，中继线 1 组的溢出呼叫量的特征如下。

溢出呼叫量：$\delta_1=aB(m,a)=10\times B(8,10)=10\times0.3383=3.383$ erl

方差：$\nu_1=\delta_1\left(1-\delta_1+\dfrac{a_1}{m+1+\delta_1-a_1}\right)=6.135$

在中继线 2 组上，$\delta=\delta_1+\delta_3=6.766$，$\nu=\nu_1+\nu_3=12.27$

利用 Rapp 近似法：$z=\dfrac{\nu}{\delta}=1.81$，$a=\nu+3z(z-1)=16.668$ erl，$m=\dfrac{a(\delta+z)}{\delta+z-1}-\delta-1=11.102$

m 向下取得 $\lfloor m \rfloor=11$，重新计算 $a=\dfrac{(\lfloor m \rfloor+\delta+1)(\delta+z-1)}{\delta+z}=16.578$ erl

因为中继线 2 组的中继线为 8，则最后的呼损为：$B(11+8,16.578)=0.1$

被拒绝的呼叫量为：$16.578\times B(11+8,16.578)=0.166$ erl

如果整个中继线群为全利用度，呼损则为：$B(24,20)=0.066$

被拒绝的呼叫量为：$20\times B(24,20)=0.132$ erl

4.4 重复呼叫流

考虑一个电话交换系统,有 m 条中继线,到达呼叫量为 a。由 Erlang 公式计算呼损 $B(m,a)$,可得被拒绝的呼叫量为 $aB(m,a)$。被拒绝的呼叫中会有一部分继续尝试呼叫,形成重复呼叫流。在网络负荷不重时,重复呼叫对网络的影响可以不考虑;在网络负荷较重时,重复呼叫流对网络的影响较大,如果不考虑重复呼叫流的影响,对网络呼损的估计会有较大的误差。

重复呼叫流

一般来说,重复呼叫流不再是泊松过程。但是为了分析和计算简单,下面介绍一个近似计算方法。假定重复呼叫流是泊松过程,则原始呼叫流和重复呼叫流之和仍为泊松过程。如果不做这个假设,分析会相当复杂。

设原始呼叫流为 a,Δa 为因重复呼叫增加的呼叫量,则总呼叫量 $a_R = a + \Delta a$,被拒绝的呼叫量为 $a_R B(m,a_R)$,如果 Δa 占被拒绝的呼叫量的比例为 $\rho(0 < \rho < 1)$,则有:

$$a_R = a + \rho a_R B(m,a_R) \tag{4-29}$$

在给定了 a,m 和 ρ 之后,可以通过式(4-29),使用迭代的方法求 a_R。

例 4.10 若 $a = 4.0$ erl,中继线数 $m = 6$,$\rho = 0.5$,求总呼叫量 a_R、呼损及通过的呼叫量。

解 令 $F(a_R) = a + \rho a_R B(m,a_R)$,将 $a = 4.0$ erl,$m = 6$,$\rho = 0.5$ 代入得:

$$F(a_R) = 4 + 0.5\,a_R B(6,a_R)$$

这里需要找到一个 a_R,使其满足 $F(a_R) = a_R$,可用迭代法求解,从起点 $a_R = 4.0$ 开始,依次计算如下:

$$F(4.0) = 4.24, F(4.24) = 4.29, F(4.29) = 4.30, F(4.30) = 4.30, \cdots$$

所以,总呼叫量为:$a_R = 4.30$ erl,呼损为:$B(6,4.30) = 0.139$ erl

通过的呼叫量为:$a_R \times [1 - B(6,4.30)] = 4.30 \times (1 - 0.139) = 3.70$ erl

若没有重复呼叫,则呼损为:$B(6,4.0) = 0.128$ erl

通过的呼叫量为:$a \times [1 - B(6,4.0)] = 4.0 \times (1 - 0.128) = 3.49$ erl

一般,如果 $\rho = 0$ 或 $B(m,a)$ 很小,那么重复呼叫流可以不考虑。

当 $\rho = 1$ 时,有 $a_R \times [1 - B(m,a_R)] = a$,表示原始呼叫量全部通过,但呼损会增加许多。在例 4.10 中,若 $\rho = 1$,有 $a_R = 4.91$ erl,呼损为:$B(6,4.91) = 0.190$ erl。

在实际应用中,当中继线群负荷很重时,可以认为 $\rho \approx 1$。对一般的中继线群,可以认为 $\rho \approx 0.55$。

4.5 网络平均呼损

Erlang-B 公式可以计算局部呼损,要计算网络的平均呼损,必须计算出任意端对端之间的呼损。网络中任意两端之间呼损的计算依赖于许多因素,下面首先考虑一些简单的情况。

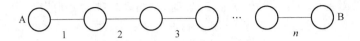

图 4-11　级联系统的端到端呼损计算

在图 4-11 所示的级联系统中,端 A 和 B 之间有 n 条边,如果能计算出每条边 i 的呼损 p_i,且这些概率相互独立,则 A 和 B 之间的呼损可以由式(4-30)来计算:

$$p_{AB} = 1 - \prod_{i=1}^{n} (1 - p_i) \tag{4-30}$$

在图 4-12 所示的并联系统中,端 A 和 B 之间有 n 条互不相交的边,且 AB 之间的呼叫依次尝试路由 $1,2,\cdots,n$。如果能计算出每条边 i 的呼损 p_i,且这些概率相互独立,则 A 和 B 之间的呼损可以由式(4-31)来计算:

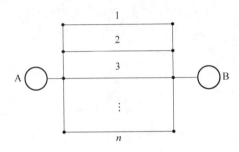

图 4-12　并联系统的端到端呼损计算

$$p_{AB} = \prod_{i=1}^{n} p_i \tag{4-31}$$

在式(4-30)和式(4-31)的计算中,均需要已知在一条边上的呼损,而确定这个呼损可以使用 Erlang-B 公式。为了使用 Erlang-B 公式,需要确定每条边上的总呼叫量,但每条边上的呼叫量不易确定。一般来说,每条边上的呼叫量有许多成分,有初次或直达呼叫量,也有许多迂回或溢出呼叫量。

例 4.11　在图 4-13 所示的三角形网络中,如果各条边的中继线数目均为 5,各端点之间的呼叫量均为 $a_{ij} = a$。有两种路由方法:第一种,各端点对之间仅有直达路由;第二种,各端点对之间除直达路由外,均有一条迂回路由。在 $a = 3, 4, 5$ erl 时,分别计算网络平均呼损。

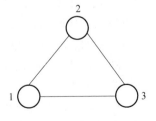

图 4-13　三角形网络

解　(1) 在第一种路由方法下,简单利用 Erlang-B 公式即可。由于对称关系,网络平

均呼损和各边的阻塞率一样,在 $a=3,4,5$ erl 时,网络平均呼损分别为:
$$B(5,3)=0.11,\quad B(5,4)=0.20,\quad B(5,5)=0.28$$

(2) 在第二种路由方法下,假设边 (i,j) 的阻塞率为 b_{ij},到达 (i,j) 的总呼叫量为 A_{ij},A_{ij} 由三部分呼叫量组成,一种直达呼叫量和两种溢出呼叫量。对于边 $(1,2)$ 有:
$$A_{12}(1-b_{12})=a_{12}(1-b_{12})+a_{23}b_{23}(1-b_{12})(1-b_{13})+a_{13}b_{13}(1-b_{12})(1-b_{23})$$

也即:
$$A_{12}=a_{12}+a_{23}b_{23}(1-b_{13})+a_{13}b_{13}(1-b_{23})$$

根据 Erlang-B 公式有:
$$B(m_{12},A_{12})=b_{12},\quad B(m_{13},A_{13})=b_{13},\quad B(m_{23},A_{23})=b_{23}$$

于是,各端间的呼损为:
$$p_{12}=b_{12}\left[1-(1-b_{13})(1-b_{23})\right]$$
$$p_{23}=b_{23}\left[1-(1-b_{12})(1-b_{13})\right]$$
$$p_{13}=b_{13}\left[1-(1-b_{23})(1-b_{12})\right]$$

进一步,可以计算网络平均呼损为:
$$p_c=\frac{\sum\limits_{i<j}a_{ij}p_{ij}}{\sum\limits_{i<j}a_{ij}}$$

本题中 $m_{12}=m_{13}=m_{23}=5$,$a_{12}=a_{23}=a_{13}=a$,所以 $b_{12}=b_{23}=b_{13}=b$,进一步有 $A_{12}=A_{23}=A_{13}=A=a+2ab(1-b)$,于是有:$B(5,A)=b$。

当 $a=3,4,5$ erl 时,通过迭代求解得:
$$a=3 \text{ erl 时},b\approx0.19,p_c\approx0.07;$$
$$a=4 \text{ erl 时},b\approx0.35,p_c\approx0.20;$$
$$a=5 \text{ erl 时},b\approx0.45,p_c\approx0.31。$$

通过上面的计算可以发现:

- $a=3$ erl 时,第二种路由方法的网络平均呼损为 0.07,优于第一种路由方法的网络平均呼损 0.11;
- $a=5$ erl 时,第二种路由方法的网络平均呼损为 0.31,劣于第一种路由方法的网络平均呼损 0.28;
- $a=4$ erl 时,两种方法的呼损一致,都是 0.20。

例 4.12 在图 4-14 所示的网络中,假设各条边的中继线数目为 m_{ij},各端点对之间的呼叫量为 a_{ij}。节点之间可以通过直达路由或中间经过一个端点转接的两跳路由进行通信,且路由方法为:能直达就直达,不能直达则通过其他端点转接(如端点 1 和 2、1 和 3、2 和 3、3 和 4 之间的路由为直达;端点 1 和 4 或端点 2 和 4 之间的路由可以通过端点 3 进行转接)。试求:

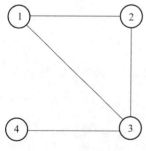

图 4-14 某转接网络

(1) 以各边的阻塞率 b_{ij} 为变量,建立方程求解各端之间的呼损,并且说明网络平均呼损的求解方法。

(2) 设 $m_{ij}=1$,$a_{ij}=1$,求各端点之间的呼损和网络平均呼损。

解　(1) 假设到达边(i,j)的总呼叫量为A_{ij},边$(1,2)$上的呼叫量:

$$A_{12}(1-b_{12})=a_{12}(1-b_{12})$$

化简得:

$$A_{12}=a_{12}$$

边$(2,3)$和$(1,3)$上的呼叫量:

$$A_{23}=a_{23}+a_{24}(1-b_{34})$$
$$A_{13}=a_{13}+a_{14}(1-b_{34})$$

边$(3,4)$上的呼叫量:

$$A_{34}=a_{34}+a_{24}(1-b_{23})+a_{14}(1-b_{13})$$

根据 Erlang 公式,有:

$$B(m_{12},A_{12})=b_{12},\quad B(m_{13},A_{13})=b_{13},\quad B(m_{23},A_{23})=b_{23},\quad B(m_{34},A_{34})=b_{34}$$

在上面的方程组中,有 4 个未知变量b_{ij},可以迭代求解。

各端之间的呼损可以计算如下:

$$p_{12}=b_{12},\quad p_{13}=b_{13},\quad p_{23}=b_{23},\quad p_{34}=b_{34}$$
$$p_{14}=1-(1-b_{13})(1-b_{34}),\quad p_{24}=1-(1-b_{23})(1-b_{34})$$

网络平均呼损为:

$$p=\frac{\sum_{i<j}a_{ij}p_{i,j}}{\sum_{i<j}a_{ij}},\quad 1\leqslant i<j\leqslant 4$$

(2) 已知$s_{ij}=1,a_{ij}=1$,将其代入上面的方程中,可得:

$$A_{12}=1$$
$$A_{23}=A_{13}=1+1(1-b_{34})$$
$$A_{34}=3-b_{23}-b_{13}$$

又$B(s_{ij},A_{ij})=b_{ij}$,所以

$$b_{12}=B(1,1)=0.5$$

联立求解可得:$A_{23}=A_{13}=1.386,b_{23}=b_{13}=0.581$

所以　$p_{12}=b_{12}=0.5,p_{13}=b_{13}=0.581,p_{23}=b_{23}=0.581,p_{34}=b_{34}=0.5,p_{14}=p_{24}=1-(1-0.581)(1-0.5)=0.759$

网络平均呼损:$p=\dfrac{1}{6}(0.5\times2+0.581\times2+0.759\times2)=0.613$

　　一般来说,在网络负荷较轻时,提供合适的迂回路由可以使网络呼损下降。但越过负荷临界点后,迂回路由将使网络呼损上升。对于一般网络,由于各端点之间的呼叫量不一样,负荷临界点的表现形式比较复杂。

　　例 4.11 和例 4.12 中通过建立方程组来求解各边的阻塞率,但这不是一个精确的方法。题解中假设溢出呼叫流为泊松过程,所以是一种近似算法。溢出呼叫量越大,计算误差就越大。另外,题中假设各边的阻塞率相互独立,这在实际网络中很可能是不成立的。如果需要准确地计算网络平均呼损,可以采用网络模拟的方法。

本 章 习 题

4-1　对于 Erlang 拒绝系统 $M/M/m/m$，到达的呼叫量 $a=\lambda/\mu$，呼损为 $B(m,a)$。

(1) 证明：$B(m,a)=\dfrac{aB(m-1,a)}{s+aB(m-1,a)}$。

(2) 在 $m=5,a=4.3$ erl 时，如果中继线随机占用，那么各个中继线通过的呼叫量为多少？

(3) 在 $m=5,a=4.3$ erl 时，如果中继线严格按顺序占用，那么各个中继线通过的呼叫量为多少？

4-2　分析图 4-15 所示 $M/M/2/2$ 系统，呼叫的到达是参数为 $\lambda=1$ 的泊松流，每个呼叫的持续时间服从参数 $\mu=2$ 的指数分布。

图 4-15　某 $M/M/2/2$ 系统

试解答如下问题：
(1) 验证此系统的状态变化为一个生灭过程。
(2) 画出此系统的状态转移图，列出并求解稳态下的状态方程。
(3) 计算此系统的呼叫量 a、通过呼叫量 a'、系统的平均队长。

4-3　考虑 Erlang 拒绝系统 $M/M/m/m$，$a=\lambda/\mu$。一个观察者随机观察系统，并等到下一个呼叫到来。

证明：到来的呼叫被拒绝的概率为 $p=\dfrac{a}{a+m}B(m,a)$。

4-4　考察只有一个中继线但可以无限排队的系统，如果这是一个生灭过程，并且各状态的到达率和离去率为：$\lambda_k=\dfrac{\lambda}{k+1}$，$k=0,1,2,\cdots$，$\mu_k=\mu$，$k=1,2,3,\cdots$

试解答如下问题：
(1) 求稳态分布 $\{p_k\}$。
(2) 计算到达的呼叫量和通过的呼叫量。

4-5　如图 4-16 所示是一个主备线即时拒绝系统，呼叫到达是一个参数为 λ 的泊松过程，服务时间是参数为 μ 的指数分布，中继线 1 和 2 优先占用，只有在 1 和 2 均忙时，才使用中继线 3。求稳态方程和系统的呼损。

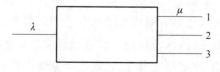

图 4-16　某主备线系统

4-6 某 $M/M/3/3$ 系统,已知 $\lambda=5$ 人/小时,平均服务时长为 30 分钟/人,试求:

(1) 系统中没有顾客的概率。

(2) 只有一个服务台被占用的概率。

(3) 系统的呼损。

4-7 某服务部门把顾客分为两组,构成两个单独的即时拒绝服务系统。各系统的到达率分别为 $\lambda_1=4$ 人/小时,$\lambda_2=8$ 人/小时,每人的平均占用时长都为 6 分钟;给定呼损 $B\leqslant 0.01$。试求:

(1) 分组服务时每组应配备的服务台数量。

(2) 合并为一个服务系统时,所有条件都不变,应配备的服务台数量。

(3) 比较两种组织方式的服务台利用率。

4-8 如果中继线数 $s=10$,原始呼叫量 $a=10$ erl,$\rho=0.5$,计算总的呼叫量和总呼损。

4-9 在图 4-17 中,路由 AD 为 AB 和 AC 的迂回路由,AB 和 AC 之间到达的呼叫流为泊松过程,且 $a_{AB}=8.8$ erl,$m_{AB}=13$;$a_{AC}=7.7$ erl,$m_{AC}=11$。AB 和 AC 的溢出呼叫量将去路由 AD,如果 AD 的中继线数目为 5。问:最后的呼损和拒绝呼叫量各为多少?

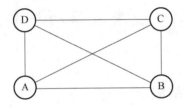

图 4-17 习题 4-9 图

4-10 如果一个 Poisson 呼叫流,$a=10$ erl,而中继线数 $s=14$,被拒绝的呼叫流将去一个备用中继线群,问:

(1) 在主路由上,通过的呼叫量和峰值因子为多少?

(2) 在备用路由上,到达的呼叫量和峰值因子为多少?

4-11 有一个 4 个点的全连接网络,端点编号为 1,2,3 和 4,每边的容量为 2,每对端点之间的呼叫量为 a。网络有两种路由方法:第一种路由方法对任意呼叫只有一条直达路由;第二种路由方法除了直达路由之外,均有一条迂回路由。以端 1 和端 2 之间的路由为例,端 1 到端 2 的呼叫的迂回路由由端 3 转接,而端 2 到端 1 的迂回路由由端 4 转接。当 $a=1,2,3$ erl 时,求网络在两种不同的路由方法下的平均呼损。

4-12 如图 4-18 所示,有一个四端的网络,已知各端间呼叫量为:$a_{12}=a_{14}=15$ erl,$a_{13}=9$ erl,端 1 和端 2 之间有 2 个路由,一为直达,二为经端 3 转接;端 1 和端 4 之间两个路由,直达和经端 3 转接。端 1 和端 3 之间只有直达路由,中继线容量为 $s_{12}=s_{14}=14$,要求端 1 到端 3 方向的呼损为 0.01,求端 1 和端 3 之间的中继线数量。

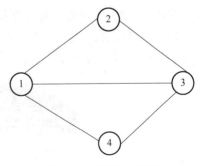

图 4-18 习题 4-12 图

第 5 章 通信网络队列时延性能

时延是通信网络性能的一项重要衡量指标,时延的定义有很多种,包括端到端时延、对等层时延、空口时延等。本章重点针对有线传输网络中随机呼叫或者业务流量通过一个典型的网络传输设备(如交换机)时,时延性能的分析方法。首先,将从交换机入手,认识一个网络设备的构造,形成队列的概念;然后,介绍排队论中的核心定理——little 公式;最后,针对不同的服务模式的排队模型进行分析,这些知识将为使用排队论理论工具分析网络性能方面研究的基础。

5.1 交换机结构与建模

5.1.1 交换机的硬件结构

北邮人——中国
通信业五十年见证

交换机是构成现代电信网络的基本网元。在 20 世纪 60 年代,北京邮电大学的陈俊亮院士主持开发了我国首台程控数字电话交换机,开启了我国的电信时代。之后,在邬江兴院士等先辈的开拓下,我国在 90 年代逐渐发展成全球领先的程控交换设备提供商。步入 21 世纪,随着以太网的高速发展,中兴、华为等电信设备提供商集结了一大批电信技术人才,共同努力打破了美国思科公司在交换设备领域的垄断地位,发展成为全球领先的交换机提供商。可以说,交换机自电信行业诞生之日起就是电信行业争夺领导地位的关键。

交换机的发展是随着电信网络交换方式一直迭代发展的。在电路域交换时期,程控交换机的核心是根据电话地址归属快速在交换机的接口之间形成物理线路连接。在分组交换时期,以太网交换机的核心是根据 MAC 地址完成端口之间的数据链路层(OSI 2 层)的数据传递。在电信领域,所谓的交换就是指从设备的一个端口入到另一个端口出的处理过程。可以想象,交换机的接口越多,其需要承载的流量交换处理就越复杂。一个高端的交换机往往有众多的接口(如图 5-1 所示)。面对这样一个交换设备,我们应该如何进行分析呢?

图 5-1 华为 S5720 千兆交换机

观察一个典型交换机的内部结构(如图 5-2 所示),其硬件模块一般包含以下几个部分。

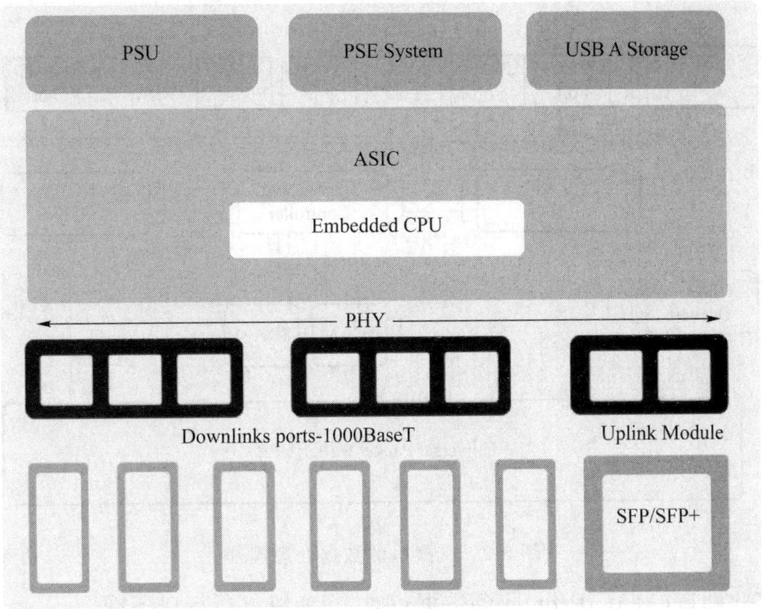

图 5-2　交换机的硬件组成模块示意图

(1) 供电单元(Power Supply Unit,PSU),通过电线为交换机供电的硬件模组。

(2) 馈电设备(Power Sourcing Equipment,PSE),通过网线为连接到交换机的设备提供电力的硬件模组。该供电方式称为以太网供电(Power over Ethernet,PoE)。PoE 是在 IEEE 802.3 af 中定义的供电方式,方便连接到交换机上的设备在没有电源的地方仍然可以正常工作,提高了网络建设的灵活性。值得注意的是,PoE 的电力是通过网口完成传输的,由于其供电的频段和传输信息的频段不同,因此不会对网络流量产生影响。

(3) 存储(Storage),交换机中存在着多种存储单元,如静态随机存储存取器(SRAM)、动态随机存取存储器(DRAM)、闪存(FLASH)等,它们共同构成了交换机中的多级缓存结构,下一节将进行更为详细的介绍。

(4) 专用集成电路(Application-Specific Integrated Circuit,ASIC),是交换机完成 MAC 层交换中对于包头处理的最重要的电子器件,其工艺水平直接决定了交换机的性能。同时,为了取得快速的交换性能,ASIC 可编程性较差,因此在近年来有被可编程器件(Programmable Logic Devices,PLDs)替代的趋势。

(5) 中央处理器(CPU),是交换机中运行操作系统的硬件基础,其架构一般为 Intel X86 或者 ARM。

(6) 风扇(FAN),风扇作为交换机的主要散热设备,是交换机能耗的重要组成部分。

(7) 接口(Ports),交换机的接口支持双工模式,也即既可以作为发射端口,也可以作为接收端口。交换机接口主要完成的是物理层的功能,包括载波监听、数模转换、光电转换等。为了保证交换机的可扩展性,主流千兆交换机均支持可拔插的接口模块(Samll Form-factor Pluggable Ports,SFP),最高可支持数 Gbps 的信息传输。

下面通过分析一个数据包在交换机中完成交换的流程，理解现代交换机中各组成部分的作用。

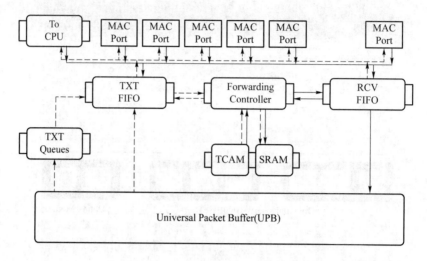

图 5-3　交换机的数据处理流程

(1) 当接收端口（MAC Prot）收到数据包时，交换机将运行以下操作：

- 数据包首先在接收端口的先入先出队列（RCV First In First Out，RCV FIFO）中存储；
- 将 RCV FIFO 队列中的所有数据包发送至公共数据包存储单元（UPB）中；
- 复制 FIFO 队首的数据包的包头并发送到转发控制单元（Forwarding Controller）中，用于查询转发/接纳控制/服务质量（Quality of Service，QoS）保证的控制列表；
- 转发控制单元从缓存（SRAM/DRAM）中读取控制策略列表，并按照包头信息完成策略匹配，从而确定数据流的处理流程；
- 转发控制单元将控制信息加在原始数据包上，并保存在 UPB 中。

至此，包含着后续处理流程描述的数据流所有数据包存储在 UPB 中，等待后续发送处理。

(2) 当需要发送数据包时，交换机将完成以下操作：

- 一个指向发送数据包的指针进入发送队列 TXT Queues 中；
- 按照发送队列中的指针将数据包从 UPB 中取出传送至发送端口的 TXT FIFO 队列中；
- 数据包的包头以及其对应的控制信息传送到转发控制单元中；
- 转发控制单元从缓存中读取转发目的地信息，并按照转发策略完成数据包和发射端口的匹配以及发送方式选择；
- 转发控制器形成完整的数据包包头，并将其转发到发送端口的 TXT FIFO 队列中，附着到转发数据包上，从而形成最终转发的完整数据包；
- 数据包从指定端口发送。

通过以上过程，可以看出交换机内部工作可以分为两类：一是控制类，也即根据数据包头中的数据类型、目的地地址、源地址等信息根据预定的策略完成数据转发控制；二是数据转发类,也即数据包在不同的缓存队列中流转并最终完成交换转发。当前主流交换机中以上工作均是由高性能的 ASIC 和多级缓存协同完成的。随着网络技术以及硬件技术的发展,以上两类工作将在不同设备中完成,组成软件定义网络从而实现更灵活的控制和更高效的转发。

交换机的转发策略一般需要综合考虑数据目的地址、源地址、数据流类型以及缓存队列长度。当数据包通过一个交换机时,其主要时延为缓存队列的排队时延。虽然单个数据包的处理时延非常短,与排队时延相比可以忽略不计,但是随着数据流量的急剧增长,大量数据包的处理能力仍明显滞后于数据包的转发能力,造成了数据包的堆积;此外,交换端口之间的速率也可能存在不配的情况,例如当高速接口收到大量信息而又要从低速接口将这些信息转发出去时,也会造成数据包的堆积。因此,在现代交换机中缓存是不可避免的。

5.1.2　交换机的转发模式

交换机
转发模式

交换机的转发模式一般来说可以分为三种:直通转发(Cut-Through Mode)、无碎片转发(Fragment-Free Mode)和存储转发(Store-and-Forward Mode)。它们的主要区别是在做转发决策时需要接收和检验的数据量不同。

(1) 直通模式:交换机仅接收和检验数据包的前 6 B,也即根据以太网协议,交换机仅根据目的 MAC 地址做出如何完成后续交换的决策。虽然其处理流程简单导致处理时延非常低,但是其无法处理由于网络内碰撞等原因造成的数据包损坏,从而大幅提升了数据包传输错误率。

(2) 无碎片转发:交换机接收和检验数据包的前 64 B,在该模式下可以避免以太网中的由于碰撞而造成的数据包损坏,但是仍然无法保证数据包的完整性。

(3) 存储转发:交换机接收和检验全部数据包的信息,从而最大程度地保证了交换信息的正确性,随着 ASIC 能力的增强,目前主流的交换机均为该转发模式。

存储转发模式将导致缓存容量增大,并且需要更强的处理能力。但是,对于交换机而言并不是缓存越大越好。一般交换机的缓存为若干 MB 到几十 MB,这是因为缓存大小将带来两个方面的影响:一是缓存较大将导致搜索空间增大,从而寻址的计算量增大,决策效率降低;二是过大的缓存可能会带来更大的排队延时,因为一般当缓存占满时数据包就会被交换机丢弃,而大缓存可以容纳较多的数据包,但是一定会导致排队长度增加,对于时间敏感数据而言,过长的排队时延将会导致其超时。例如,对于金融数据中心要求交换机的转发时延为纳秒级别,这时大缓存已无意义。虽然交换机的缓存有限,但是由于数据时延要求日益严苛,如何对其排队时延进行分析和优化的关注仍然受到高度关注。

5.1.3　交换机的缓存

由 5.1.1 小节中硬件及交换流程的描述可知,交换机中的缓存一般有两类:接口缓存队列和共享缓存队列。下面分别进行介绍。

（1）接口缓存队列

接口缓存队列存在于接收端口和发送端口上。接收端口缓存队列用于当多个端口都接收到大量数据包，而 ASIC 并不能及时处理将其复制到共享缓存的情况。发送端口缓存队列用于当大量数据包发送到相同的目的网元的情况。这个队列采用了 FIFO 的排队方式，一般小于 200 KB。交换机的每个接收端口都有独立的缓存队列，在图 5-4 中示意了当某接口接收到一个 1 518 B 的数据帧时的缓存方法。

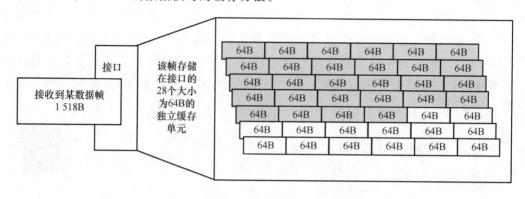

图 5-4　接口缓存队列

（2）共享缓存队列

各个接收端口缓存中的数据包都会复制到共享缓存队列中，该队列中的数据包将在发送端口准备好发送数据时，由控制器根据发送队列情况按照调度算法通过指针选择该缓存队列中的数据包至相应端口，完成信息转发（默认为 FIFO 方式调度）。共享缓存队列一般采用动态随机接入存储（Dynamic Random Access Memory，DRAM），也即将数据包存入该缓存时可以动态地为数据包分配存储单元，满足不同端口的速率要求。图 5-5 示意了一个典型的共享缓存队列的结构。

基于以上观察，我们应认识到，交换机实际从理论上看就是若干个队列构成的排队系统，而其中最重要的就是对于共享缓存的建模和分析。

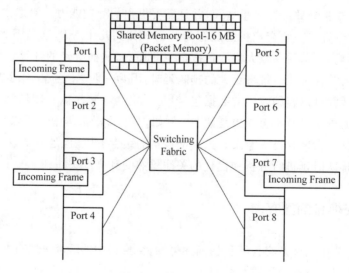

图 5-5　共享缓存队列

5.2　列德尔公式

5.2.1　列德尔公式的历史

列德尔公式(Little's Law)是排队论中的核心准则,它描述了任意排队模型中系统处于稳态时,平均系统中排队个数和等待时间之间的关系。该公式由麻省理工大学教授 John D. C Little 于 1955 年发表在美国运筹学研究杂志上的论文中首次提出,并在 1961 年发表于运筹学研究杂志上的论文给出了该公式适用于任意稳态队列的证明。有意思的是,列德尔公式是 John Little 教授在其运筹学的课堂上,由他的学生提出该法则是否适用于任意的稳态排队系统,在激发出的好奇心驱使下,老师用了 5 年时间最终完成了证明。该结果由于其在排队论中的基础作用,引起了整个学术界的广泛关注,并在接下来的数年内多位知名学者提出了数个不同理论路径的证明,从而获得了学术界的一致认同,成为统筹学、排队论的经典教材中必不可少的章节。值得一提的是,John D. C Little 教授之子 John N. Jack Little 在麻省理工大学拿到了本科学位,并在斯坦福大学研究生毕业后创办了著名的 Mathworks 公司,开发出了学术研究中的重要科学计算软件——Matlab。

5.2.2　列德尔公式的一种证明

首先应明确,列德尔公式关注的排队系统可以抽象为如图 5-6 所示形式。

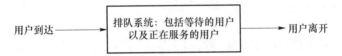

图 5-6　排队系统的边界定义

这个排队系统由到达的用户、排队以及正在服务的用户、服务结束后离开的用户三个部分构成。排队系统是指图中方框内的部分。针对这个抽象模型可以给出以下定理。

定理 5.1　列德尔公式(Little's Law):如果某排队系统是稳定的,那么以下关系一定成立:

$$L = \lambda W$$

其中,λ 为单位时间内用户平均到达个数,L 为排队系统中平均用户数目,W 为用户在系统中的平均等待时间。

下面,我们给出定理 5.1 的简要证明。注意这个证明过程并不依赖于(i)用户到达的分布;(ii)服务时间服从的分布;(iii)排队的规则。

假设一个排队系统在开始观察时系统内用户数为零,则该排队系统随着时间的变化可以用图 5-7 表示,其中横轴为时间,纵轴为累计用户数目。图中上面的折线表示的是到达系统的用户累计值,下面的折线表示的是服务结束后离开系统的用户累计值。那么显然,两个折线之间的垂直线段的长度即为系统仍然在排队和服务的用户数目。两个折线之间的水平线段的长度即为用户的等待时间。需要特别注意的是,根据该系统的建模方法,**所谓用户的等待时间包括的用户的排队时间加上其服务时间**。例如,根据图 5-7,第一个用户在 0 时刻到达系统,其等待时间为 W_1。

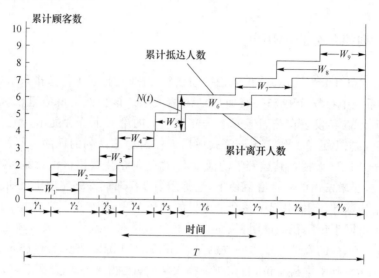

图 5-7　排队系统中的累计到达和离开数目的变化

假设该系统已进入稳态,并且时间间隔 T 包括多个忙期(完整的用户到达到离开系统的过程称为一个忙期),令:

$A(T)$ = 在时间间隔 T 内到达用户的总数;

$B(T)$ = 在 T 内的所有用户的等待时间之和 = $W_1 + W_2 + \cdots$;

$\lambda(T)$ = 在 T 内的用户平均到达率 = $\dfrac{A(T)}{T}$;

$W(T)$ = 用户在系统中的平均等待时间 = $\dfrac{B(T)}{A(T)}$;

$L(T)$ = 系统中平均用户数 = $\dfrac{B(T)}{T}$。

那么有:

$$L(T) = \frac{B(T)}{T} = \frac{B(T)}{A(T)} \cdot \frac{A(T)}{T} = W(T)\lambda(T)$$

假设系统稳定,也即当 $T \to \infty$ 时,以下极限存在:

$$\lim_{T \to \infty} \lambda(T) = \lambda; \quad \lim_{T \to \infty} W(T) = W$$

那么一定存在:

$$L = \lim_{T \to \infty} L(T) = \lambda W$$

在系统中的用户存在两种状态,分别为在队列中排队,或者正在接受服务。分别定义系统中用户在队列中的平均排队时间为 W_q,服务时间为 W_s,于是可获得:

$$W = W_q + W_s$$

因此我们可以有以下推论:

严格证明

令 L_q 表示队列的长度,那么有 $L_q = \lambda W_q$;令服务用户的个数为 L_s,那么有 $L_s = \lambda W_s$。于是我们可以将列德尔公式重写为:

$$L = \lambda W \Rightarrow L_s + L_q = \lambda W_q + \lambda W_s$$

也就是说,对于一个排队系统,从总等待时间来看满足列德尔公式,从排队过程和服务过程来看也满足列德尔公式。这个结果将对我们后续的分析起到重要作用。

5.3　$M/M/1$ 系统时间分析

5.3.1　PASTA 性质

我们考虑一个 $M/M/1$ 排队系统如图 5-8 所示。

假设用户到达过程服从参数为 λ 的泊松过程,服务时间满足参数为 μ 的指数分布。那么根据 4.2 节中的分析方法,可以获得队列的稳态分布 P_k。注意这时队列的稳态分布是指:从队列外部视角长时间记录这个队列的

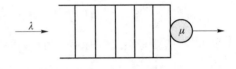

图 5-8　$M/M/1$ 排队系统

长度变化,并统计每种队列长度出现的概率。而当我们讨论一个用户到达队列时的平均等待时间,需要从排队用户的角度来看待这个队列的长度变化。那么,对于 $M/M/1$ 排队系统而言,这两者之间的关系是什么呢?根据 3.1.1 节,我们知道泊松到达过程是一个具有无后效性的随机过程,意味着某时刻是否到达用户与曾经到达多少用户以及上一个用户何时到达是无关的。那么,可以猜测对于输入是泊松流的排队系统,到达用户所看到队列长度的分布与队列的稳态分布相等。也即需要证明以下定理。

定理 5.2　PASTA(Poisson Arrival See Time Averages)性质　假设若一个新用户到达时所看到队列长度为 $n(n \geq 0)$ 的概率为 π_n,同时假设队列的长时稳态为 p_n,则当输入是一个泊松流时以下关系成立:

$$\pi_n = p_n, \quad n \geq 0$$

证明:由于泊松到达过程一定满足某个时刻最多到达一个用户,也即队列的长度是一个一个增长的。假设 $A(t, t+\delta)$ 为在一个很短的时间区间 $(t, t+\delta)$ 内到达的用户数,$N(t)$ 为在 t 时刻系统中的用户总数,$\pi_n(t)$ 为当用户在 t 时刻到达时看到系统中的队列长度为 n 的概率,$p_n(t)$ 为在外部观察到 t 时刻系统中的队列长度为 n 的概率,则有:

$$\pi_n(t) = \lim_{\delta \to 0} \Pr\{N(t) = n \mid \text{在 } t \text{ 时刻后刚好一个用户到达}\}$$

$$= \lim_{\delta \to 0} \Pr\{N(t) = n \mid A(t, t+\delta) = 1\}$$

$$= \lim_{\delta \to 0} \frac{\Pr\{N(t) = n, A(t, t+\delta) = 1\}}{\Pr\{A(t, t+\delta) = 1\}}$$

$$= \lim_{\delta \to 0} \frac{\Pr\{A(t, t+\delta) = 1 \mid N(t) = n\} \cdot \Pr\{N(t) = n\}}{\Pr\{A(t, t+\delta) = 1\}}$$

根据泊松过程的无记忆特性,可以获得:

$$\Pr\{A(t,t+\delta)=1 \mid N(t)=n\}=\Pr\{A(t,t+\delta)=1\}$$

因此,

$$\pi_n(t)=\lim_{\delta\to 0}\Pr\{N(t)=n\}=p_n(t)$$

于是当队列处于稳态时,有 $\pi_n=p_n,n\geqslant 0$。

通过以上定理的推导,我们可以看出 PASTA 性质从根本来说是由于泊松过程的纯随机性——也即独立增长(无记忆性)的性质决定的。为了加深理解,下面给出一个非泊松过程的例子,从该例子可以更清晰地看出排队系统的内部和外部观察角度转换时的区别。

例 5.1 假设一个交换机有一个缓存队列,其输入不是泊松流。若输入数据包的到达时间间隔为 3 分钟到 5 分钟的均匀分布,同时每个数据包的服务时间恒定为 1 分钟。那么当一个数据包到达时,它永远看到的都是系统中没有任何数据包,也即,$p_0=1,p_n=0(n\geqslant 1)$。那么在这个排队系统外部观察到的情况是怎样的呢?由条件可知,$\mu=1$,以及

$$\frac{1}{\lambda}=\frac{1}{2}\int_3^5 x\mathrm{d}x=4$$

所以可知这个系统的利用度为 $\rho=\Pr\{交换机处于工作状态\}=\dfrac{\lambda}{\mu}=\dfrac{1}{4}$。也就是说从外部观察,要不然就是系统中有 1 个用户,概率为 ρ;要不然就是系统为空闲,概率为$(1-\rho)$,于是 $\pi_0=\dfrac{3}{4},\pi_1=\dfrac{1}{4},\pi_n=0,n\geqslant 2$。因此可以看到对于一个非泊松流到达的排队系统,$p_n\neq\pi_n$。

5.3.2 $M/M/1$ 的系统时间和等待时间

接下来,我们利用 PASTA 性质对 $M/M/1$ 排队系统的时间进行分析。

定理 5.3 $M/M/1$ 排队系统在稳态时,系统时间 s 服从参数为 $\mu-\lambda$ 的指数分布。

证明:由全概率公式,有

$$p\{s<t\}\xlongequal{(1)}\sum_{k=0}^{\infty}p_k\{s<t\}\cdot\pi_k\xlongequal{(2)}\sum_{k=0}^{\infty}p_k\{s<t\}\cdot p_k$$

其中,$p_k\{s<t\}$ 表示当某顾客到达系统时,系统中已有 k 个顾客时,该到达顾客的系统时间 s 小于 t 的概率。π_k 表示当顾客到达时的队列长度为 k 的概率,p_k 为队列稳态时长度为 k 的概率。

需要从两个方面加深对上式的理解。

首先,何为一个排队系统的系统时间。一个排队系统的系统时间是指每一个用户在系统中总消耗时间的期望。为了计算一个用户在系统中的消耗时间,我们要从一个特定用户的到达时刻开始计算,在上式中第(1)个等号是将第 $k+1$ 个到达顾客作为观测顾客的角度进行建模的。假设观测用户到达时,系统中已经有 k 个顾客,那么观测顾客的系统时间即为 $k+1$ 个彼此独立的参数为 μ 的指数分布之和。换而言之,对于一个 FIFO 排队系统,观测顾客的等待时间就是排在其前面的 k 个顾客的服务时间之和,而该顾客的系统时间也即等待时间加上他本身的服务时间。

其次,我们讨论的排队系统中人数是包含队列首部正在被服务的顾客的,换而言之,如果对于一个 $M/M/1$ 队列定义其队列的长度为 k,那么正在服务的用户人数为 1,正在排队

的人数为 $k-1$。在此可能产生疑惑的是：当观测顾客到达时，队列首部的顾客可能正在服务，也即我们计算队首顾客的服务时间是不完整的，这对观测顾客的系统时间计算结果会有影响吗？在 3.2.2 小节中，我们已经学习到由于指数分布具有无记忆性——任意时刻观测一个满足指数分布的随机数均满足同分布的指数分布，也就是说指数分布的残留分布仍然是同分布的，因此并不会对结果产生影响。在上式中第（2）个等号是依据 PASTA 性质，观测顾客观察到的队列长度分布和队列系统稳态时的队列长度分布相同，也即 $\pi_k = p_k$。根据 4.2 小节的方法，可以获得了 $M/M/1$ 队列的稳态分布表达式。下面根据上述分析继续完成推导。

根据 $p_k(s < t)$ 的定义，其为 $k+1$ 阶爱尔兰（Erlang）分布 E_{k+1}，可以获得下式：

$$p(s < t) = \sum_{k=0}^{\infty} \left[\int_0^t \frac{(\mu x)^k}{k!} \mu e^{-\mu x} dx \right] \cdot (1-\rho)\rho^k$$

代入 $\rho = \dfrac{\lambda}{\mu}$ 可以获得：

$$p(s < t) = \int_0^t \sum_{k=0}^{\infty} \frac{(\lambda x)^k}{k!} \cdot \left(1 - \frac{\lambda}{\mu} \right) \cdot \mu e^{-\mu x} dx$$

$$= \int_0^t e^{\lambda x} \cdot (\mu - \lambda) \cdot e^{-\mu x} dx$$

$$= -e^{-(\mu-\lambda)x} \Big|_0^t$$

$$= 1 - e^{-(\mu-\lambda)t}$$

所以 $M/M/1$ 排队系统的系统时间 s 服从参数为 $\mu - \lambda$ 的指数分布。注意该结论仅对 $M/M/1$ 排队系统有效，对于其他排队系统均需要重新按照上述过程进行计算。

通过定理 5.3 可以获得 $M/M/1$ 排队系统时间的期望为：$E[s] = \dfrac{1}{\mu - \lambda}$。回忆上节中介绍的列德尔公式，其适用于任意排队系统，因此我们可以套用定理 5.1 求得 $M/M/1$ 的系统时间：

$$E[s] = \frac{E[N]}{\lambda} = \frac{\dfrac{\rho}{1-\rho}}{\lambda} = \frac{1}{\mu - \lambda}$$

可以发现，通过列德尔公式获得的结果和定理 5.3 获得的结果是一致的，但是需要注意的是通过列德尔公式获得的仅是系统时间的期望，并不能获得系统时间的分布，因为从期望反推概率密度函数往往不是唯一的。

例 5.2　顾客按照平均每小时 10 人的泊松流到达单窗口汽车服务中心，每个顾客的服务时间服从指数分布，平均为 5 分钟。每个顾客按照先来先服务的方式排队接受服务，请回答以下问题：

（1）若窗口前等待的停车场足够大，则每个顾客的平均系统时间和平均等待时间为多少？

（2）在（1）假设下每个顾客系统时间大于 1 小时的概率为多少？

（3）窗口前等待的停车场仅可容纳 2 辆车（包括正在被服务的车辆），当顾客到达该窗口时，若停车场已占满则离开，若还有车位则排队等待服务，则每个顾客的平均系统时间和平均等待时间为多少？

解 （1）这是一个 $M/M/1$ 队列，其到达率为：$\lambda=10/60=1/6$（人/分钟），其服务率为：$\mu=1/5$（人/分钟），由于 $\lambda<\mu$，因此该排队系统可以取得稳态。

根据定理 5.3，该系统中的顾客平均系统时间为：

$$E[s]=\frac{1}{\mu-\lambda}=30（分钟）$$

平均等待时间为：

$$E[w]-\frac{1}{\mu}=25（分钟）$$

（2）根据定理 5.3，顾客的系统时间服从指数分布，因此，

$$p(s>60)=e^{-(\mu-\lambda)\times60}=e^{-2}\approx0.14$$

顾客系统时间大于 1 小时的概率约为 14%。

（3）此时排队系统中的顾客可能数量为：0，1，2。注意此时为一个 $M/M/1/2$ 排队系统，其系统时间无法使用定理 5.3 进行计算。首先计算系统中出现每种顾客数量的概率，根据状态转移图可以获得稳态概率方程为：

$$\begin{cases} p_1=\frac{\lambda}{\mu}p_0 \\ p_2=\left(\frac{\lambda}{\mu}\right)^2 p_0 \\ \sum_{k=0}^{2}p_k=1 \end{cases}$$

代入 λ 和 μ 的数值，可以获得：

$$p_0=\frac{36}{91}, \quad p_1=\frac{30}{91}, \quad p_2=\frac{25}{91}$$

因此，该排队系统中的平均顾客数为：

$$E[N]=1\times p_1+2\times p_2=\frac{30}{91}+\frac{50}{91}=\frac{80}{91}（个/分钟）$$

于是，根据列德尔公式可得，该排队系统中顾客的平均系统时间为：

$$E[s]=\frac{E[N]}{\lambda}=\frac{80}{91}\times6\approx5.3（分钟）$$

因此，每个顾客的平均等待时间为：

$$E[s]-\frac{1}{\mu}=5.3-5=0.3（分钟）$$

读者可以自行计算如果采用定理 5.3 计算以上系统时间时将会发生系统时间小于服务时间的情况，证明了定理 5.3 并不适用于系统容量有限的 $M/M/1$ 队列，但是当 $M/M/1$ 的队列长度足够长时仍可以采用定理 5.3 进行近似估计。此外，也可以看到采用不同的缓存和排队策略将导致系统时间发生巨大的变化。

5.4 爱尔兰等待制系统时间分析

爱尔兰等待制系统是指一个排队系统输入为一个泊松流，有 s 个服务员，服务时间满足

指数分布,系统容量为∞,用 Kendall 符号记为 $M/M/s$。本节将首先推导该系统的等待时间的分布,而后探讨在描述本章介绍的交换机中的两种缓存队列结构的建模和分析方法。

5.4.1 $M/M/s$ 的系统时间和等待时间

$M/M/s$ 排队系统中有 s 个服务员,当所有的服务员占满时,新到的顾客进入等待队列中,只要有服务员空闲,等待队列中队首的顾客接受服务。按照 $M/M/s$ 的定义,我们可以画出如图 5-9 所示的状态转移图。

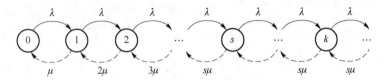

图 5-9 $M/M/s$ 系统的马尔可夫链表示

根据状态转移图,可以获得各个状态的到达率和服务率如下:

$$\begin{cases} \lambda_k = \lambda, & k=0,1,2,\cdots \\ \mu_k = \begin{cases} k\mu, & k=1,2,\cdots,s-1 \\ s\mu, & k \geqslant s \end{cases} \end{cases}$$

假设 $\{p_k\}$ 为稳态分布,$a=\dfrac{\lambda}{\mu}$,则:

$$p_k = \begin{cases} \dfrac{a^k}{k!} p_0, & 0 \leqslant k < s \\ \dfrac{a^k}{s! \ s^{k-s}} p_0, & k \geqslant s \end{cases}$$

根据概率归一性,$\displaystyle\sum_{k=0}^{\infty} p_k = 1$,则:

$$\frac{1}{p_0} = \sum_{k=0}^{s-1} \frac{a^k}{k!} + \frac{a^s}{s!} \sum_{k=s}^{\infty} \left(\frac{a}{s}\right)^{k-s}$$

在 $a<s$ 的条件下,该系统有稳态,并且

$$p_0 = \frac{1}{\displaystyle\sum_{k=0}^{s-1} \frac{a^k}{k!} + \frac{a^s}{s!} \cdot \frac{1}{1-a/s}}$$

通过将 p_0 代入 p_k 的表达式中,即可获得 $M/M/s$ 系统处于各个状态的稳态概率。下面我们讨论针对该系统,新到用户会进入等待队列的概率,也即所有的服务员被占满后有用户到达的概率。令 π_k 表示当顾客到达时的队列长度为 k 的概率,p_k 为队列稳态时长度为 k 的概率,根据 PASTA 性质,我们知道对于达过程为泊松过程一定满足 $\pi_k = p_k$。于是,当一个呼叫到达时,若系统处于状态 $k(k \geqslant s)$,则其需要等待的概率如下:

$$p\{w>0\} = \sum_{k=s}^{\infty} \pi_k = \sum_{k=s}^{\infty} p_k = \frac{a^s}{s!} p_0 \sum_{k=s}^{\infty} \left(\frac{a}{s}\right)^{k-s} = \frac{a^s}{s!} \frac{p_0}{1-a/s}, \quad a<s$$

上式一般记为:

$$C(s,a)=\frac{a^s}{s!}\frac{p_0}{1-a/s}$$

这个公式称为爱尔兰 C 公式。下面我们计算 $M/M/s$ 系统的系统时间和等待时间。根据 $M/M/1$ 系统的分析方法,我们首先需要计算一个 $M/M/s$ 系统中的平均顾客数,而后通过列德尔公式求得系统时间。$M/M/s$ 系统中的顾客可以分为正在服务的顾客以及等待的顾客,为了计算等待的顾客数目,需要先计算平均获得服务的顾客数。值得注意的是,平均获得服务的顾客数并不等于服务员数 s,其计算过程见例 5.3。

例 5.3 计算在 $a<s$ 的条件下,$M/M/s$ 系统在稳态时的平均被服务的顾客数。

解

$$\begin{aligned}
a' &= \sum_{k=1}^{s-1}kp_k + s\sum_{k=s}^{\infty}p_k = \sum_{k=1}^{s-1}k\cdot\frac{a^k}{k!}p_0 + s\sum_{k=s}^{\infty}p_k \\
&= a\sum_{k=1}^{s-1}\frac{a^{k-1}}{(k-1)!}p_0 + s\sum_{k=s}^{\infty}p_k \\
&= a\sum_{k=0}^{s-2}\frac{a^k}{k!}p_0 + s\sum_{k=s}^{\infty}p_k \\
&\overset{(1)}{=} a\left(1-\sum_{k=s}^{\infty}p_k - p_{s-1}\right) + s\sum_{k=s}^{\infty}p_k \\
&= a - ap_{s-1} + (s-a)\sum_{k=s}^{\infty}p_k \\
&\overset{(2)}{=} a - a\cdot\frac{a^s}{(s-1)!}p_0 + (s-a)\cdot\frac{a^s}{s!}\cdot\frac{p_0}{1-a/s} \\
&= a
\end{aligned}$$

其中,第(1)等式利用的是 $\sum_{k=0}^{\infty}p_k=1$,第(2)等式利用的是爱尔兰 C 公式。经过计算可知对于 $M/M/s$ 排队系统,平均被服务的用户数是 a。

下面计算 $M/M/s$ 系统中的平均顾客总数。

例 5.4 计算在 $a<s$ 的条件下,$M/M/s$ 系统在稳态时的平均顾客数。

解 $E[N]=\sum_{k=0}^{\infty}kp_k=\sum_{k=0}^{s}k\cdot\frac{a^k}{k!}p_0+\sum_{k=s+1}^{\infty}\frac{k\cdot a^k}{s!s^{k-s}}p_0=\frac{\rho}{1-\rho}C(s,a)+a$

根据例 5.3,我们知道平均被服务的顾客数为 a,因此平均在队列中等待的顾客数为:$\frac{\rho}{1-\rho}\cdot C(s,a)$。根据列德尔公式,平均等待时间为:

$$E[w]=\left[\frac{\rho}{1-\rho}C(s,a)\right]\Big/\lambda=\frac{C(s,a)}{s\mu(1-\rho)}=C(s,a)\cdot\frac{1}{s\mu-\lambda}$$

同样,可以获得系统时间为:

$$E[w]+\frac{a}{\lambda}=\frac{C(s,a)}{s\mu(1-\rho)}+\frac{1}{\mu}$$

例 5.5 如果某语音交换系统 $a=25$ erl,要求到达呼叫等待概率不高于 1%,每个呼叫平均持续时间为 $180\,s$,需要多少中继线?平均每条线通过的呼叫量为多少?平均等待时间为多少?

解　如果 $a=25\,\mathrm{erl}$，$C(s,a)=0.01$，那么根据爱尔兰 C 公式可求得：$s=39$，

$$平均每条中继线上通过的呼叫量 = a'/s = 25/39 = 0.64\,\mathrm{erl}$$

系统中的平均呼叫数为：

$$E[N] = \frac{\rho}{1-\rho}C(s,a) + a = \frac{0.64}{1-0.64}\times 0.01 + 25 = 25.02(个)$$

平均等待时间为：

$$E[w] = \frac{0.01 \times 180}{39 \times (1-0.64)} = 0.128(秒)$$

5.4.2　并行队列和共享队列的等待时间分析

在交换机的基本结构章节中，我们讨论了不同的缓存结构，其中有接口缓存队列以及共享缓存队列，在本节将讨论不同缓存队列结构的性能差别。

例 5.6　某交换机的输入为泊松流，到达率为 λ，假设该交换机的服务时间服从参数为 μ 的指数分布。随着业务的增加，该交换机的能力已不足，现在考虑提升交换能力，有以下三个方案（如图 5-10 所示）：

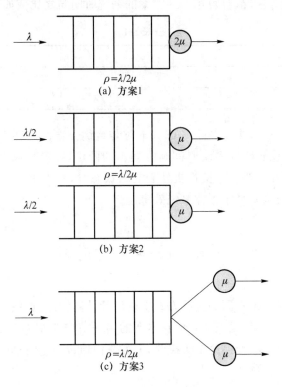

图 5-10　例题 5.6 中三种缓存结构

① 将该交换机替换为一个服务率为 2μ 的新交换机；

② 再加一个服务率为 μ 的同样的交换机，并假设可以通过分流设备将流量平均的分配到两台交换机上，也即每台交换机的到达率为 $\lambda/2$，交换机的缓存彼此独立（并行架构）；

③ 再加一个服务率为 μ 的同样的交换机，但是采用同一个缓存队列，队首的数据包进入到任意一个先空闲交换机中（共享架构）。

请从系统时间角度对比以上三种方案。

解 对于方案 1，可以用一个 $M/M/1$ 队列，参数为 λ 和 2μ 进行建模，此时，

$$\rho = \frac{\lambda}{2\mu}, \quad T_1 = \frac{1}{2\mu - \lambda} = \frac{1}{1-\rho} \cdot \frac{1}{2\mu}$$

对于方案 2，可以用两个 $M/M/1$ 队列，参数为 $\lambda/2$ 和 μ 进行建模，此时，

$$\rho = \frac{\lambda/2}{\mu} = \frac{\lambda}{2\mu}, \quad T_2 = \frac{1}{\mu - \lambda/2} = \frac{1}{1-\rho} \cdot \frac{1}{\mu}$$

可以看到，每个交换机的流量和之前是相同的，但是不论是到达时间间隔还是服务时间都比以前慢（是以前的 2 倍）。

对于方案 3，可以用一个 $M/M/2$ 队列，参数为 λ 和 μ 进行建模，此时，

$$\rho = \frac{\lambda}{2\mu}, \quad T_3 = \frac{1}{\mu} + C(2,a) \cdot \frac{1}{2\mu - \lambda} \approx \begin{cases} \dfrac{1}{\mu}, & \rho \ll 1 \\[2mm] \dfrac{1}{1-\rho} \cdot \dfrac{1}{2\mu}, & \rho \approx 1 \end{cases}$$

将方案 1 作为参考情况，计算第 2、3 方案的系统时间与之比值如表 5-1 所示。

表 **5-1**

ρ 的取值	T_2/T_1	T_3/T_1
$\rho \ll 1$	2	2
$\rho \approx 1$	2	1

观察可得以下结论：方案 1 在不考虑成本时是最优方案。方案 2 的系统时间是方案 1 的两倍。方案 3 在流量较小时系统时间是方案 1 的两倍，在流量较大时系统时间和方案 1 相同。方案 2 的问题在于当一个交换机处于空闲状态时，另一个交换机可能仍然有大量数据等待，这种并行的架构降低了整体系统效率。

5.5 网络平均时延

在上文中，我们讨论了不同的排队方式下的时延计算方法，这些结论在电路交换和分组交换系统中都是适用的。但是正如我们在本章的第一节中介绍的交换机结构，在分组交换系统中还存在数据包长度、交换速率等概念，下面我们通过一个简单的例题讲解如何进行分组交换系统的分析。

例 5.7 假设某交换机的输入数据包分组流服从参数为 λ 的泊松过程，数据包长度为变长且服从指数分布，平均包长为 b。输入的数据包如果没有得到服务则在接口独占的缓存队列中采用先入先出的方式排队，假设交换接口的交换速率为 c。则数据包通过该交换机的平均时延是多少？

解 由于平均包长服从指数分布，而交换速率 c 为一固定值，因此服务时间也服从指数

分布,且平均服务时间 $1/\mu=b/c$。一般(除极端情况外),我们可以假设缓存队列的长度为无穷大来进行处理,从而交换机的每个交换接口可以用一个 $M/M/1$ 系统模拟,于是可以知道数据包通过该交换机的平均时延为:

$$E[s]=\frac{1}{\mu-\lambda}=\frac{1}{c/b-\lambda}$$

在一个分组交换的网络中,数据包会通过多个交换机,这时我们就不能仅仅用上式来完成分析了。虽然数据包在实际网络中,长度一般是不会发生变化的,但是基于这个假设的分析比较复杂,我们在这里采用 Kleinrock 的假设来分析二次排队问题,具体分析方法在例 5.8 中说明。

例 5.8　二次排队问题。包到达是参数为 λ 的泊松流,包长不定,服从负指数分布,平均包长为 b,单位为 bit。图 5-11 是系统的示意图,包从第一个系统出来后将去第二个系统,两个信道的速率分别为 c_1 和 c_2,单位为 bit/s。

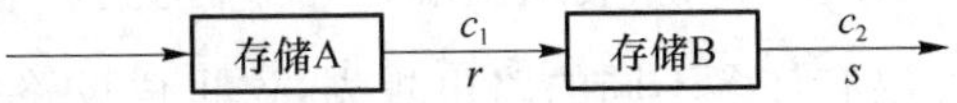

图 5-11　二次排队系统

解　两个系统的服务率为:

$$\mu_1=\frac{c_1}{b},\quad \mu_2=\frac{c_2}{b}$$

A,B 存储器足够大,两个排队系统为不拒绝系统。

设 r 为第 1 个排队系统中的包数,s 为第 2 个排队系统中的包数,则状态方程为:

$$\begin{cases} r=s=0, & \lambda p_{0,0}=\mu_2 p_{0,1} \\ s=0, & (\lambda+\mu_1)p_{r,0}=\lambda p_{r-1,0}+\mu_2 p_{r,1} \\ r=0, & (\lambda+\mu_2)p_{0,s}=\mu_1 p_{1,s-1}+\mu_2 p_{0,s+1} \\ r>0,s>0, & (\mu_1+\mu_1+\lambda)p_{r,s}=\lambda p_{r-1,s}+\mu_2 p_{r,s+1}+\mu_1 p_{r+1,s-1} \end{cases}$$

由概率归一性,有:

$$\sum_{r=0}^{\infty}\sum_{s=0}^{\infty}p_{r,s}=1$$

令通解形式为:

$$p_{r,s}=p_{0,0}\cdot x^r\cdot y^s$$

代入方程,有:

$$x=\frac{\lambda}{\mu_1}=\rho_1,\quad y=\frac{\lambda}{\mu_2}=\rho_2$$

所以,

$$p_{r,s}=p_{0,0}\cdot \rho_1^r\cdot \rho_2^s$$

根据概率归一性,则:

$$1=p_{0,0}\sum \rho_1^r\sum \rho_2^s=\frac{p_{0,0}}{(1-\rho_1)(1-\rho_2)}$$

故:

$$p_{0,0} = (1-\rho_1)(1-\rho_2)$$

稳态分布为：

$$p_{r,s} = (1-\rho_1)(1-\rho_2)\rho_1^r \rho_2^s$$

则 (r,s) 为两个独立随机变量，即：

$$p_r = (1-\rho_1)\rho_1^r, \quad p_s = (1-\rho_2)\rho_2^s$$

全程系统时间为：

$$\frac{1}{\mu_1(1-\rho_1)} + \frac{1}{\mu_2(1-\rho_2)} = \frac{1}{\mu_1-\lambda} + \frac{1}{\mu_2-\lambda} = \frac{1}{\frac{c_1}{b}-\lambda} + \frac{1}{\frac{c_2}{b}-\lambda}$$

上面的结果表明，可以将两个排队系统分离考虑。

例 5.8 说明，包穿越两个交换机的系统时间可以分开计算，这样大大简化了端对端时延的计算。下面说明 Kleinrock 的模型。

如果网络用图 $G = (V,E)$ 表示，$\lambda_{i,j}$ 表示从端 i 到端 j 的到达率，一般来说 $\lambda_{i,j} \neq \lambda_{j,i}$。令 $\lambda = \sum_{i \neq j} \lambda_{i,j}$。数据网络中可以有许多不同的路由规划，这里假设路由为固定的路由方法，并且每对端点之间有一个唯一的路由。当网络采用其他动态或自适应路由时，这个模型就不适合。

边 i 的容量或速率为 c_i，由于端点之间的到达率 $\lambda_{i,j}$ 和路由已知，自然可以计算出每条边的到达率 λ_i，另外包的长度服从负指数分布，平均包长为 b。在边 i 上，如果 $\frac{c_i}{b} > \lambda_i$，那么包穿越边 i 的时间为：

$$T_i = \frac{1}{\frac{c_i}{b}-\lambda_i}$$

根据例 5.8，端 i 到端 j 的时延 $T_{i,j}$ 可以通过将该路由包含的诸链路上的时延求和的方式来计算。这样，网络平均时延为：

$$T = \frac{\sum_{i,j} \lambda_{i,j} \cdot T_{i,j}}{\sum_{i,j} \lambda_{i,j}} = \frac{\sum_{i,j} \lambda_{i,j} \cdot T_{i,j}}{\lambda}$$

将上式中的 $T_{i,j}$ 展开成为它包含的诸 T_i 之和，则：

$$T = \frac{\sum_i T_i \lambda_i}{\lambda}$$

这个求和是对所有边来进行的。

例 5.9 有 5 个节点的网络如图 5-12 所示，每对端点之间有一对边，它们的容量是一样的；任意端点对之间的到达率 $\lambda_{i,j}$ 如表 5-2 所示，也是对称的。路由为固定路由表，每对端点有唯一路由。路由方法如下：①能直达就直达；②需要转接的安排为 A，E 是 A→B→E；A，D 是 A→C→D；C，E 是 C→D→E；另一个方向也经过相同的节点。而链路容量（单位 bit/s）为 $C_1 = C_2 = 3\ 130$，$C_9 = C_{10} = 2\ 990$，$C_3 = C_4 = 5\ 390$，$C_5 = C_6 = 1\ 340$，$C_7 = C_8 = 517$，$C_{11} = C_{12} = 3\ 020$，$C_{13} = C_{14} = 2\ 790$。平均包长 $b = 100$ bit。

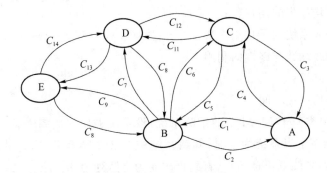

图 5-12　例 5.9 网络结构

表 5-2　任意端点对之间的到达率

站点	站点				
	A	B	C	D	E
A	—	0.935	9.34	0.610	2.94
B	0.935	—	0.820	0.131	0.608
C	9.34	0.820	—	0.628	2.40
D	0.610	0.131	0.628	—	0.753
E	2.94	0.608	2.40	0.753	—

解　计算得：

$$\lambda = \sum_{\substack{j,k \\ j \neq k}} \lambda_{i,k} = 38.33, \lambda_{1,1} = \lambda_{1,2} = \lambda_{A,D} + \lambda_{C,D} + \lambda_{C,E} = 3.638, \cdots$$

于是可得：

$$T = 0.045\ s$$

显然这个结果与路由有关，不同的路由会有不同的平均时延。

本 章 习 题

5-1　用 M/M/1 的爱尔兰等待制系统模拟数据传输系统中的数据交换节点：数据包的到达过程可建模为泊松过程，到达率为每小时 72 000 个；数据包长度符合指数分布，且平均包长为 1 000 B；信道传输速率为 200 000 bit/s。求：

(1) 5 分钟内，没有数据包到达的概率，以及到达 3 个数据包的概率；

(2) 系统空闲的概率；

(3) 系统中的平均数据包数；

(4) 数据包的平均系统时间。

5-2　设某计算机中心有 5 个终端，用户按泊松流到达，平均每分钟到达 0.2 个用户，假定用户占用终端的时间服从指数分布，平均用机时间为 15 min。当 5 个终端均被占用时，后来的用户便直接离开。求：

（1）每分钟平均损失的用户数；

（2）每分钟进入系统的平均用户数；

（3）平均忙的终端数与终端的利用率；

（4）平均等待队长；

（5）用户的平均系统时间。

5-3 考虑一个类似于 M/M/1 的排队系统，设系统平均到达率为 $\lambda=1$，平均服务率为 $\mu=2$。唯一的区别在于当系统为空时，知道系统中有 2 个顾客后，窗口的服务才会重新开始。一旦服务开始，系统就正常运行，直到再次变为空队列为止。求：

（1）画出状态转移图，计算系统稳态概率；

（2）系统中的平均顾客数；

（3）每位顾客的平均系统时间。

5-4 针对图 5-13 所示的并行队列和共享队列结构：

（1）对于并行队列，到达的任务是强度为 λ 的泊松流，假设任务以等概率进入两个单窗口的服务系统分别接受服务。如果窗口忙，那么在自己独立的缓冲区排队等待。两个系统的服务率均为 μ。假设系统存在稳态分布，试计算任务的平均系统时间。

（2）对于共享队列，到达的任务是强度为 $\lambda=\lambda_1+\lambda_2$ 的泊松流，有两个独立的服务窗口，服务率均为 μ。窗口有空闲时，到达的任务随机占位接受服务；无空闲时，则在公共缓冲区排队等候。假设系统存在稳态分布，试计算任务的平均系统时间，并与并行队列的情况进行比较，分析孰优孰劣。

（3）若 $\lambda_1=\lambda_2=15$ 个/小时，$\mu=30$ 个/小时，假设系统存在稳态分布，试计算并行队列和共享队列的平均系统时间，并分析优劣。

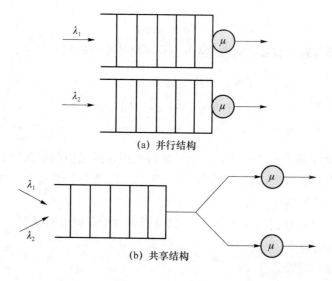

图 5-13 习题 6-4 图

5-5 对 M/M/s 等待制系统，如果 s＞a，等待时间为 w，对于任意 t＞0，证明：

$$p\{w>t\}=C(s,a)e^{-(s\mu-\lambda)t}$$

第6章　通信网络的图理论

通信网络由通信设备和传输线路构成。在网络规划设计、优化、运维管理等多个环节中,均需对通信网络进行抽象建模,屏蔽复杂的技术细节,构建简化的拓扑结构,转化为利于计算机存储和运算的数据结构,在这个过程中,图论成为最为常用的建模理论工具。图论(Graph Theory)是应用数学的一个分支,其起源可以追溯到1738年瑞士数学家欧拉解决的柯尼斯堡七桥问题,在七桥问题的求解过程中,欧拉创造性地摒弃了复杂地理信息,将地图上的陆地抽象成点,将桥梁抽象成边,关注点和边的关联关系,忽略传统几何学中的长度、角度等特征,在这个建模过程中逐步简化问题,最后将七桥问题归结成一笔画问题。这种简化问题的思路构成了图论的基础。

与地理信息系统类似,通信网络也是一个包含海量信息的复杂系统,使用图论可以将复杂网络信息化简为可以运用算法处理的数据,用节点描述通信设备或者局站,用边描述通信链路或信道,将呼叫流或者数据流定义成拓扑图上的网络流,然后就可以运用图论中的各种模型和算法对网络规划设计、资源优化配置等问题进行求解。

6.1　图　论　基　础

6.1.1　图的定义与基本概念

定义 6.1　图

图 G 是由端点集合 V 以及边集合 E 构成的组合,一般用 $G=(V,E)$ 来表示。

当 V 与 E 都为有限集合时,G 为有限图,用 $V=\{v_1,v_2,\cdots,v_n\}$ 表示 n 个端点集合,记其端点数为 $|V|=n$,用 $E=\{e_1,e_2,\cdots,e_m\}$ 表示 m 条边的集合,记其边数为 $|E|=m$。

某边 $e_{i,j}$ 的端为 v_i,v_j,称这边和端 v_i,v_j 关联,若这条边为有向边 v_i 指向 v_j,则可以记这条有向边为 $<v_i,v_j>$。

若一个图有边 $<v_i,v_j>$ 就一定有边 $<v_j,v_i>$,则可将这一对有向边记为无向边 (v_i,v_j),这个图称为无向图。

若有向边不能全部成对出现,则称其为有向图。

图中端点和边的标号通常不可以任意更换。比如,在通信网络中,v_i 往往表示对应通信网某一个通信设备或者局站,$e_{i,j}$ 表示端点 v_i 和 v_j 之间的通信链路,称这类图为标号图(Labeled Graph)。在没有特别说明的情况下,本章中的图均为标号图。

如果一个图的端点集合为空集,$V=\varnothing$,那么该图的边集合也必然为空集,称这类图为空图,如图 6-1(a)所示。

如果一个图的端点集合不为空集 $V \neq \varnothing$，但是边集合为空，$E = \varnothing$，那么称其为孤立点图，如图 6-1(b)所示。

如果一条边的起点和终点为同一个端点，那么称其则为自环，如图 6-1(c)所示。

如果两条边有相同的起点和终点，那么这两条边为重边，如图 6-1(d)所示。

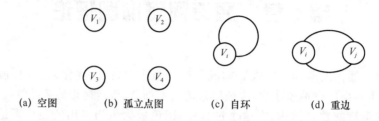

(a) 空图　　　(b) 孤立点图　　　(c) 自环　　　(d) 重边

图 6-1　图的特殊定义

一个不含有自环和重边的图称为简单图。本章中，如果没有特别声明，主要讨论简单图。

定义 6.2　端点的度

对于无向图的端点 v_i，与该端点关联的边的数目为该端点的度数，记为 $d(v_i)$。

图 6-2(a)中端点 v_2 的度数 $d(v_2) = 3$。

性质 6.1　对于无向图 $G = (V, E)$，端点数为 $|V| = n$，边数为 $|E| = m$，则该图所有端点的度数和为 $2m$，记为 $\sum_{i=0}^{n} d(v_i) = 2m$。

该性质可以用数学归纳法证明。

对于有向图，从端点 v_i 发出的有向边数目为该端点的出度数，记为 $d^+(v_i)$，指向端点 v_i 的有向边数目为该端点的入度数，记为 $d^-(v_i)$。

图 6-2(b)中端点 v_2 的出度数 $d^+(v_2) = 1$，入度数 $d^-(v_2) = 2$。

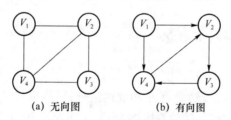

(a) 无向图　　　(b) 有向图

图 6-2　有向图的度数

【性质 6.1 的推论】

任何图中，度数为奇数的端，其数目必为偶数个(或零个)。

证明：

将图的端集 V 分为奇数度端集合 V_1 和偶数度端集合 V_2

则有：$V = V_1 + V_2$

由性质 6.1，$\sum_{v_i \in V} d(v_i) = \sum_{v_j \in V_1} d(v_j) + \sum_{v_k \in V_2} d(v_k) = 2m$

因为 $d(v_k)$ 是偶数，$2m$ 也是偶数

所以 $\sum_{v_j \in V_1} d(v_j)$ 必为偶数

由于 $d(v_j)$ 是奇数

所以 V_1 中 v_i 的个数必为偶数。

定义 6.3　链

考虑边的一个序列,相邻两边有公共端,如 $(v_1,v_2),(v_2,v_3),(v_3,v_4),\cdots,(v_i,v_{i+1})$,这个边序列称为链。

图 6-3(b)中的 $\{c,b,e\}$ 构成了一个链,这个链上的有向边不一定需要首尾相连。

当链经过的端点没有重复点,且各边的方向连续时,称其为有向链,也可称为有向道路。图 6-3(b)中的 $\{a,c,d,e\}$ 构成了一条首尾相连的有向链。在大部分通信网的路由问题中,常常需要选出一条有向链来构成通信的信道。

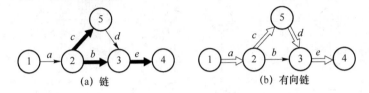

图 6-3　链与有向链

若链的起点与终点重合,则构成一个圈,也称其为环路。图 6-4(a)中的 $\{a,b,e\}$ 是一个忽略了边方向的圈。注意,圈中除了起点和终点,没有其他重复点。

若圈上的链路方向一致,首尾相连,则构成一个有向圈。图 6-4(b)中的 $\{a,b,c,d\}$ 的所有边方向一致,构成了一个有向圈。

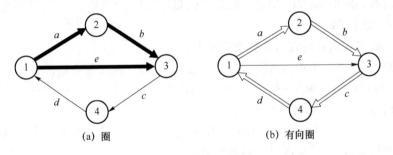

图 6-4　圈与有向圈

定义 6.4　连通图

如果图的任何两端点之间至少存在一条链,那么称其为连通图。否则为非连通图。

图 6-5(a)为一个连通图。

非连通图又可以被分为若干连通分支。图 6-5(b)是包含 3 个连通分支的非连通图。

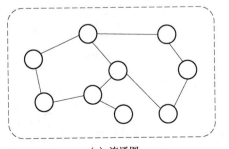
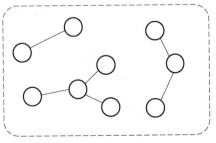

(a) 连通图　　　　　　　　　　　　　　(b) 非连通图

图 6-5　连通图与非连通图

定义 6.5 完全图

如果图中任意两端点之间都有边,那么该图为完全图或者全连通图,记作 K_n。

当图中无重复边且无自环时,完全图边的数目 m 与端的数目 n 之间存在下面的关系:

$$m = C_n^2 = \binom{n}{2} = \frac{n(n-1)}{2}$$

每个端点的度数均为 $n-1$。

图 6-6(a)为完全图 K_4,存在 6 条边。图 6-6(b)为完全图 K_6,存在 15 条边。

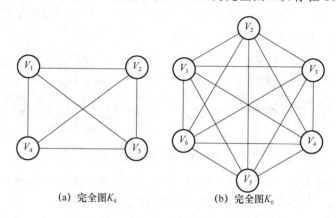

(a) 完全图 K_4　　　　(b) 完全图 K_6

图 6-6　完全图

在端点度数相同的情况下,完全图是联结性最好的图。

定义 6.6 欧拉图

各端点度数均为偶数的连通图称为欧拉图。

对于欧拉图,存在一个遍历所有边且回到起点的漫游,同时每条边仅经过一次。

如图 6-7(a)所示,按照 1→8→7→5→4→3→2→7→6→3→5→6→2→1 的顺序可以找到一个欧拉回路,用一笔画的方式遍历所有边。

图 6-7(b)在哥尼斯堡(Konigsberg)七桥问题中,由于 4 块地理区域被七座桥相连,每个端点的度数都是奇数,无法求得一笔画的解。

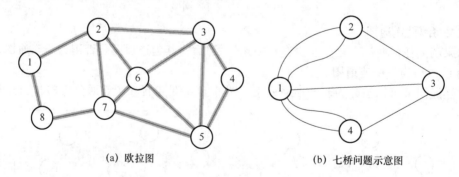

(a) 欧拉图　　　　(b) 七桥问题示意图

图 6-7　欧拉图

定义 6.7 两部图

如果一个图的端点集合可分为两个部分,所有边的两个邻端分别在这两个集合中,那么这个图为两部图,又称为二分图,记为 $K_{m,n}$,两个端点集合分别有 m 和 n 个端点。

如图 6-8(a)所示,端点 1、3、5、7 构成端点集合 V_1,剩余的节点构成端点集合 V_2,两个集合内部的节点均无边相连,所有边都在集合之间。两部图可以用来求解匹配问题。

类似地,也可以有图 6-8(b)所示的多部图,可以用来建立多域网络模型,求解域间路由问题。

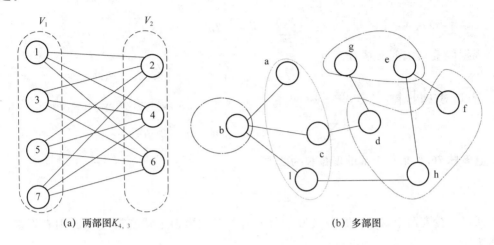

(a) 两部图 $K_{4,3}$　　　　　　　　(b) 多部图

图 6-8　两部图与多部图

定义 6.8　正则图

所有端的度数都相等的图称为正则图。

对正则图而言,$d(v_i) = $ 常数,$i = 1, 2, \cdots, n$(n 为图的端数)。

正则图的联结性最为均匀。

若一个完全图无重边且无自环,则其为正则图。但是正则图不一定是完全图。比如,五边形各端点度数是 2,边数为 5,属于正则图。但是完全图 K_5 的边数为 10。

6.1.2　子图与树

定义 6.9　子图

给定图 $G = (V, E)$,若 $V_1 \subseteq V$,$E_1 = \{(u, v) \in E \mid u, v \in V_1\}$,则称图 $G_1 = (V_1, E_1)$ 是 G 中由 V_1 生成的子图,记为 $G[V_1]$。

若 $E_2 \subseteq E_1$,则称 $G_2 = (V_1, E_2)$ 为 $G[V_1]$ 的子图。

特别地,若子图的端点集合为 V,则这个图被称为图 G 的支撑子图。

若 $E_1 \subseteq E$,$V_1 = \{v \in V \mid v$ 是 E_1 中某边的端点$\}$,则称图 $G_1 = (V_1, E_1)$ 是 G 中由 E_1 生成的子图,记为 $G[E_1]$。

任何图都是自己的子图,即 $A \subseteq G$ 也包括 $A = G$。

定义 6.10　真子图

给定图 G,若图 $A \subseteq G$,但 $A \neq G$,则称 A 为 G 的真子图。

若 $A \subseteq G$,且 $G \subseteq A$,则必有 $A = G$。

定义 6.11　树

无圈的连通图为树。

性质 6.2 对于任意树,其边数 m 与端点 n 满足关系:$m = n - 1$。

通过数学归纳法,易证明性质 6.2。

性质 6.3 除单点树外,至少有两个度数为 1 的端(悬挂点或者叶子节点)。

证明:对于有 n 个端、m 条边的图来说,

$$\sum_{i=0}^{n} d(v_i) = 2m$$

根据性质 6.2,对于树有:

$$m = n - 1$$

所以,对于树,有:

$$\sum_{i=0}^{n} d(v_i) = 2(n-1) = 2n - 2$$

这意味着,如果每个端的度数都为 2,则:

$$\sum_{i=0}^{n} d(v_i) = 2n$$

所以至少有两个端的度数必须为 1,且若有一个或更多个端度数大于 2,则有更多个端度数为 1。

定义 6.12 支撑树(主树、生成树)

如果树 T 是连通图 G 的子图,$T \subseteq G$,且 T 包含 G 的所有端,那么称 T 是 G 的支撑树,或主树。

构建支撑树的过程可以采用破圈剪枝的方法,在连通图中找到一个圈,从圈上任意删除一条边,可以在保持图的连通性同时,减少圈的数量。继续减少圈,直到找不到圈,图就变成了树,剩下的图就成了支撑树。在 6.3 节中,会更为详细地分析生成支撑树的方法。

有支撑树的图必为连通图。如果一个连通图 $G = \{V, E\}$ 中找出了一个支撑树 $T = \{V, E_1\}$,那么称 E_1 集合内的边为 T 上的树边,如图 6-9 中实线所示。

构建边集 $E_2 = E - E_1$,E_2 集合内的边均不属于树 T,称 E_2 集合内的边为连枝,如图 6-9 中虚线所示。

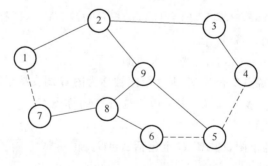

图 6-9 支撑树

树上任意两端间添加一条且仅一条连枝,则形成圈,这个圈被称为基本圈。如基本圈 $\{e_{1,2}, e_{2,9}, e_{8,9}, e_{7,8}, e_{1,7}\}$ 中的 $e_{1,7}$ 就是决定基本圈的唯一连枝。

定理 6.1 给定一个图 T,若 $|V| = n$,$|E| = m$,则下面论断等价。

① T 是树;

② T 无圈,且 $m=n-1$;

③ T 连通,且 $m=n-1$。

证明:

①→②③,由树的定义和性质 6.2 可知。

②→①,反证,若 T 有圈,则从圈中删去任意一条边,图的连通性不会被破坏,由此步剩下的图为连通无圈图或树,与 $m=n-1$ 相矛盾,故而 T 有圈的假设不成立,T 无圈。

③→①,反证,已知 $m=n-1$,T 连通,假设 T 不是树,那么连通图 T 上至少存在一个圈,也就是边的数量大于树中边的数量,对于一个 n 节点的树,由性质 6.2,其边的数量为 $n-1$,如果 n 节点的图中存在圈,那么图中除了树边,还存在连枝,那么 $m>n-1$,与 $m=n-1$ 相矛盾,故而 T 不是树的假设不成立,T 是树。

性质 6.4 若 T 是树,则:

(1) T 是连通图,去掉任何一条边,图便分成两个且仅仅两个连通分支;

(2) T 是无圈图,但添加任何一条边,图便会包含一个且仅仅一个圈。

(3) 任何两点之间恰好有一条道路;反之,如图 T 中任何两点之间恰好有且仅有一条道路,则 T 为树。

因为任意两端点之间有且仅有一条路径可达,不存在环路,所以树是最大的无环连通图。

在树中增加任意一条边,图中就会出现一个环,且仅有一个环。

在树中减少任意一条边,图将被切割为两个连通分支,变成非连通图,所以树又是最小连通图。

树可以用来表示多级分支结构,比如目录树。在设计接入网时,为了节省线路成本,也可以用树形结构完成大量用户的有线网络覆盖。比如,家庭宽带接入网中,目前的主流技术是无源光网络技术,其光分配网就采用了树形结构。

6.1.3 图的存储

通常,用几何图形可以直观表示图,但是这种直观表示方法不利于计算机进行数值分析和处理。对于同一个图,可以有多种表达方式。如图 6-10 所示,对于无向图 $G=\{V,E\}$,$V=\{v_1,v_2,v_3,v_4,v_5\}$,$E=\{e_{1,2},e_{1,5},e_{2,3},e_{2,4},e_{2,5},e_{3,4},e_{4,5}\}$,$|V|=n=5$,$|E|=m=7$。为了便于理解,可以用几何图形的方式绘制端点和边的关系,图 6-10(a) 和 (b) 中用 v_i 标注第 i 个端点,用 $e_{1,2}$ 标注边。几何表达方式往往不是唯一的,图 6-10(a) 和 (b) 就是两种不同几何表达形式,但是从逻辑上,这两种方式表达的是同一个图 G。在图的分析中,部分概念与边的方向无关,如连通、圈、支撑树,还有后面将要讲到的割集等。这种不含有方向性的图,称为基础图。反之,图的某些概念和结论(如后面提及的无向图支撑树计数)与边的方向有关,处理这类问题时,需要为无向的基础图中的每条边都指定一个方向,图 6-10(c) 就是图 G 的定向图。图 6-10(d)、(e) 和 (f) 则是 3 种矩阵表达方式,更容易被计算机理解。本节将具体讲解邻接矩阵和关联矩阵的构造方法。

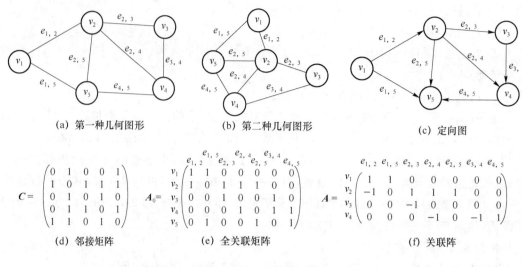

(a) 第一种几何图形   (b) 第二种几何图形   (c) 定向图

$$C=\begin{pmatrix}0&1&0&0&1\\1&0&1&1&1\\0&1&0&1&0\\0&1&1&0&1\\1&1&0&1&0\end{pmatrix}$$

(d) 邻接矩阵

$$A_0=\begin{pmatrix}1&1&0&0&0&0&0\\1&0&1&1&1&0&0\\0&0&1&0&0&1&0\\0&0&0&0&1&0&1&1\\0&1&0&0&1&0&1\end{pmatrix}$$

(e) 全关联矩阵

$$A=\begin{pmatrix}1&1&0&0&0&0&0\\-1&0&1&1&1&0&0\\0&0&-1&0&0&0&0\\0&0&0&-1&0&-1&1\end{pmatrix}$$

(f) 关联阵

图 6-10　图的表示方法

定义 6.13　邻接矩阵(Adjacency Matrix)

对于图 $G=\{V,E\}$，$|V|=n$，构造 $n\times n$ 矩阵 $C=[c_{i,j}]$，其中 $c_{i,j}=\begin{cases}1,\text{若 }v_i\text{ 到 }v_j\text{ 有边}\\0,\text{若 }v_i\text{ 到 }v_j\text{ 无边}\end{cases}$

如图 6-10(d)是(a)的邻接矩阵表示方法，两者是等价的。对于无向图，一条边 $e_{i,j}$ 对应邻接矩阵中的两个元素 $c_{i,j}$ 和 $c_{j,i}$，由于 $c_{i,j}=c_{j,i}$，故而 C 为对称矩阵。观察 C 可知，对于无向图，C 中 1 的个数为 $2m$。如果图为有向图，一条边 $e_{i,j}$ 只对应邻接矩阵中的一个元素 $c_{i,j}$，那么邻接矩阵中 1 的个数为 m。

随着端点数量 n 的增加，C 的规模迅速增加，采用邻接矩阵存储稠密图(m 接近 n^2)效率较高。但是，对于稀疏图($m\ll n^2$)，矩阵中将出现大量 0，此时可以采用邻接表的方式来存储图，通过链表与数组相结合的方法压缩存储空间，具体方法可以参考"数据结构"课程中的相关介绍。虽然邻接矩阵的存储效率较低，空间复杂度为 $O(n^2)$，但是判断 v_i 和 v_j 两点之间是否存在边的方法很简单，只需判断 $c_{i,j}$ 是否为 0 即可，算法时间复杂度为 $O(1)$。

邻接矩阵可以用来解决图的连通性判断(参见 6.2 节)和路由问题(参见 6.3 节)。

定义 6.14　全关联矩阵

对于图 $G=\{V,E\}$，$|V|=n$，$|E|=m$，构造 $n\times m$ 矩阵 $A_0=[a_{i,j}]$，其中，

在有向图中，

$$\begin{cases}a_{i,j}=+1,&e_j\text{ 与 }v_i\text{ 关联，离开 }v_i\\a_{i,j}=-1,&e_j\text{ 与 }v_i\text{ 关联，指向 }v_i\\a_{i,j}=0,&e_j\text{ 与 }v_i\text{ 不关联}\end{cases}$$

在无向图中，

$$\begin{cases}a_{i,j}=1,&\text{若 }e_j\text{ 与 }v_i\text{ 关联}\\a_{i,j}=0,&\text{若 }e_j\text{ 与 }v_i\text{ 不关联}\end{cases}$$

则图 6-10(e)为(a)的全关联矩阵。在全关联矩阵中，每一行对应一个端点，行中非零元素的总数就是端点的度数，每一列对应一条边，矩阵中将有两个元素与这条边相关，整个矩阵中非零元素总个数为 $2m$。

　　在不考虑端点和边的标号的情况下,任意两行或两列互换得到的全关联矩阵本质上是同一个图。更换行或列只是修改了编号的顺序。

　　对于无向图 G,将其全关联矩阵 A_0 中每列的任意一个 1 改为 -1(相当于给对应的边指定了一个方向,将其变为了定向图),因为 n 行之和为零,所以最多只有 $n-1$ 行线性无关,再去掉任意一行,得到关联矩阵 A,这是一个 $(n-1) \times m$ 矩阵。图 6-10(f) 为 (e) 变换而来的关联矩阵,对应图 6-10(c) 所示的定向图。

　　图的邻接矩阵和关联矩阵建立了图论与矩阵论之间的桥梁,借助矩阵论的分析方法,可以解决图论中的问题。

　　例 6.1　图的矩阵分析。

　　已知图 $G=(V,E)$ 如图 6-11(a) 所示,设 C 为图 G 的邻接矩阵,构造对角矩阵 B,$b_{ii}=d(v_{ii})$,A_0 为全关联矩阵,请验证 $B-C=A_0 \times A_0^{\mathrm{T}}$。

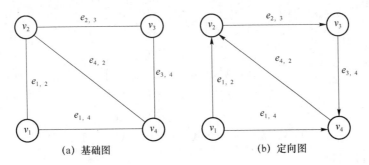

图 6-11　图的矩阵分析例题

　　解

$$邻接矩阵\ C=\begin{pmatrix} 0 & 1 & 0 & 1 \\ 1 & 0 & 1 & 1 \\ 0 & 1 & 0 & 1 \\ 1 & 1 & 1 & 0 \end{pmatrix},\ 对角矩阵\ B=\begin{pmatrix} 2 & 0 & 0 & 0 \\ 0 & 3 & 0 & 0 \\ 0 & 0 & 2 & 0 \\ 0 & 0 & 0 & 3 \end{pmatrix}$$

$$B-C=\begin{pmatrix} 2 & -1 & 0 & -1 \\ -1 & 3 & -1 & -1 \\ 0 & -1 & 2 & -1 \\ -1 & -1 & -1 & 3 \end{pmatrix}$$

$$全关联矩阵\ A_0=\begin{pmatrix} 1 & 1 & 0 & 0 & 0 \\ -1 & 0 & 1 & 0 & -1 \\ 0 & 0 & -1 & 1 & 0 \\ 0 & -1 & 0 & -1 & 1 \end{pmatrix},\ A_0^{\mathrm{T}}=\begin{pmatrix} 1 & -1 & 0 & 0 \\ 1 & 0 & 0 & -1 \\ 0 & 1 & -1 & 0 \\ 0 & 0 & 1 & -1 \\ 0 & -1 & 0 & 1 \end{pmatrix}$$

$$A_0 \times A_0^{\mathrm{T}}=\begin{pmatrix} 2 & -1 & 0 & -1 \\ -1 & 3 & -1 & -1 \\ 0 & -1 & 2 & -1 \\ -1 & -1 & -1 & 3 \end{pmatrix}$$

　　对比,可知 $B-C=A_0 \times A_0^{\mathrm{T}}$。

由此可知,无向图 G 的邻接矩阵 C 与 G 的任一定向图的全关联矩阵之间的关系密切。

定理 6.2 矩阵-树定理

对于图 G,A 为其关联矩阵,A^{T} 为 A 的转置矩阵,G 的标号支撑树数目为:

$$t(G)=\det(A\times A^{\mathrm{T}})$$

以例题 6.1 中的图为例,

图 G 的关联阵为 $A=\begin{pmatrix} 1 & 1 & 0 & 0 & 0 \\ -1 & 0 & 1 & 0 & -1 \\ 0 & 0 & -1 & 1 & 0 \end{pmatrix}$

A 的转置矩阵为 $A^{\mathrm{T}}=\begin{pmatrix} 1 & -1 & 0 \\ 1 & 0 & 0 \\ 0 & 1 & -1 \\ 0 & 0 & 1 \\ 0 & -1 & 0 \end{pmatrix}$

$$(A\times A^{\mathrm{T}})=\begin{pmatrix} 2 & -1 & 0 \\ 1 & 3 & -1 \\ 0 & -1 & 2 \end{pmatrix}$$

$$\det(A\times A^{\mathrm{T}})=|A\times A^{\mathrm{T}}|=\begin{vmatrix} 2 & -1 & 0 \\ 1 & 3 & -1 \\ 0 & -1 & 2 \end{vmatrix}=8$$

通过穷举法,可以找出 G 的支撑树如图 6-12 所示。

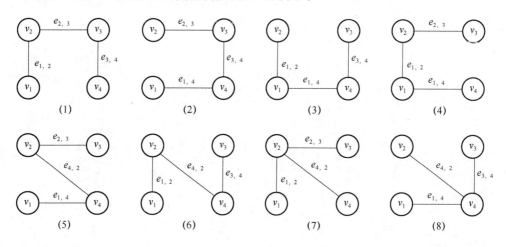

图 6-12　例题 6.1 的支撑树

在考虑标号的情况下,图 6-12 中的 8 种支撑树都是不相同的。在通信网中,标号往往代表不同的设备或者局站,不可忽略标号的差异。

在不考虑标号的情况下,8 种支撑树可以等效成 2 种结构,前 6 种都是链状结构的网络,后面 2 种是星型结构。

在本节中,矩阵中的元素较为简单,通常只用 0,1,-1 简单表示链路的方向或者连接关系。在通信网的分析中设备和链路的参数将非常复杂,需要采用面向对象建模的方式将与算法有关的参数都进行记录,此时,依然可以利用本章所学的矩阵结构存储图,只需将上述矩阵中的数字换成合适的对象实例即可。在后续章节中,将继续利用邻接矩阵解决图的运算问题。

6.1.4　图的遍历

图的遍历(Graph Traversal)也称为图的搜索(Graph Search),其实是从某一点出发,沿着边访问图中其他所有顶点,可以用深度优先搜索(Depth First Search,DFS)或者广度优先搜索(Breadth First Search,BFS)这两种算法进行。本节将基于无向连通图对这两种算法进行描述。

图的遍历算法的输入:$G=\{V,E\}$,起点 v_i

输出:从某一点 $v_i \in V$ 出发,遍历 G 中所有顶点的访问顺序序列 S。

在图的遍历过程中,可以使用标记对节点是否访问过进行标记,也可以用列表存储访问过的节点序列。

DFS算法思想是从某一端点 v_i 出发,访问与它邻接但是没有被访问过的端点 v_j;然后再从 v_j 出发,访问与它邻接但是没有被访问过的端点 v_k;依此类推,依次访问,若某一端点的邻接点都被访问过,则退回上一步,接着从上一次访问过的端点出发,继续寻找其未访问过的邻接端点,如果没有,那么接着退回,直到所有节点都被访问过。

BFS算法思想是从某一端点 v_i 开始,起点是第 0 层;然后从 v_i 出发,将 v_i 的所有邻接端点都加入第 1 层,将第 1 层端点标记为已访问;然后从第 1 层的每个端点出发,将与它们直接相连的未访问过的端点加入第 2 层,并标记为已访问;依此类推,依次访问所有端点。

例 6.2　图的遍历。

对于图 6-13 的图 G,从 v_1 出发,分别用 DFS 和 BFS 算法求解遍历序列。

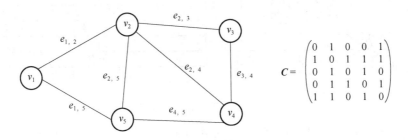

$$C=\begin{pmatrix} 0 & 1 & 0 & 0 & 1 \\ 1 & 0 & 1 & 1 & 1 \\ 0 & 1 & 0 & 1 & 0 \\ 0 & 1 & 1 & 0 & 1 \\ 1 & 1 & 0 & 1 & 0 \end{pmatrix}$$

图 6-13　例题 6.2 图

解　C 为图 G 的邻接矩阵,从 v_1 出发的 DFS 序列为 $\{v_1,v_2,v_3,v_4,v_5\}$,从 v_1 出发的 BFS 序列为 $\{v_1,v_2,v_5,v_3,v_4\}$。两种访问顺序可以构造出两种不同的支撑树,如图 6-14 所示。从图中可以看出,DFS 求出的树高度(最长路径上的端点数量)比 BFS 支撑树更高。

读者可以尝试在没有几何图形辅助的情况下,依靠邻接矩阵求解遍历问题。

遍历算法可以用于求解迷宫搜索问题,首先将迷宫转化为若干方格或者区域,然后将方格设定为端点,两方格如果互通,可以在两者之间构建一条链路,端点和链路集合就构成了图,然后就可以用搜索算法进行寻路了。在无人机进行路径搜索时,部分区域会被设定为禁飞区,也可以用类似方式进行建模分析。

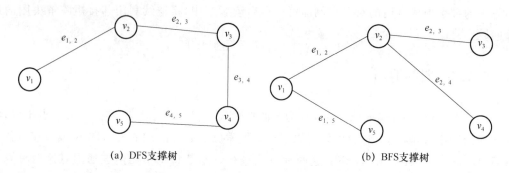

(a) DFS支撑树　　　　　　　　　(b) BFS支撑树

图 6-14　例题 6.2 图求解的两种支撑树

6.1.5　图的排序

在大学的课程学习过程中,通常会有一些课程要求先修课程,即课程的学习需要循序渐进,如图 6-15 所示,通信工程专业中部分课程需要先修一些基础课程,图中用图和表格的方式显示了这种先后逻辑关系。学完全部课程,需要有一个合理的顺序才能满足图中所示的先后关系约束,这类问题就是图的排序,也称为拓扑排序。

课程编号	课程名称	先修课程
C_1	数学分析	无
C_2	线性代数	无
C_4	概率论与数理统计	C_1
C_3	离散数学	C_1, C_2
C_5	电子电路基础	C_1, C_2
C_6	信号与系统	C_5
C_7	数字系统设计	C_5
C_8	随机信号分析	C_3, C_6
C_9	数字信号处理	C_3, C_6
C_{10}	通信原理	C_7, C_6
C_{11}	计算机原理与应用	C_7

图 6-15　课程学习顺序图

一般针对有向图进行排序,在图中,不能出现有向环。比如,图 6-15 中,如果要求学生学习"数学分析"之前需要学习"信号与系统",就会构成 $C_1 \rightarrow C_5 \rightarrow C_6 \rightarrow C_1$ 的有向环,在这种情况下,没法给出图的排序。

当有向图 G 满足无有向环的条件时,图中至少有一个点的入度为 0,即没有边指向它。此时,可以对图中的点进行数字标记,使得每条有向边 $e_{i,j}$ 中 $i < j$。比如,图 6-15 中 G 的端集合为 $V = \{C_1, C_2, C_3, C_4, C_5, C_6, C_7, C_7, C_8, C_9, C_{10}, C_{11}\}$,边集合为 $E = \{e_{1,3}, e_{1,4}, e_{1,5}, e_{2,4}, e_{2,5}, e_{3,8}, e_{3,9}, e_{3,10}, e_{5,6}, e_{5,7}, e_{6,8}, e_{6,9}, e_{6,10}, e_{7,11}\}$,每条边的起点编号均小于终点编号。

拓扑排序算法的伪代码如下(用 i 代表端点 C_i):

```
//初始化
    for all i∈V do indegree(i) = 0;              //初始化所有端点的入度为 0
    for all e(i,j)∈E do indegree(j) = indegree(j) + 1; //如果存在 e_{i,j},i 入度加一
    LIST = ∅;                                    //初始化空链表 LIST
    next = 0;                                     //初始化下一个节点序号为 0


//将入度为 0 的点加入 LIST
for all i∈V do if indegree(i) = 0,then LIST = LIST∪{i};

while LIST≠∅do                                    //当 LIST 不为空时
    {
select a node i from LIST and delete it from LIST; //取出 LIST 中的一个点删除
    next = next + 1;                              //下一个节点序号增加 1
     order(i) = next;                             //将端点 i 的序号赋值为 i
    for all (i,j) ∈ E(i) do                       //对以端点 i 为起点的边
            {indegree(j) = indegree(j) - 1;        //入度减一
        //如果节点 j 的入度减为了 0,将其加入 LIST
if indegree(j) = 0 then LIST = LIST∪{j};
            }//end of all (i,j) ∈ E(i) do
    }//end of while LIST≠∅do


if  next < n then 图中包含有向环
else 图中没有有向环,节点的序号 order 就是拓扑排序结果
```

按照上述的算法,对图 6-15 排序后得到顺序恰好就是节点的编号。具体步骤如下:

初始化

节点	1	2	3	4	5	6	7	8	9	10	11
度数	0	0	1	2	2	1	1	2	2	2	1

第一步

LIST	1	2

next	0

删除　1

节点		2	3	4	5	6	7	8	9	10	11
度数		0	0	1	1	1	1	2	2	2	1
LIST	2	3			next	1					

排序　节点1　1

删除　2

节点			3	4	5	6	7	8	9	10	11
度数			0	0	0	1	1	2	2	2	1
LIST	3	4	5		next	2					

排序　节点2　2

删除　　　3

节点				4	5	6	7	8	9	10	11
度数				0	0	1	1	1	1	1	1
LIST	4	5			next		3				

排序
节点3　　3

删除　　　4

节点				5	6	7	8	9	10	11
度数				0	1	1	1	1	1	1
LIST	5			next		4				

排序
节点4　　4

删除　　　5

节点				6	7	8	9	10	11
度数				0	0	1	1	1	1
LIST	6	7		next		5			

排序
节点5　　5

删除　　　6

节点				7	8	9	10	11
度数				0	0	0	0	1
LIST	7	8	9	10	next		6	

排序
节点6　　6

删除　　　7

节点				8	9	10	11
度数				0	0	0	0
LIST	8	9	10	11	next		7	

排序
节点7　　7

依次删除　　　8　　9　　10　　11

6.2　图的连通性

定义 6.4 中定义了连通图中任意两点之间至少有一条链。这种连通性在通信网的设计中非常重要，为了保障网络中的节点之间能够通信，必须建设足够多的链路来连接节点。如何使用较少的链路来构造通信网，并保证连通性，就成了网络中的一个重要设计目标。另外，如果网络中发生了故障，剩下的节点之间是否还能保障连通，也是一个重要的问题。这类问题都可以转化为图的连通性分析。在讨论图的连通性时，常常使用树的概念来分析，比如可以在图中寻找一棵支撑树来覆盖全部节点，当支撑树存在时，图是连通的。

在讨论破坏图的连通性时，常用"割"(cut)的概念来分析去掉某些节点或者链路是否能够割裂图，使得连通图变为非连通图。对于非连通图，内部会存在若干连通分支，形成几个分片的"孤岛"，这些连通分支的数目称为非连通图的部分数。"割"的过程就是增加图的图部分的过程。本节将在图中寻找特殊的端点集合或者链路集合,通过去掉这些集合中的点和边,使得图分裂为多个部分。

6.2.1 割端集和点连通度

定义 6.15 割端

设 v 是图 G 的一个端,去掉 v 和其关联边后,G 的部分数增加,则称 v 是图 G 的割端。

比如星型组网时,去掉中间的交换机后,与交换机相关联的边也会失效,剩下的点会彼此分开,形成若干个不相连的部分。此时,可以称交换机对应的节点为星型网络的割端。

有的连通图无法用去掉一个端的方式分割,即无割端,称为不可分图。比如,环形网络中,去掉任意一个端以及与之关联的边,图的部分数都不变,剩下的端点彼此之间仍然连通,这类图即为不可分图。在骨干通信网的设计中,为了避免网络因为单点故障而造成局部不连通,需要优化拓扑结构,使网络中不存在割端。

定义 6.16 割端集

如果去掉几个端后,图的部分数增加,那么这些端的集合称为割端集。

例 6.3 图的割集与割端集。

请列举图 6-16 中的割端和包含两个端点的割端集。

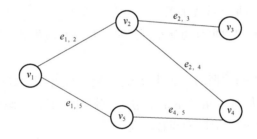

图 6-16 割端与割端集

解 图 6-16 中的割端 v_2。

包含两个端点的割端集为 $\{v_1,v_2\}$,$\{v_1,v_4\}$,$\{v_2,v_4\}$,$\{v_2,v_5\}$。

定义 6.17 最小割端集

对于连通图,在众多的割端集中至少存在一个端数最少的割端集,称为最小割端集。

如果一个割端集,其任意真子集不为割端集,那么它就是极小割端集。

最小割端集是极小割端集,但反过来不成立。例如,图 6-16 中 $\{v_1,v_4\}$ 为一个极小割端集,但是该图的最小割端集为 $\{v_2\}$。

定义 6.18 点连通度

最小割端集的端数目,称为图的点连通度或连通度,用 α 表示。

从端点的角度来分析网的连通性,连通度 α 越大,图连通程度越好,连通性越不易被破坏。比如,图 6-17(a)中 $\alpha=1$,只要 v_2 发生了故障,网络就会分裂成两个不能互通的分支。为了降低这种单故障的影响,可以在 v_3 和 v_4 之间增加一条边〔如图 6-17(b)所示〕,就可以将图的点连通度增加到 2。继续增加一条边 (v_3,v_5),如图 6-17(c)所示,α 增加为 3。在通信网的设计中,也经常使用这种增加链路的方式来增强网络抵抗局部故障的能力。在 6.6 节中,将进一步分析增强网络可靠性的方法。

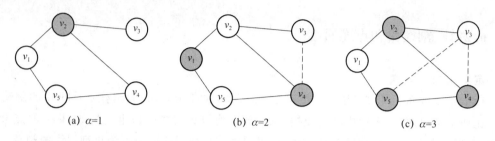

图 6-17　点连通度

6.2.2　割边集与线连通度

定义 6.19　割边与割边集

设 e 是图 G 的一条边,去掉 e 后,G 的部分数增加,则称 e 是图 G 的割边。去掉一个边集合后,G 的部分数增加,这个边的集合称为割边集。

图 6-16 中,$e_{2,3}$ 为割边,$\{e_{1,2},e_{4,5}\}$ 为一个割边集。

定义 6.20　最小割边集与线连通度

割边集中边数最少的割边集称为最小割边集。最小割边集的边数目称为线连通度或结合度,用 β 表示。

线连通度从边的角度来看网的连通性,线连通度 β 越大,图的连通性越好,即网的可靠性越好。若边集 S 的任何真子集都不是割边集,则称 S 为极小割边集。与极小割端集类似,极小割边集可能是最小割边集,也可能不是。

读者可以结合图 6-17 自行分析不同图的割边集和最小割边集。

性质 6.5　对于任意一个无向连通图 $G=(V,E)$,若 $|V|=n$,$|E|=m$,δ 为最小度,则 $\alpha\leqslant\beta\leqslant\delta\leqslant\dfrac{2m}{n}$。

证明: 对于无向图,每条边会连接两个端点。故而 $\sum\limits_{v\in V}d(v)=2m\geqslant n\delta$,其中 $\delta=\min\limits_{v\in V}[d(v)]$,所以 $\delta\leqslant\dfrac{2m}{n}$。

要破坏图 G 的连通性,至少需要破坏 α 个端点、β 条边,由于一旦端点被破坏,与之相关联的边会全部被破坏,用反证法易证需要破坏的端的数量不会多于边,所以 $\alpha\leqslant\beta$。

由于把与一个端点相关的边全部破坏后,该端点会与图的其他部分分离,所以与每个端点相关联的边集合都可以构成一个割边集。所以 $\beta\leqslant\delta$。

综上,$\alpha\leqslant\beta\leqslant\delta\leqslant\dfrac{2m}{n}$。

例 6.4　点连通度、线连通度、最小度。

请给出图 6-18 的 α,β,δ。

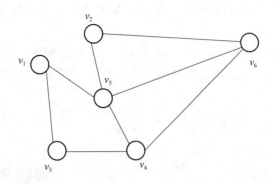

图 6-18 例题 6.4 图

解 图 6-18 中 $\alpha=\beta=\delta=2$。

如果在图 6-18 中增加或者去掉一些边,那么这 3 个值都会随之变化。读者可以自行练习。

在一个图中直接寻找割集是比较困难的,但是若结合支撑树,则可以较为容易地发现割集。确定了连通图的一个支撑树后,每条树边可以决定一个基本割集。

定义 6.21 基本割集

支撑树 T 为 G 的子图,去掉树上任何一条边,树便分为两个连通分支,从而将原图的端点分为两个集合,这两个集合之间的所有边形成一个极小边割集,这个边割集称为基本割集。

连通图中除了树边,其他的边为连枝,取一条树枝与某些连枝就可以构成一个基本割集。如图 6-19 所示,图 G 的一个支撑树为 $T=\{e_{12},e_{23},e_{25},e_{34}\}$,树枝 e_{12} 可以决定一个基本割集 $C=\{e_{12},e_{15}\}$。若图 G 有 n 个端,则其主树有 $n-1$ 条树枝,可以构成 $n-1$ 个基本割集。

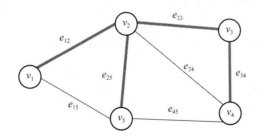

图 6-19 支撑树与基本割集、基本圈

定义 6.22 基本圈

对于连通图 G,取一条连枝和若干树枝,可以构成一个基本圈。

比如,$\{e_{12},e_{15},e_{25}\}$ 构成了一个基本圈。基本圈和基本割集有许多应用,首先通过集合的对称差运算,由基本割集可以生成新的割集或它们的并集,事实上可以证明生成所有的割集。基本圈也有类似的性质。

定义 6.23 反圈

给定图 $G=(V,E)$，若 $S,T\subseteq V$，记 $[S,T]_G=\{(u,v)\in E;u\in S,v\in T\}$；特别地，当 $T=V\backslash S$ 时，将 $[S,T]_G$ 记为 $\phi_G(S)$ 或 $\phi(S)$。设 S 是 V 的非空真子集，若 $\phi_G(S)\neq\phi$，则称 $\phi_G(S)$ 为由 S 确定的反圈。

如图 6-20 所示，设 $S=\{v_1,v_2,v_5\}$，则 $T=\{v_3,v_4\}$，这两个端点集合之间的边集合为 $\phi_G(S)=\{e_{23},e_{24},e_{35},e_{45}\}$，是 S 确定的反圈。可以看出，反圈是一个割集。

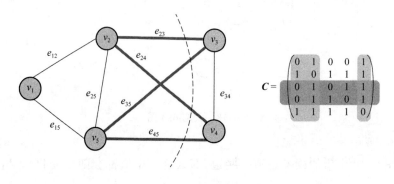

图 6-20　反圈

虽然反圈的概念较为抽象，但它容易通过集合运算获得。尤其当采用邻接矩阵存储图时，直接查询就可以确定反圈对应的边。如图 6-20 的右图所示，S 和 T 集合重叠区域中的边集合就是反圈。利用反圈的概念也可以快速计算将图分割为两个部分时所需的割集。

6.2.3　网络的连通性分析

图的邻接矩阵存储了图中各端点之间是否存在关联的边。通过推演的方法，可以判断图是否为连通图。Warshall 算法给出了一种简单高效的连通性判断方法，它的基本思想是，如果 A 可以到达 B，且 C 可以到达 A，则 C 可以到达 B。通过对邻接矩阵的修正可以逐步推演图中哪些端点之间是可以连通的。

具体步骤如下：

（1）置新矩阵 $\boldsymbol{P}=\boldsymbol{C}$；

（2）置 $i=1$；

（3）对所有的 j，如果 $p(j,i)=1$，则对 $k=1,2,\cdots,n$，

$p(j,k)=p(j,k)\vee p(i,k)$；//或运算

（4）$i=i+1$；

（5）如 $n\geqslant i$，转向步骤（3），否则停止。

在步骤（3）中，如果从节点 j 可以到达节点 i，那么只要 i 能到达 k，则 j 可以到达 k。

Warshall 算法通过不断迭代，不断刷新邻接矩阵。算法结束后，若矩阵中所有元素都是 1，则表明任意端点之间可以互通。若不是，则说明图中部分节点之间不可达。

由于邻接矩阵可以存储有向图，所以这个算法对于有向图和无向图均适用。

例 6.5　图的连通性判断。

请根据图 6-21，写出邻接矩阵，并使用 Warshall 算法判断图的连通性。

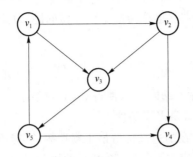

图 6-21 图的连通性

解 运算过程如下：

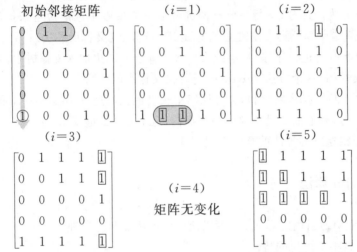

初始邻接矩阵 （$i=1$） （$i=2$）

（$i=3$） （$i=5$）

（$i=4$）
矩阵无变化

在第一步扫描时，发现 v_5 可以到达 v_1，v_1 可达 v_2 和 v_3，在矩阵中将 v_5 到 v_2、v_3 设为可达。

从最后的计算结果可知，图中 $\{v_1, v_2, v_3, v_5\}$ 之间是互相可达的，这 4 个节点也都可以到达 v_4，但是从 v_4 出发，不能到达任何端点。这主要是因为没有以 v_4 为起点的有向边指向其他端点。所以最后一个矩阵中第四行全为 0，由此可以判断此图不是双向全连通的。

若把图 6-21 中所有的边改为无向边，则容易证明，图为连通图。

6.3 最小支撑树算法

最小支撑树算法

由 6.1.4 小节可知，通过 BFS 和 DFS 均可以为图 G 寻找一棵支撑树。但是，这两种算法只考虑了端点之间的邻接关系，没有考虑连接的成本问题。在本节中，将引入边的权值概念，即为每一条边赋权值 w_{ij}，代表将端点 v_i 和 v_j 相连所需要的代价（可以是两点间的距离、线路造价等）。与邻接矩阵类似，可以构造图的权值矩阵如下。

对于图 $G = \{V, E\}$，$|V| = n$，构造 $n \times n$ 权值矩阵 $\boldsymbol{W} = [w_{i,j}]$，其中，

$$w_{i,j} = \begin{cases} w_{ij}, & e_{i,j} \in E \\ \infty, & e_{i,j} \notin E \\ 0, & i = j \end{cases}$$

本节将求解最小支撑树问题(也称为最小生成树问题),即为图 G 寻找一个支撑树 $T = \{V, E_T\}$,定义树的权值为:

$$w(T) = \sum_{e_{i,j} \in E_T} w_{ij}$$

最小支撑树问题就是求解支撑树 T^*,使得 $w(T^*)$ 最小。

构造最小支撑树时,必须满足以下条件:

(1) 必须使用图中已经存在的边来构造最小支撑树,不能添加新的边;

(2) 只需寻找 $n-1$ 条边来构成覆盖 n 个端点的树;

(3) 支撑树中不能产生回路。

从以上三点出发,可以引出三种不同的构造最小支撑树的方法:

(1) 将端点分为两部分,不断在分割两部分端点的反圈中选择短边来扩展树的覆盖端点范围,直到全部端点都长到支撑树上,这就是 Prim 算法(又称反圈法);

(2) 对图中所有边进行排序,从小到大依次选择合适的边加入支撑树中,直到选出 $n-1$ 条边构成一棵支撑树,这个方法是 Kruskal 算法(又称避圈法);

(3) 在图中不断寻找环路(圈),去掉回路中长度最长的边,破开圈,一直重复这个过程,当图中不存在圈时,剩下的就是一棵最小支撑树,这个方法是破圈法。

本节详细介绍这三种算法的具体实现方式。

6.3.1 Prim 算法

首先,不加证明地引用定理 6.3。可以使用反证法证明此定理。

定理 6.3 最小支撑树的特征

设 T^* 是 G 的支撑树,则如下论断等价:

(1) T^* 是最小支撑树;

(2) 对 T^* 的任一树边 e,e 是由 e 所决定的基本割集或反圈中的最小权边;

(3) 对 T^* 的任一连枝 e,e 是由 e 所决定的基本圈中的最大权边。

Prim 算法的基本思路如下。

(1) 任取一点作为初始的 $X^{(0)}$。

(2) 在反圈 $\Phi[X^{(k)}]$ 中选边加入生成树,选边的原则是:

① 从 $\Phi[X^{(k)}]$ 中选一条权最小的边(若有多条权最小的边,则任选一条),将选出边的邻端并入 $X^{(k)}$ 形成 $X^{(k+1)}$;

② 已在 $X^{(k)}$ 的端点不再选择(避免形成圈)。

(3) 若在某一步,$\Phi[X^{(k)}] = \varphi$,则 G 不含支撑树;若在某一步,$X^{(k)} = V$,则由所有被选边生成的树是最小支撑树。

例 6.6 使用 Prim 算法求图 6-22 中(a)的最小生成树。

解 可以从端点 v_1 开始构建 $X^{(0)} = \{v_1\}$,此时反圈 $\Phi[X^{(0)}] = \{e_{12}, e_{16}, e_{17}\}$,比较三条边的权值,选择 e_{12} 加入树,对应的端点 v_2 加入 $X^{(0)}$,形成 $X^{(1)} = \{v_1, v_2\}$。然后重复此操作,依次将端点加入 $X^{(6)} = \{v_1, v_2, v_7, v_4, v_6, v_3, v_5\}$,最后 6 条边构成了图 6-22(b)所示的支撑树 $T = \{e_{12}, e_{17}, e_{47}, e_{67}, e_{23}, e_{35}\}$,$W(T) = 4+5+3+3+5+7 = 27$。

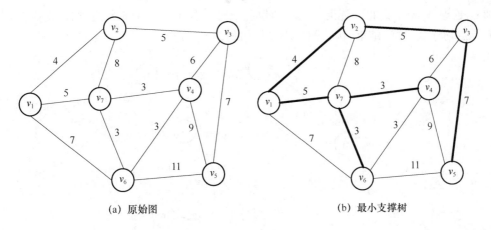

(a) 原始图　　　　　　　　　　　　(b) 最小支撑树

图 6-22　求解最小支撑树的 Prim 算法

当网络中存在相同权值的边时,可能会构造出不同的结构的支撑树,起点的选择和 Prim 算法中的步骤(2)的多边任选都可以造成不同结构的最小支撑树,读者可以自行探索从 v_4 开始构造最小支撑树的过程,会发现结果与图 6-22(b)不同,但是树的权值均相同。

算法的复杂度主要体现在反圈的构造和在反圈中挑选最小权值边这两部运算中,设计的算法主要是查询和排序,不同的图存储方式会影响这两个步骤的计算复杂度。在每一步计算反圈时,可以采用局部更新的方法减少计算量。优化后的算法复杂度为 $O(n^2)$。

6.3.2　Kruskal 算法

将所有边排序,然后由小到大选边,只要保持所选边不成圈,选了 $n-1$ 条边后就可以证明形成一个最小支撑树。这种避免成圈的构造支撑树方法就是避圈法,即 Kruskal 算法。直观读图时,若图的规模较小,则能够较为容易地判断是否成圈,但是若换成编程实现该功能,则较为复杂,所以 Kruskal 算法将判断是否成圈的问题转化成对新添加边的端点归属性分析,若新加入的边关联的两个端点分别属于不同的连通分支,则加入该边不会成环。在算法执行过程中,每次添加一条边均会造成两个连通分支的合并,记录连通分支的端集合变化过程,然后查询边的两个端点是否属于同一连通分支即可解决判断问题。其具体步骤如下。

设 $G^{(k)}$ 是 G 的无圈支撑子图,

(1) 初始化 $G^{(0)} = (V, \Phi)$,

(2) 判断 $G^{(k)}$ 是否连通:

① 若 $G^{(k)}$ 是连通的,则它是最小支撑树,算法结束;

② 若 $G^{(k)}$ 不连通,则取 $e^{(k)}$ 为这样的一边,它的两个端点分属 $G^{(k)}$ 的两个不同连通分支,并且权最小,$G^{(k+1)} = G^{(k)} + e^{(k)}$,返回步骤(2),重复上述过程。

例 6.7　使用 Kruskal 算法求图 6-22 中(a)的最小生成树。

解　在初始状态下,图中只有端点,没有边。

首先对所有边进行排序,权值最小的边有 3 条,可以选择编号靠前的边 e_{46} 连通 v_4, v_6,此时图中无圈,可以进行下一步,继续添加边 e_{47} 连通 v_4, v_7。如果接着再添加权值最小的 e_{67},会发现形成圈,故而不能选择此边,继续寻找。添加 e_{12} 连通 v_1, v_2;添加 e_{23} 连通 v_2, v_3;

添加 e_{17} 连通 v_1，v_7；添加 e_{35} 连通 v_3，v_5。此时，已经寻找了 $7-1=6$ 条边，构成支撑树，图中所有节点均连通，算法结束，构造的最小支撑树如图 6-23 所示。

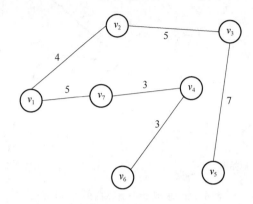

图 6-23 Kruskal 算法

Kruskal 算法的主要工作是排序和判断是否成圈。其中，排序可以使用快速排序，时间复杂度是 $O(m \log_2 m)$。

6.3.3 破圈法

求最小树
的破圈法

我国数学家管梅谷教授于 1975 年在《数学的实践与认识》上发表了破圈法。破圈法的基本思想是：在给定的图中任意找出一个圈，删去该圈中权最大的边，然后在余下的图中再任意找出一个圈，再删去这个新找出的圈中权最大的边……一直重复上述过程，直到剩余的图中没有圈。这个没有圈的剩余图便是最小支撑树。其具体算法描述如下。

设 $G^{(k)}$ 是 G 的连通支撑子图，

(1) 开始 $G^{(0)}=G$，

(2) 判断 $G^{(k)}$ 中是否含圈：

① 若 $G^{(k)}$ 中不含圈，则它是最小支撑树，算法结束；

② 若 $G^{(k)}$ 中包含圈，设 μ 是其中的一个圈，取 μ 上的一条权最大的边 $e^{(k)}$，令 $G^{(k+1)} = G^{(k)} - e^{(k)}$，返回步骤(2)。

在破圈法中最关键的问题是如何找出一个圈，在解决这个问题之前，需要先对图进行化简，度数为 1 的顶点肯定不属于任何圈，将这类悬挂点删除不影响找圈，通过逐步删除悬挂点，可以减少图中端点的数目。让一个图不含度数为 1 的端点后，从任意一个端出发漫游，由于有限性，端一定会重复，而这就找到了一个圈。

例 6.8 使用破圈法求图 6-22 中(a)的最小生成树。

解 破圈法的具体执行过程可以并行展开，分区域找圈、破圈，如图 6-24 所示。

Prim 算法、Kruskal 算法和破圈法均属于贪心算法。贪心算法的基本思路如下。

(1) 建立数学模型来描述问题。

(2) 把求解的问题分成若干个子问题。

(3) 对每一子问题求解，得到子问题的局部最优解。

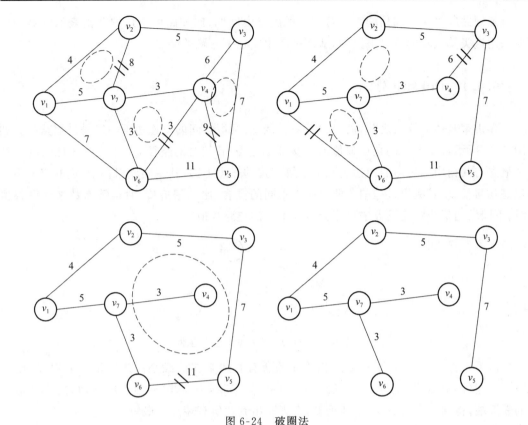

图 6-24　破圈法

（4）把子问题的解（局部最优解）合成原来解问题的一个解。

三种算法均采用了从局部最优的解逐步找到全局最优解的方式，可以证明它们均可以找到全局最优解。

最小支撑树问题在通信网的规划建设中可以解决如何用较少成本覆盖用户的接入网设计问题。比如，曲阜师范学院数学系就将它应用于农村有线广播网的设计上，取得了很好的效果。现在被广泛使用的无源光接入网（PON）也采用了树形拓扑结构的光分配网覆盖用户，依然可以使用最小支撑树算法来求解光分配网的优化设计问题。

6.4　最短路径算法

有向图或无向图中的一类典型问题就是最短路径问题（Shortest Path Problem）。已知图 $G=(V,E)$，每一条边赋权值 w_{ij}，最短路径问题可以分为以下 3 类。

（1）单源最短路径问题（边权值非负）：指定某一端点为顶点（源点），求解顶点到其他端点的最短路径，可以使用 Dijkstra 算法。

（2）单源最短路径问题（边权值允许为负，但是不可以存在负价环路）：可以使用 Bellman-Ford 算法。

（3）任意二端最短路径和路由（边权值允许为负，但是不可以存在负价环路）：可以使用 Floyd 算法。

最短路径算法在通信网中通常用于解决路由问题,比如路由协议中路由表的计算中需要采用这类算法求解端到端路由,从而推演出路径下一跳的端点。

6.4.1 Dijkstra 算法

在讲解具体的算法之前,需要明确一个概念:两端点间的直连边不一定是最短路径。如图 6-25 所示,v_1 与 v_3 的直边权值为 7,大于通过 v_2 转接时的路径 $v_1 \rightarrow v_2 \rightarrow v_3$ 的权值 6。这个概念与几何中三角形的两边之和大于第三边的概念不同,其主要原因在于,边的权值不一定是几何长度,其赋权过程中可能会使用不同的概念,比如用造价、时延等参数来计算权值时,不同的通信线路建设方法可能会造成不同的链路权值。

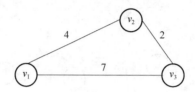

图 6-25　直边不是最短路径的示例

但可以肯定的是,与某一端点相关联的所有直边中权值最小的边一定为最短径,比如图 6-25 中 e_{12} 代表了 v_1 与 v_2 间的最短径。由此,Dijkstra 算法从顶点出发,每次找到最近的邻接端,得到一个最短径,不断重复,直到找出到达所有端点的最短径。

图 $G=(V,E)$ 的每一边上有一个权 $w(e) \geqslant 0$,设 μ 是 G 中的一条链,定义链 μ 的权为:

$$w(\mu) = \sum_{e \in \mu} w(e)$$

Dijkstra 算法的数学描述如下。

(1) 初始 $X(0)=\{v_1\}$,记 $\lambda_1=0$,并且 v_1 的标号为 $\{\lambda_1,1\}$。

(2) 对于任意一边 $(i,j) \in$ 反圈 $\Phi[X^{(k)}]$($v_i \in X^{(k)}$,$v_l \notin X^{(k)}$),计算 $\lambda_i + w_{il}$ 的值:

① 在 $\Phi[X(k)]$ 中选一边,设为 (i_0,l_0)($v_{i_0} \in X^{(k)}$,$v_{l_0} \notin X^{(k)}$),

② 使 $\lambda_{i_0} + w_{i_0 l_0} = \min\limits_{(i,j) \in \Phi[X^{(k)}]} \lambda_i + w_{il}$,

并令 $\lambda_{l_0} = \lambda_{i_0} + w_{i_0 l_0}$ 且 v_{l_0} 的标号为 (λ_{l_0}, i_0)。

当出现下面的情况之一时停止。

情况 1:目的端 v_j 满足 $v_j \in X^{(k)}$。

情况 2:目的端 v_j 满足 $v_j \notin X^{(k)}$,但 $\Phi[X^{(k)}]=\varphi$。

情况 1 为找到最短路径的情况,情况 2 表示图不连通,无解。

Dijkstra 算法的计算量约为 $O(n^2)$,在步骤(2)中有很多重复运算,如果进行优化,可以降低复杂度。步骤(2-②)中对端点设置了标号,通过标号的回溯,可以推演出路由。这类方法称为标号置定法(Label-setting)。在 Floyd 算法中,采用了不断更新端间路由的方法来求解最短径,这类策略为标号修改法(Label-correcting)。

例 6.9　用 Dijkstra 算法求图 6-26 端 v_1 到其余端的最短距离和路由。

解　算法求解的过程如表 6-1 所示。

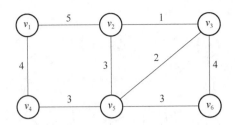

图 6-26　Dijkstra 算法例题图

表 6-1　Dijkstra 算法求解过程

v_1	v_2	v_3	v_4	v_5	v_6	置定端	距离	路由
0						v_1	0	v_1
	5		4			v_4	4	v_1
	5			7		v_2	5	v_1
		6		7		v_3	6	v_2
				7	10	v_5	7	v_4
					10	v_6	10	v_3 或 v_5

　　每次运算,找出一条最短路径进行标号。若最后一步选择 v_3,则会形成图 6-27 所示的最短路径树。在树上可以直观地获得顶点 v_1 到达其他端点的路由。从表 6-1 的路由列,可以逐点回溯路由。比如,想获取 v_1 到达 v_5 的路由,查找 v_5 所在行的路由列信息为 v_4,代表需要通过 v_4 才能到达 v_5,再次查询 v_4 所在行的路由列为 v_1,说明顶点 v_1 可以直达 v_4,拼接两段路由信息可以获得 v_1 到达 v_5 的路由为 $v_1 \rightarrow v_4 \rightarrow v_5$,读取距离列可以直接获取 v_1 到达 v_5 的最短路由距离为 7。

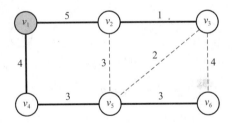

图 6-27　最短路径树

　　Dijkstra 算法求解结果为最短路径树,此树不一定是最小支撑树。读者可以自行根据 6.3 节的算法来求解图 6-27 的最小支撑树,在比较中体会两种方法的异同。

　　Dijkstra 算法可以基于邻接权值矩阵进行计算,邻接权值矩阵可以存储有向图的权值信息,故而 Dijkstra 算法适用于有向图的计算。

　　如果端点有权,可以将端点的权值除以 2 后添加到与之相关联的所有边上,比如对于图 6-27,假设权值的物理含义为时延,而端点 v_2 的交换时延为 3,按照上述方法更新后的赋权图如图 6-28 所示。对所有有权端进行赋值转换后,就可以继续使用 Dijkstra 算法求解。计算完毕后,将终点的权从相应的总距离中去除即可。

　　如果边的权值存在负值,那么 Dijkstra 算法步骤(2)中的最小值将无法保证,需要另外设计算法来求解。

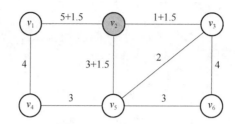

图 6-28   端点权值的处理

6.4.2   Bellman-Ford 算法

如果图中部分边的权值为零或者负值,如图 6-29 所示,容易验证,Dijkstra 算法中"某一端点相关联的所有直边中权值最小的边一定为最短径"这一论断不再成立,需要设计新的算法。当负价边出现时,会有图 6-29 所示的三种情况,如果图中存在(c)所示的负价环,将无法求解最短路径问题,因为在负价环上无限循环将使得路径长度不断减少。所以,在讨论最短路径问题时,允许负价边的存在,但是不允许出现负价环。同理,零价环也会使得最短路径的途径边序列存在多个解。本节将不考虑零价环和负价环,在此前提下,对于 n 个端点构成的图,其中任意两端点之间的最短路径中至多有 $n-1$ 条边,如果超出 $n-1$,必然会出现一个端点重复出现的情况,即路径中至少包含一个圈,由于圈的权值为正,那么去掉此圈会减少路径长度,与最短径的前提矛盾。

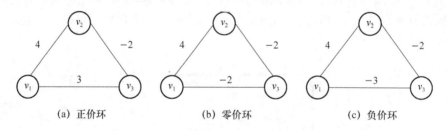

图 6-29   具有负值边的图

对于图 $G=\{V,E\}$,$|V|=n$,权值矩阵为 $W=[w_{i,j}]$,点编号从 0 开始,v_0 为源点,求解 v_0 到其他端点的最小距离。设置数组 dist_i 记录从 v_0 到 v_i 的路径距离。

Bellman-Ford 算法中的核心步骤是"松弛"操作:对与边 $e_{j,i}$ 相关联的两个端点 v_i,v_j,如果满足 $\text{dist}_i > \text{dist}_j + w_{j,i}$,那么需要进行更新,使 $\text{dist}_i = \text{dist}_j + w_{j,i}$,并记录路由途径 v_j。

由于最长路径最多 $n-1$ 条边,所以 Bellman-Ford 算法就是进行 $n-1$ 轮次操作,每轮对所有边执行松弛操作,最后就可以得到最短路径。每进行一轮操作,路径的跳数至多增加 1,$n-1$ 轮次会得到最大跳数为 $n-1$ 的路径。如果第 n 轮还能继续松弛,也就是 $\text{dist}_i^n > \text{dist}_j^n + w_{j,i}$,说明图中存在负价环,此时算法应该进行错误提示。

Bellman-Ford 算法的复杂度是 $O(nm)$,执行过程中,会发现每轮只会更新部分 dist_i,那么下一轮更新时,上一轮未更新的部分不需要再次比较。基于此思路,可以对 Bellman-Ford 算法进行优化。读者可以自行探索具体的优化方法。

6.4.3　Floyd 算法

Floyd 算法讲解

如果需要求解任意两端最短路径和路由,可以重复执行单源最短路径算法,也可以使用 Floyd 算法,该算法的核心思路与 Bellman-Ford 算法中的松弛操作类似,Floyd 算法使用标记记录任意两端之间的路径长度,进行 n 次循环,检查能否通过其他节点转接来更新任意两端之间路径长度,当所有可能的转接方式都被检查过后,算法结束,这种不断更新标记的方法也被称为"标记更新法"。该方法的理论依据为定理 6.4。

定理 6.4　对于图 G,如果 $w(i,j)$ 表示端 v_i 到 v_j 之间的可实现的距离,那么 $w(i,j)$ 表示端 v_i 到 v_j 之间的最短距离当且仅当对于任意 i,k,j 有:
$$w(i,j) \leqslant w(i,k) + w(k,j)$$

证明:首先证明必要性。

$w(i,j)$ 表示端 v_i 到 v_j 之间的最短距离,则
$$w(i,j) \leqslant w(i,k) + w(k,j)$$

下面证明充分性。

如果 μ 是任意一条从端 v_i 到端 v_j 的路径,用途径的端点表示 $\mu = (i, i_1, i_2, \cdots, i_k, j)$,反复应用充分条件,
$$w(i,j) \leqslant w(i,i_1) + w(i_1,j) \leqslant w(i,i_1) + w(i_1,i_2) + w(i_2,j)$$
$$\leqslant w(i,i_1) + w(i_1,i_2) + w(i_2,i_3) + \cdots + w(i_k,j) = w(\mu)$$

$w(i,j)$ 表示端 v_i 到 v_j 之间的可实现的距离,则 $w(i,j)$ 表示端 v_i 到端 v_j 之间的最短距离。

Floyd 算法就是通过不断迭代,消除不满足定理 6.4 的情况。具体算法描述如下。

图 $G = \langle V, E \rangle$,$|V| = n$,构造 $n \times n$ 权值矩阵 $\boldsymbol{W} = [w_{ij}]$ 和路由矩阵 $\boldsymbol{R} = [r_{ij}]$。

F0:初始化距离矩阵 $W^{(0)}$ 和路由矩阵 $R^{(0)}$,其中,
$$w_{ij}^{(0)} = \begin{cases} w_{ij}, & e_{ij} \in E \\ \infty, & e_{ij} \notin E \\ 0, & i = j \end{cases} \qquad r_{ij}^{(0)} = j$$

F1:已求得 $W^{(k-1)}$ 和 $R^{(k-1)}$,依据下面的迭代求 $W^{(k)}$ 和 $R^{(k)}$,
$$w_{i,j}^{(k)} = \min(w_{i,j}^{(k-1)}, w_{i,k}^{(k-1)} + w_{k,j}^{(k-1)})$$
$$r_{i,j}^{(k)} = \begin{cases} r_{i,k}^{(k-1)}, & w_{i,j}^{(k)} < w_{i,j}^{(k-1)} \\ r_{i,j}^{(k-1)}, & w_{i,j}^{(k)} = w_{i,j}^{(k-1)} \end{cases}$$

若过程中出现 $w_{i,i}^{(k)} < 0$,说明图中出现负价环,算法异常退出。

F2:若 $k < n$,重复;$k = n$ 终止。

算法中的 F1 步骤就是更新标记的核心计算,与 Bellman-Ford 算法的松弛操作不同,松弛操作检查对象是边,考查能否通过该边的转接减少路径长度,由于一个端点可以关联多条边,每次检查需要对所有边进行松弛。而 Floyd 算法中检查对象是端点,每次检查全局更新所有任意端点对之间的距离。Floyd 算法需要 n 次迭代,每次迭代需要检查所有端的转接情况,故而计算量为 $O(n^3)$。

使用上述方法得出的路由为前向路由,即算法结束后 $r_{i,j}$ 存储的是 v_i 到 v_j 的路由为 "$v_i{\rightarrow}r_{i,j}{\rightarrow}v_j$",其中 $v_i{\rightarrow}r_{i,j}$ 可以一跳直达,$r_{i,j}$ 为路径中第一跳的前向节点,$r_{i,j}{\rightarrow}v_j$ 需要通过继续查询 $\boldsymbol{R}$ 矩阵获得。若修改 $r_{i,j}$ 的初始赋值和修正方法,则可以获得回溯路由。

在通信网的设计中,如果路由不宜通过某些端点转接,那么使用 Floyd 算法的时候,可以在 F1 步骤中跳过与此端点相关的迭代循环,直接进行下一次迭代。如果需要强制路由必须经过某端点,可以把路径分为两段,前面半段先求解从源点到达必经端点的路由,然后再计算从必经端点到达目的点的路由,最后拼接两段路由即可。

对于 Floyd 算法,如果端有权,可以参考 Dijkstra 算法的处理方法,将权值分散到与之相关联的边上。如果边的权值有正有负,算法依然有效,只是不允许出现附加环,如果存在负价环,在 F1 迭代中,会出现 $w_{i,i}^{(k)}<0$ 的现象,可以以此作为算法异常检测的判断方法,出现负价环后,算法应该立即报错并结束。

Floyd 算法的最后结果可以用来定义网络的中心和中点。

(1) 中心

对每个端点 v_i,先求 $\max_j(w_{i,j}^{(n)})$;

此值最小的端称为网的中心,即满足下式的端 $v_i^*:\max_j(w_{i*,j}^{(n)})=\min_i[\max_j(w_{i,j}^{(n)})]$

网的中心适宜做维修中心和服务中心。

(2) 中点

中点一般用于转接,源点的数据先送到中点,然后由中点转发到目的端点。

针对有向图,需要按照中点定义,对端点 v_x^*,计算 $s_x^*=\max_{i,j}[w_{i,x}^{(n)}+w_{x,j}^{(n)}]$,然后求出 s_x^* 的最小值,相应的端点为中点。

针对无向图,对端点 v_i^*,可以采用近似计算的方式,计算 $s_i^*=\left[\sum_j{}'w_{i,j}^{(n)}\right]$,然后求出 s_i^* 的最小值,相应的端点可以近似估算为中点。

网的中点适宜用作全网的转接或者交换中心。

例 6.10 已知 G 的权值矩阵如下,用 Floyd 算法求解路由问题。

$$\boldsymbol{W}=\begin{pmatrix} 0 & 5.1 & \infty & 4 & \infty & \infty \\ 5.1 & 0 & -1 & \infty & 3 & \infty \\ \infty & 2 & 0 & \infty & \infty & 5.3 \\ 4 & \infty & \infty & 0 & 0 & \infty \\ \infty & 3 & 5 & 1 & 0 & 3 \\ \infty & \infty & 4.2 & 6 & 3 & 0 \end{pmatrix}$$

(1) 用 Floyd 算法求图中任意端间的最短距离和路由;

(2) 给出 v_2 到 v_6 的路由和路径长度;

(3) 给出 v_6 到 v_2 的路由和路径长度;

(4) 分析图的中心和中点。

解 为了便于理解,由 $\boldsymbol{W}$ 矩阵绘制如图 6-30 所示的有向图,可以发现图中具有负价边和零价边。

(1) 求图中任意端间的最短距离和路由

F0:初始化(注意,$\boldsymbol{W}$ 矩阵中使用 ∞ 代表不可达,实际编程时,可以使用一个相对于权值

非常大的数字来代替∞,比如本例中可以使用 1000 来代替)

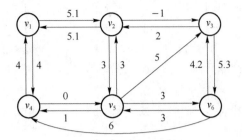

图 6-30 Floyd 算法例题图

$$
\boldsymbol{W}^{(0)} = \begin{pmatrix} 0 & 5.1 & \infty & 4 & \infty & \infty \\ 5.1 & 0 & -1 & \infty & 3 & \infty \\ \infty & 2 & 0 & \infty & \infty & 5.3 \\ 4 & \infty & \infty & 0 & 0 & \infty \\ \infty & 3 & 5 & 1 & 0 & 3 \\ \infty & \infty & 4.2 & 6 & 3 & 0 \end{pmatrix}, \quad \boldsymbol{R}^{(0)} = \begin{pmatrix} 1 & 2 & 3 & 4 & 5 & 6 \\ 1 & 2 & 3 & 4 & 5 & 6 \\ 1 & 2 & 3 & 4 & 5 & 6 \\ 1 & 2 & 3 & 4 & 5 & 6 \\ 1 & 2 & 3 & 4 & 5 & 6 \\ 1 & 2 & 3 & 4 & 5 & 6 \end{pmatrix}
$$

F1:迭代求解

$K=1$

$$
\boldsymbol{W}^{(1)} = \begin{pmatrix} 0 & 5.1 & \infty & 4 & \infty & \infty \\ 5.1 & 0 & -1 & 9.1 & 3 & \infty \\ \infty & 2 & 0 & \infty & \infty & 5.3 \\ 4 & 9.1 & \infty & 0 & 0 & \infty \\ \infty & 3 & 5 & 1 & 0 & 3 \\ \infty & \infty & 4.2 & 6 & 3 & 0 \end{pmatrix}, \quad \boldsymbol{R}^{(1)} = \begin{pmatrix} 1 & 2 & 3 & 4 & 5 & 6 \\ 1 & 2 & 3 & 1 & 5 & 6 \\ 1 & 2 & 3 & 4 & 5 & 6 \\ 1 & 1 & 3 & 4 & 5 & 6 \\ 1 & 2 & 3 & 4 & 5 & 6 \\ 1 & 2 & 3 & 4 & 5 & 6 \end{pmatrix}
$$

$K=2$

$$
\boldsymbol{W}^{(2)} = \begin{pmatrix} 0 & 5.1 & 4.1 & 4 & 8.1 & \infty \\ 5.1 & 0 & -1 & 9.1 & 3 & \infty \\ 7.1 & 2 & 0 & 11.1 & 5 & 5.3 \\ 4 & 9.1 & 8.1 & 0 & 0 & \infty \\ 8.1 & 3 & 2 & 1 & 0 & 3 \\ \infty & \infty & 4.2 & 6 & 3 & 0 \end{pmatrix}, \quad \boldsymbol{R}^{(2)} = \begin{pmatrix} 1 & 2 & 2 & 4 & 2 & 6 \\ 1 & 2 & 3 & 1 & 5 & 6 \\ 2 & 2 & 3 & 2 & 2 & 6 \\ 1 & 1 & 1 & 4 & 5 & 6 \\ 2 & 2 & 2 & 4 & 5 & 6 \\ 1 & 2 & 3 & 4 & 5 & 6 \end{pmatrix}
$$

$K=3$

$$
\boldsymbol{W}^{(3)} = \begin{pmatrix} 0 & 5.1 & 4.1 & 4 & 8.1 & 9.4 \\ 5.1 & 0 & -1 & 9.1 & 3 & 4.3 \\ 7.1 & 2 & 0 & 11.1 & 5 & 5.3 \\ 4 & 9.1 & 8.1 & 0 & 0 & 13.4 \\ 8.1 & 3 & 2 & 1 & 0 & 3 \\ 11.3 & 6.2 & 4.2 & 6 & 3 & 0 \end{pmatrix}, \quad \boldsymbol{R}^{(3)} = \begin{pmatrix} 1 & 2 & 2 & 4 & 2 & 2 \\ 1 & 2 & 3 & 1 & 5 & 3 \\ 2 & 2 & 3 & 2 & 2 & 6 \\ 1 & 1 & 1 & 4 & 5 & 1 \\ 2 & 2 & 2 & 4 & 5 & 6 \\ 3 & 3 & 3 & 4 & 5 & 6 \end{pmatrix}
$$

$K=4$

$$W^{(4)} = \begin{pmatrix} 0 & 5.1 & 4.1 & 4 & 4 & 9.4 \\ 5.1 & 0 & -1 & 9.1 & 3 & 4.3 \\ 7.1 & 2 & 0 & 11.1 & 5 & 5.3 \\ 4 & 9.1 & 8.1 & 0 & 0 & 13.4 \\ 5 & 3 & 2 & 1 & 0 & 3 \\ 10 & 6.2 & 4.2 & 6 & 3 & 0 \end{pmatrix}, \quad R^{(4)} = \begin{pmatrix} 1 & 2 & 2 & 4 & 4 & 2 \\ 1 & 2 & 3 & 1 & 5 & 3 \\ 2 & 2 & 3 & 2 & 2 & 6 \\ 1 & 1 & 1 & 4 & 5 & 1 \\ 4 & 2 & 2 & 4 & 5 & 6 \\ 4 & 3 & 3 & 4 & 5 & 6 \end{pmatrix}$$

$K=5$

$$W^{(5)} = \begin{pmatrix} 0 & 5.1 & 4.1 & 4 & 4 & 7 \\ 5.1 & 0 & -1 & 4 & 3 & 4.3 \\ 7.1 & 2 & 0 & 6 & 5 & 5.3 \\ 4 & 3 & 2 & 0 & 0 & 3 \\ 5 & 3 & 2 & 1 & 0 & 3 \\ 8 & 6 & 4.2 & 4 & 3 & 0 \end{pmatrix}, \quad R^{(5)} = \begin{pmatrix} 1 & 2 & 2 & 4 & 4 & 4 \\ 1 & 2 & 3 & 5 & 5 & 3 \\ 2 & 2 & 3 & 2 & 2 & 6 \\ 1 & 5 & 5 & 4 & 5 & 5 \\ 4 & 2 & 2 & 4 & 5 & 6 \\ 5 & 5 & 3 & 5 & 5 & 6 \end{pmatrix}$$

$K=6$

$$W^{(6)} = W^{(5)}, \quad R^{(6)} = R^{(5)}$$

F2:$k=n$,算法结束。

(2) 直接读取 $w_{2,6}^{(6)}=4.3$,可知 v_2 到 v_6 的路径长度为 4.3;

在 $R^{(6)}$ 最后一列依次查询,可得 v_2 到 v_6 的路由:$v_1 \rightarrow v_3 \rightarrow v_6$。

(3) 直接读取 $w_{6,2}^{(6)}=6$,可知 v_6 到 v_2 的路径长度为 6;

在 $R^{(2)}$ 最后一列依次查询,可得 v_6 到 v_2 的路由:$v_6 \rightarrow v_5 \rightarrow v_2$。

对比(2)和(3)的结果可知,在不对称的有向图中,往返路由不一定相同。

由于此图为不对称的有向图,列出表 6-2 进行中心和中点的分析。

表 6-2　中心分析

	v_1	v_2	v_3	v_4	v_5	v_6	$\max_j(w_{i,j}^{(n)})$
v_1	0	5.1	4.1	4	4	7	7
v_2	5.1	0	-1	4	3	4.3	5.1
v_3	7.1	2	0	6	5	5.3	7.1
v_4	4	3	2	0	0	3	4
v_5	5	3	2	1	0	3	5
v_6	8	6	4.2	4	3	0	8
$\max_i(w_{i,j}^{(n)})$	8	6	4.2	6	5	7	

由表 6-2 可知,v_4 作为起点时,到达其他节点的最大距离最小,v_4 可以作为发送中心。

v_3 作为终点时,从其他节点到达 v_3 的最大距离最小,v_3 可以作为接收中心。

在选择中点时,需要利用有向图的中点定义对所有端点 v_x^*,计算 $s_x^* = \max_{i,j}[w_{i,x}^{(n)} + w_{x,j}^{(n)}]$,然后求出 s_x^* 最小值对应的点。

表 6-3　中点分析

v_x^*	V_1	V_2	V_3	V_4	V_5	V_6
$\max\limits_{i,j}\left[w_{i,x}^{(n)}+w_{x,j}^{(n)}\right]$	15	11.1	11.3	10	10	15

由表 6-3 可知，v_4 和 v_5 均可以作为转接中点。

6.4.4　路由优化问题

从前面提及的三种算法可知，算法的计算复杂度往往和节点数量的平方或者立方成正比，当网络中节点较多时，算法执行效率较低。降低 n 可以有效减少算法的执行时间和数据存储空间。在下列情况下，可以对图进行化简。

（1）所有度数为 1 的叶子端点，可以去掉后再计算，设某叶子端点为 v_s，v_s 经过 e_{si} 与端点 v_i 相连，去掉叶子节点计算出到达 v_i 的距离和路由后，到 v_s 的距离加上 e_{si} 边的权值即可，路由也加上最后这一跳即可。

（2）度数为 2 的端点 v_d 也可以用类似上述的叶子节点的方式计算，先计算到 v_d 相邻的两点 v_i 和 v_j 到其他他点的距离，然后分别加上 w_{di} 和 w_{dj}，经过两种修正后，选择较小的值作为最终路径长度。此类问题还可演化为边上任意一点到其他端点的最短路由问题。

（3）如果一个图的边数 m 远小于 $\dfrac{n(n-1)}{2}$，可以称其为稀疏图。可以使用割边集将稀疏图割成若干区域，然后在各个区域内部先路由，再后将区域的内部节点隐去，只保留区域边缘的端点，这些端点使用区域间的链路与其他区域的边缘端点相连，原始区域内部的所有边可以化简为边缘节点之间的直连边，直连边的权值为区域内部路由后的端到端的距离。每个区域都简化后，只剩下各区域的边缘节点互连，化简图后，在多区域之间再进行路由，这也就是分域路由的思想。这种方法适用于区域间连接链路较少的情况，比如海岛与大陆组网连接的场景。

在选路问题上，除得到最优解外，有些情况还需要得到次优、再次优解。例如，通信网络设计中，除了希望在最短路径上安排业务，还希望找到次短路径，甚至再次短路径。将此类问题依次扩展，称为 K 条最短路径（K-Shortest Paths，KSP）问题。KSP 问题可以分为两类：①有限制的 KSP，比如限制第 k 条路径和第 $k-1$ 条路径不经过相同的端点或者边，路径集合中不存在回路；②无限制的 KSP，不对路径之间的差异性进行限制。

针对有限制的 KSP，可以在计算出 $k-1$ 条最短路径后，对图进行裁剪，在保留源端和宿端的前提下，剪除不允许再次使用的端点和边（如前面路径中出现过的端点或者边），然后在新图中使用最短路径算法求解第 k 条路径。这类方法被广泛适用于通信网的备份路由计算中，当最短的主用路由发生故障时，通信业务可以切换到次短的备份路由上。主备分离的限制条件可以保障网络在单故障的情况下，不会造成主备同时损毁的极端情况。

针对无限制的 KSP，可以使用递推偏离路径的方式。基于最短路径，将路径的途径端点（目的端点除外）设为偏离端点，依次进行偏离操作，计算起始端点到偏离端点的距离，加上偏离端点到目的端点的距离，比较不同偏离方式的新路径长度，选择偏离后的最短路径作为次短路径。除了偏离路径方法外，KSP 问题还有多种解决方式，读者可自行探索。

6.5 流 量 问 题

网络的作用是将业务流从源端输送到宿端。被传输的对象可定义为流量,如何在满足一定约束的条件下,把流量从源端送到宿端就是流量分配问题。例如,物流行业中的快件运输、信息通信网中的数据传送和经济学领域的商品供需配给都可以抽象为流量分配问题。

网络中的流量分配不是任意的,需要满足一定的限制条件,比如网络的拓扑结构、端点和边的容量(比如最大处理能力、线路速率等),所以流量分配问题是受限的优化问题。根据优化目标,可以将流量分配问题分为两类。

(1) 最大流问题:希望从源端到宿端的流量尽可能大。

(2) 最小费用流问题:在流量确定的情况下,尽可能减少传输的代价。

本节将对上述两种问题进行建模和分析。为了简化问题,本节只考虑单商品流问题,即被传输的对象为单一类型,比如是同一种数据,流量可以进行线性叠加,在传输过程中,流量是稳定不变的常量,不会进行波动。如果需要考虑随机流量,可以先分析其平均值,然后利用平均值进行流量问题的计算。物理概念上的流量应该是单位时间内流经封闭管道或明渠有效截面的流体量,随着时间的推移,流体量会不断增加。互联网领域中的流量往往指的是一段时间内传输的数据字节数量。为了消除时间的影响,本节采用了物理概念中单位时间内流体量的定义方式,去除时间的影响。本节采用了归一化的模式来描述流量,不关心其具体的物理含义,用数值表示其大小。将物理中的截面约束(如河道的截面积、网络线路的传输带宽)转化为容量,用数值表示该截面上的流量上限约束。由于流量的传送具有方向性,所以本节中所有的算法均在有向图上考虑。如果拓扑图为无向图,需要根据问题的具体特征,先转化为有向图,然后进行计算,这种转换可以只是简单地将一条无向链路变为两条容量相等且方向相反的有向链路,也可能是很复杂的资源分配问题,比如城市交通优化控制中的潮汐车道设置问题,需要在保证道路总宽度不变的情况下,合理配置两个不同方向的车道数量以满足早晚高峰不同的车流需求。本节不涉及无向图的转化算法,只在已经设定好的有向图中进行问题求解。

对有向图 $G=\{V,E\}$,用 $V=\{v_1,v_2,\cdots,v_n\}$ 表示 n 个端点集合,用 $e_{i,j}$ 表示从 v_i 到 v_j 的有向边。$c_{i,j}$ 表示 $e_{i,j}$ 边上能通过的最大流量,也称为边的容量,为一个非负数。设 $f_{i,j}$ 表示 $e_{i,j}$ 边上实际通过的流量,也为一个非负数。设 $f=\{f_{i,j}\}$ 为图 G 上的一个流,该流有一个源端 v_s 和一个宿端 v_d,如果满足以下两个限制条件,则称其为可行流:

流量问题的应用

① 非负有界性:对于任意边 $e_{i,j}$,$0 \leqslant f_{i,j} \leqslant C_{i,j}$。

② 连续性:对于任意端 v_i,有

$$\sum_{(i,j)\in E} f_{i,j} - \sum_{(j,i)\in E} f_{j,i} = \begin{cases} F, & v_i \text{ 为源端 } v_s \\ -F, & v_i \text{ 为宿端 } v_d \\ 0, & \text{其他} \end{cases}$$

其中,$F=v(f)$ 为源宿端点间流 $\{f_{i,j}\}$ 的总流量。

①和②一共是 $2m+n-1$ 个限制条件。其中①为边的限制条件,包含 m 个非负条件和 m 个容量限制条件;②为端的限制条件,表明大小为 F 的流从 v_s 出发,途径网络,每条边上

分配了 $f_{i,j}$ 的流量,最后汇聚到 v_d。基于上述数学模型,可以将流量问题重新定义如下。

(1) 最大流问题

在确定源端 v_s 和宿端 v_d 的条件下,求一个可行流 f,使得 F 最大。

(2) 最小费用流问题

若边 $e_{i,j}$ 的单位流量费用为 $d_{i,j}$,则流 f 的费用为:

$$C = \sum_{e_{i,j} \in E} d_{i,j} f_{i,j}$$

最小费用流问题是在确定流的源端 v_s、宿端 v_d 和流量 F 的条件下,求一个可行流 f,使得 C 为最小。

这两类问题都需要求解可行流,总体思路就是通过不断调整局部流量,逼近最优解。在调整过程中,需要引入割量和可增流路径的概念。

定义 6.24 割量

设 X 是 V 的真子集,且 $v_s \in X, v_t \in X^c$,(X, X^c) 表示起点和终点分别在 X 和 X^c 的边集合,这是一个带方向的反圈或割集,割集的正方向为从源端 v_s 到宿端 v_t。割量 $C(X, X^c)$ 定义为这个割集中所有边容量的和。

注意,一般在有向图中用切割线划分一个割集时,割集中包含两个方向的边。将方向与割集方向一致的边称为前向边,将方向与割集方向不一致的边称为反向边。在求解割量时,只考虑前向边,反向边的容量不计入割量中。通过直观分析可知,任意从 v_s 到 v_t 的流的流量满足 $F \leqslant C(X, X^c)$。

对于一个可行流 $f = \{f_{i,j}\}$,用 $f(X, X^c)$ 表示前向边的流量和:

$$f(X, X^c) = \sum_{v_i \in X, v_j \in X^c} f_{i,j}$$

用 $f(X^c, X)$ 表示反向边的流量和:

$$f(X^c, X) = \sum_{v_i \in X^c, v_j \in X} f_{i,j}$$

对源端 v_s 到宿端 v_t 的可行流,有如下性质。

性质 6.6 一个可行流的总流量为前向边的流量减去反向边的流量,即:

$$v(f) = f(X, X^c) - f(X^c, X)$$

其中,$v_s \in X, v_t \in X^c$。

证明:根据连续性约束,对于任意 $v_i \in X$,

$$\sum_{v_j \in V} f_{ij} - \sum_{v_j \in V} f_{ji} = \begin{cases} F, & v_i = v_s \\ 0, & v_i \neq v_s \end{cases}$$

对于所有 $v_i \in X$,对上述式子求和:

$$\sum_{v_i \in X} \sum_{v_j \in V} f_{ij} - \sum_{v_i \in X} \sum_{v_j \in V} f_{ji} = \sum_{v_i \in X} \sum_{v_j \in X^c} f_{ij} - \sum_{v_i \in X} \sum_{v_j \in X^c} f_{ji} = f(X, X^c) - f(X^c, X) = F = v(f)$$

比如对于图 6-31,每个端点都满足连续性要求,则图中割集 $\{e_{14}, e_{52}, e_{3t}\}$ 上的流量为:

$$\sum_{v_i \in X} \sum_{v_j \in X^c} f_{ij} - \sum_{v_i \in X} \sum_{v_j \in X^c} f_{ji} = f_{14} + f_{3t} + f_{53} = f(X, X^c) - f(X^c, X) = F$$

性质 6.7 $F \leqslant C(X, X^c)$

证明:由 $f(X, X^c)$ 非负,可得:

$$F = f(X, X^c) - f(X^c, X) \leqslant f(X, X^c) \leqslant C(X, X^c)$$

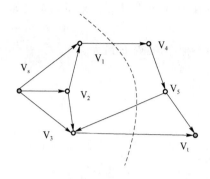

端点	出端点流量	入端点流量
s	$f_{s1}+f_{s2}+f_{s3}$	0
1	f_{14}	$f_{s1}+f_{21}$
2	$f_{21}+f_{23}$	f_{s2}
3	$f_{3t}+f_{23}$	$f_{s3}+f_{23}+f_{53}$

图 6-31 可行流的流量

对于从源端 v_s 到宿端 v_t 的一条路径(道路),定义其正方向为 v_s 到 v_t,路径中方向与正向方相同的边为前向边,方向相反的边为反向边。若存在这样一条特殊的路径,沿着这个路径可以增加流量,则称其为可增流路径,具体定义如下。

定义 6.25 可增流路径

对于图 G 中的一个可行流 f,若图中某一条路径满足以下条件:

① 前向边均不饱和($f_{ij}<c_{ij}$),

② 反向边均有非 0 流量($f_{ij}\neq0$),

则称这条路径为可增流路径。

在可增流路上增流不影响连续性条件,也不改变其他边上的流量,同时可以使从源端到宿端的流量增大。

如图 6-32 所示,可增流路径有两类:一类为有向径,路径上的边均为前向边;另一类为非有向径,路径上部分边为反向边。针对前者,在不饱和的前向边上增流,就可以增加源端到宿端的总流量,如图 6-32(b)所示。针对后者,在不饱和的前向边上增流,在反向边上减流,可以改变流量的分布,同样可以达到增流的目的,如图 6-32(c)所示。在可增流路上增流的过程中,途径节点自然满足连续性的约束,所以得到的新流也是可行流。

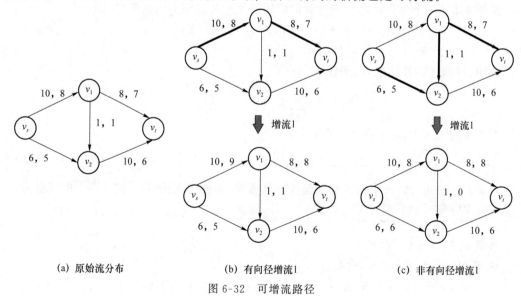

(a) 原始流分布   (b) 有向径增流1   (c) 非有向径增流1

图 6-32 可增流路径

6.5.1 最大流问题

设 $v(f)=F$ 为源宿间流的总流量。最大流问题就是在确定流的源和宿的情况下,求一个可行流 f,使 $v(f)=F$ 为最大。

求解最大流问题,就是不断在图中寻找可增流路径进行增流,定理 6.5 为这种寻找方法提供了理论依据。

对于图 $G=(V,E)$,源端为 v_s,宿端为 v_t。

定理 6.5 最大流-最小割定理

可行流 $f^*=\{f_{ij}^*\}$ 为最大流当且仅当 G 中不存在从 v_s 到 v_t 的可增流路。

证明

(1) 必要性:设 f^* 为最大流,G 中存在关于 f^* 的从 v_s 到 v_t 的可增流路 μ。

$$\theta=\min\{\min_{(i,j)\in\mu^+}(c_{i,j}-f_{i,j}^*),\ \min_{(i,j)\in\mu^-}(f_{i,j}^*)\}>0$$

构造一个新流 f 如下:

如果 $(i,j)\in\mu^+$,$f_{i,j}=f_{i,j}^*+\theta$,那么对 μ 中前向边增流 θ;

如果 $(i,j)\in\mu^-$,$f_{i,j}=f_{i,j}^*-\theta$,那么对 μ 中反向边减流 θ;

如果 $(i,j)\notin\mu$,$f_{i,j}=f_{i,j}^*$,那么对图中不属于 μ 的边,流量保持不变。

不难验证,新流 f 为一个可行流,而且 $v(f)=v(f^*)+\theta$,矛盾。

(2) 充分性:设 f^* 为可行流,G 中不存在关于这个流的可增流路。

令 $X^*=\{v|G$ 中存在从 v_s 到 v_t 的可增流路$\}$,从而 $v_s\in X^*$,$v_t\notin X^*$。

对于任意边 $(i,j)\in(X^*,X^{*c})$,有 $f_{i,j}^*=c_{i,j}$,前向边饱和,

对于任意边 $(i,j)\in(X^{*c},X^*)$,有 $f_{i,j}^*=0$,反向边流量为 0,

这样 $v(f^*)=c(X^*,X^{*c})$,那么流 f^* 为最大流,(X^*,X^{*c}) 为最小割。证毕。

最小割为网络中的"瓶颈",决定着网络中的最大流量。

性质 6.8 如果所有边的容量为整数,那么必定存在整数最大流。

证明 从一个全零流开始考虑,由于每条边的容量为整数,根据定理 6.5 的方法增流,θ 总为整数;每一步得到的流都是整数流;最后得到一个整数最大流。

求解最大流问题的思路就是在一个可行流的基础上,寻找从 v_s 到 v_t 的可增流路径,在此路径上增流,直到无可增流路时,算法停止。这就是 Ford-Fulkerson 算法的思路,由于增流的过程中不断打标记(Mark),所以本节简称这种算法为 M 算法。由于零流是一种可行流,所以 M 算法从零流开始,具体过程如下。

M0:初始令所有边的流量为 0,$f_{i,j}=0$

M1:标源端 v_s:$(+,s,\infty)$

M2:从 v_s 开始,查已标未查端 v_i,即标 v_i 的满足下列条件的邻端 v_j:

若 $(v_iv_j)\in E$,且 $c_{ij}>f_{ij}$,则标 v_j:$(+,i,\varepsilon_j)$,前面两个符号表示从 i 到 j 有边,后面 ε_j 表示这边上可增流的量,其中 $\varepsilon_j=\min(c_{ij}-f_{ij},\varepsilon_i)$,$\varepsilon_i$ 为 v_i 已标值。

若 $(v_jv_i)\in E$,且 $f_{ji}>0$,则标 v_j:$(-,i,\varepsilon_j)$,其中 $\varepsilon_j=\min(\varepsilon_i,f_{ji})$。

其他 v_j 不标。

所有能加标的邻端 v_j 已标,则已查。

倘若所有端已查且宿端未标,则算法终止。

M3：若宿端 v_i 已标，则沿该路增流。

M4：返回 M1。

该算法的计算步骤和路径搜寻方式相关，如果用不合适的方式进行搜寻，那么该算法可能会执行很多次循环。对于同一个图，若搜索路径的方式不同，则计算过程不同。比如，下面的例题给出了一个极端的坏例子。

例 6.11 M 算法的极端示例。

针对图 6-33 所示的网络，每条边的容量如图所示，使用 M 算法求解 s 到 t 的最大流。

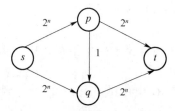

图 6-33 M 算法的极端示例图

解 M1：$f_{ij}=0$

M1：标 $s(+,s,\infty)$

M2：查邻端

标 s-p-q-t，增流 1

标 s-q-p-t，增流 1

……2^{n+1} 步

按照上面的搜索方法，需要执行 2^{n+1} 步，效率很低。但是，如果先从 s-p-t 进行增流 2^n，然后从 s-q-t 进行增流 2^n，两次就能收敛到最大流。

1972 年，Edmonds 和 Karp 修改了上述算法，在 M2 步骤使用了 FIFO 的原则，对已标未查端排队，以广度优先的方式进行遍历。可以减少执行步骤，将算法的计算复杂度降为多项式级。

M 算法是针对有向图而且端的容量无限制的情况。如果图中有无向边、端容量以及多源多宿的情况，可以如图 6-34 所示对图进行变换，转化为上述单源单宿有向图端无容量限制的标准情形。

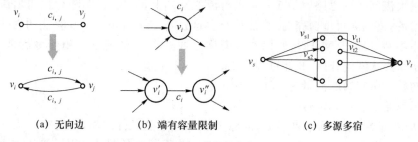

(a) 无向边　　(b) 端有容量限制　　(c) 多源多宿

图 6-34 图的转换方法

（1）无向图转化为有向图

这里采用简单的方式进行转化，如果图中存在无向边 (v_i,v_j)，容量为 $c_{i,j}$，可以将其转化为一对方向相反的有向边 $<v_i,v_j>$ 和 $<v_j,v_i>$，两者容量均为 $c_{i,j}$。

（2）端有容量限制

如果端 v_i 有转接容量 c_i 的限制，可以将 v_i 变成一对端点 v_i' 和 v_i''，将终点为 v_i 的入边

全部改为终止于 v'_i，将起点为 v_i 的出边全部改为起始于 v''_i，v'_i 和 v''_i 之间添加有向边 $<v'_i,$ $v''_i>$，其容量为 c_i。

（3）多源多宿

如果图中有多源多宿存在，源端为 v_{s1}，v_{s2}，v_{s3}，$\cdots$，宿端为 v_{d1}，v_{d2}，v_{d3}，$\cdots$，可以添加一个总的源点 v_s 和一个总的宿点 v_d，然后在 v_s 和 v_{s1}，v_{s2}，v_{s3}，$\cdots$ 之间添加容量为无穷的有向边，在 v_{d1}，v_{d2}，v_{d3}，$\cdots$ 和 v_d 之间添加容量为无穷的有向边。将原来的源端和宿端转化为普通中继节点，问题就可以简化为单源单宿问题了。

6.5.2　最小费用流

在某些情况下，源端和宿端之间的流量已经确定，但是不同路径运输的费用不同，此时需要选择一种优化的流量分配方式，使得总费用最小，这就是最小费用流问题。该问题在物流领域、通信领域都有广泛的应用。比如，通过水陆空不同的运输方式运送货物，使用不同的通信线路传输数据等。最小费用流的数学定义如下。

如果网络为图 $G=(V,E)$，源端为 v_s，宿端为 v_t，边 $e_{i,j}$ 的单位流费用为 d_{ij}，流 f 的费用为：

$$C = \sum_{(i,j) \in E} d_{ij} f_{ij}$$

最小费用流问题是在确定流的源端 v_s、宿端 v_d 和流量 F 的条件下，求一个可行流 f，使得 C 为最小。

求解最小费用流的前提是，网络中存在总量为 F 的可行流，当可行流不唯一时，可以通过算法改变流量的分布，使得网络收敛到费用最小的状态。最小费用流问题是线性规划问题，可以使用运筹学中的线性规划方法求解。本章将要介绍一种使用图论的高效方法——负价环算法（在 1967 年由 Klein 提出）。在一个边的费用可正可负的图中，负价环为一个特殊有向环，环的费用和为负值，如图 6-29(c) 所示，也称为负圈。

首先引入补图的概念，对于图 $G=(V,E)$，每条边 $e_{i,j}$ 的容量为 $c_{i,j}$，单位流费用为 d_{ij}，存在一个总量为 F 的流 f，各条边上的流量为 f_{ij}，按照下列步骤可以生成 f 的补图。

【补图生成步骤】

（1）生成一个新图 $G'=(V)$，只包含原图 G 中的端点，不含边；

（2）对于原图中所有边 $e_{i,j}$，如果边的容量未饱和，即 $c_{i,j}>f_{i,j}$，在 G' 中构造边 $e^1_{i,j}$，其容量为 $c_{i,j}-f_{i,j}$，单位流量费用为 d_{ij}；

（3）对于原图 G 中所有边 $e_{i,j}$，如果边的流量不为 0，即 $f_{i,j}>0$，在 G' 中构造反向边 $e^2_{j,i}$，其容量为 $f_{i,j}$，单位流量费用为 $-d_{ij}$。

对原图中所有边执行步骤（2）和（3）后，生成的新图 G' 为原图 G 的补图。负价环算法就是在补图中寻找负价环，在环上进行增流，得到一个新的可行流分布 f'。如果负价环上的边是步骤（3）生成的反向负价边，在此边上增流，相当于减少原始边上的流量，如果是步骤（2）生成的同向边，说明需要在原始边上增流。

下面不加证明地应用定理 6.6。

定理 6.6　负价环定理

当且仅当关于流 f^* 的补图中不存在负价环时，流 f^* 为最小费用流。

负价环算法的具体步骤如下：

K0：在图 G 上找任意流量为 F 的可行流 f。

K1:做流 f 的补图;做补图的方法如下:

对于所有边 $e_{i,j}$,如果 $c_{i,j}>f_{i,j}$,那么构造边 $e_{i,j}^1$,容量为 $c_{i,j}-f_{i,j}$,单位费用为 $d_{i,j}$;

对于所有边 $e_{i,j}$,如果 $f_{i,j}>0$,那么构造边 $e_{j,i}^2$,容量为 $f_{i,j}$,单位费用为 $-d_{i,j}$。

K2:在补图上找负价环 C^-。若无负价环,则算法终止。

K3:在负价环上沿环方向使各边增流,增流数为: $\delta=\min\limits_{(i,j)\in C^-}(c_{i,j}^*)$。

K4:修改原图每边的流量,得新可行流。

K5:返回 K1。

其中,K2 步骤需要寻找负价环,可以使用 Floyd 算法来求解,当出现 $w_{i,i}^{(k)}<0$ 时,i 节点处于一个负价环中。

例 6.12 负价环算法。

如图 6-35 所示,已知一个网络 G 每边的容量 c_{ij} 和费用 d_{ij},图 6-35(a)中线上的两个数字,前面的是容量 c_{ij},后面的是费用 d_{ij},图 6-35(b)是 $F=9$ 的初始可行流,求解 $F=9$ 的最小费用流。

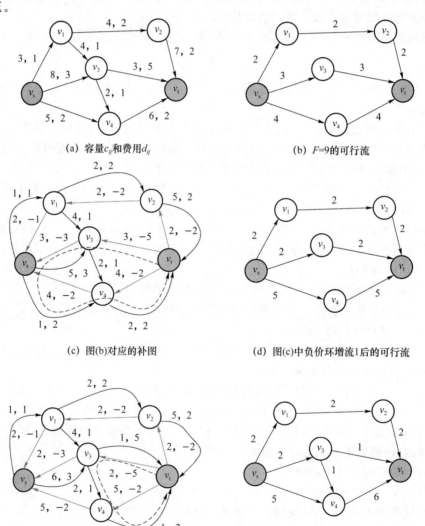

(a) 容量 c_{ij} 和费用 d_{ij}

(b) $F=9$ 的可行流

(c) 图(b)对应的补图

(d) 图(c)中负价环增流1后的可行流

(e) 图(d)对应的补图

(f) 图(e)中负价环增流1后的可行流

图 6-35 例题 6.12 图,负价环

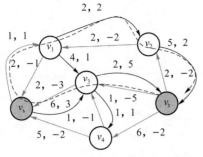

(g) 图(f)对应的补图

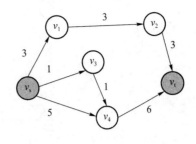

(h) 图(g)中负价环增流1后的可行流

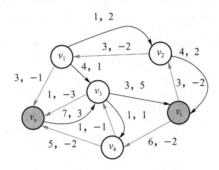

(i) 图(h)对应的补图

图 6-35　例题 6.12 图,负价环(续)

解　图 6-35(b)的费用为 $2+4+4+9+15+8+8=50$；

从图 6-35(b)绘制负价环(如图 6-35(c)所示),负价环上容量最小的边 $e_{s,4}$ 的容量为 1,环的费用为 -4,在负价环上增流 1 后得到图 6-35(d),费用为 $2+4+4+6+10+10+10=46$；

然后依次绘制补图和流量分布图(e)到(i)。

在图(i)中无法找到负价环,根据定理 6.6,图(h)所示的流为最小费用流。其费用为 $3+6+6+3+1+10+12=41$。

当负价环问题遇到无向图、端有容量限制和多源多宿情况时,可以参照 6.5.1 小节中 M 算法的处理方法,对图进行转化,转化后可以使用负价环法。

最小费用流是一个典型的网络优化问题,与线性规划问题关系密切,负价环法的主要思路就是对可行流进行局部调整。如果将寻找可行流和调整可行流进行综合求解,可以进一步优化算法,提高求解效率。

本章习题

6-1　若无向图图 $G=\{V,E\}$,端点数量 $|V|=n$,边数量 $|E|=m$,试证:当 $m>n-1$ 时,图中至少有一个环。

6-2　试求图 6-36 中图 G 的主树数,并列举所有主树。

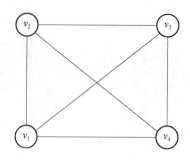

图 6-36　题 6-2 图

6-3　图 6-37 所示为 7 个端点组成的图，V_1 为信源，V_7 为信宿，图中每条边上的数字 (c_{ij}, f_{ij}, d_{ij}) 分别表示该边上的容量 c_{ij}、分配的流量 f_{ij} 和费用 d_{ij}。

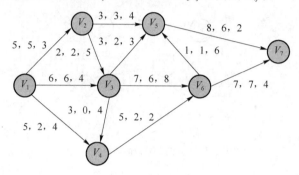

图 6-37　题 6-3 图

（1）用 Dijkstra 算法计算 V_1 点到其他各点的最短距离，并给出 V_1 到 V_7 最短径的路由。

（2）使用 Floyd 算法计算任意两端之间的最短距离和前向路由矩阵，并给出 V_2 到 V_7 最短径的路由。

（3）V_1 为信源，V_7 为信宿，判断目前分配的流量是否已经是最大流？如果不是，请基于目前的流量分配，用 M 算法计算最大流结果（请说明过程）。

（4）V_1 为信源，V_7 为信宿，判断目前网络分配的流量是否是可行流？如果是，从这个可行流开始计算，求最小费用流和相应的费用。

6-4　G_1 为无向图，边上的数字为权值；G_2 为有向图，边上的两个数字分别为边的容量和单位费用。回答以下问题：

（1）用 Prim 算法求 G_1 的最小支撑树，并计算最小值支撑树的权值。

（2）用 Floyd 算法求 G_1 中任意端间的最短距离（使用正向路由）。

（3）写出 G_1 中从 v_1 到 v_5 的最短路径长度和正向路由顺序。

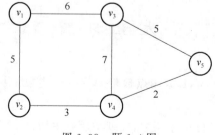

图 6-38　题 6-4 图

6-5　在有向图 G_2 中,源节点为 V_1,宿节点为 V_7,边上的两个数字分别为边的容量和单位费用,回答以下问题:

(1) 从零流开始,使用 M 算法搜索除了 V_1-V_2-V_3-V_7 的可增流路径 path1,可增流 $f_1=3$,又搜索出 V_1-V_4-V_5-V_7 的可增流路径 path2,请问第二条路径上可增流 f_2 为多少?画出增流后的流量分布图,并判断此时的流量是否为最大流。

(2) 在上一问的流量分配的基础上,使用负价环法计算最小费用流的分布,并给出最小费用值。

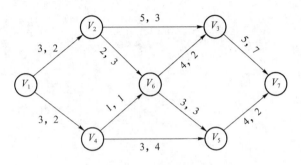

图 6-39　题 6-5 图

6-6　用 C++、Matlab、Java 或 Python 等语言实现 D 算法和 F 算法:能找到图 6-40 所示各城市间最短时间以及路由。

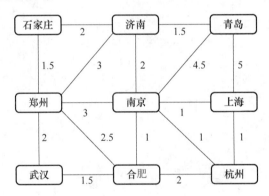

图 6-40　题 6-6 图

(1) 根据最短路由矩阵查询任意两个城市间的最短距离和路由。最短距离可以从最短距离矩阵的 $\omega(i,j)$ 中直接得出。相应的路由则可以通过在路由矩阵中查找得出。注意 D 算法应用回溯路由,F 算法可应用回溯路由或正向路由。

(2) 输入城市间任意连接关系与时间(更改权值),求解最短距离和路由矩阵,及城市间的最短路径。

6-7　尝试基于 Prim 算法或者 Kruskal 算法,求解加权连通简单图中的最大支撑树,并描述算法。

6-8　使用 SPF 算法求解农夫过河问题:一个农夫带着一头狼、一头羊、一颗白菜过河。他面前只有一条船,只能容纳他和一件物品,只有农夫会划船。如果农夫不在场,狼会吃羊、羊会吃白菜,农夫在场则不会。求将所有物品运到对岸的方案。

6-9 挑战题:无人机飞行服务网络设计问题。

无人机飞行需要考虑能耗和通信覆盖能力,现在已知需要满足一系列无人机飞行日常任务(已知起点、终点和无人机的储能和耗能数据),已知可以用来建设基站和充电站的可选地址。利用图论的方法设计飞行服务网络,让无人机按照指定线路飞行,满足线路容量、充电站和基站服务能力等系列限制条件。优化目标:尽可能缩短飞行总时长或者能耗。使用合适的可视化方式展示这个过程。

第7章 通信网络中的多址接入技术

本章将讨论多址接入协议,多址接入协议是解决多个用户如何高效共享一个物理媒质的技术,其应尽量避免用户之间的碰撞,并尽可能提高信道的利用率。7.1 节对多址接入协议进行了概述;7.2 节讲解了固定多址接入协议(频分多址、时分多址等)的特点并分析了它们的优缺点;7.3 节讨论了最基本的随机多址接入协议 ALOHA 协议,并针对它的稳态性能及其稳定性做了深入的研究;7.4 节针对 ALOHA 协议信道利用率不高的原因,研究了载波侦听型的多址接入协议(Carrier Sense Multiple Access,CSMA),它可以减小新到达的分组对正在传输的分组的影响;7.5 节对由 CSMA 协议优化而来的两种协议:载波侦听多路访问/冲突检测(Carrier Sense Multiple Access with Collision Detection,CSMA/CD)协议和载波侦听多路访问/冲突避免多址接入(Carrier Sense Multiple Access with Collision Avoid,CSMA/ CA)协议进行了概述;7.6 节介绍了时隙 CSMA 与非时隙 CSMA 的工作过程并对其性能进行分析;7.7 节讨论了针对随机多址接入协议的冲突分解算法,以 ALOHA 协议为例介绍了树形算法和先到先服务分裂算法两种算法。

7.1 多址接入协议概述

本节概述了通信系统、网络中的多址接入协议的作用,介绍了多址接入协议的定义,并根据信道的使用情况,对多址接入协议进行了分类。

7.1.1 多址接入协议的定义

通信网络中的用户通过通信子网来访问网络中的资源。当多个用户同时访问同一资源(如共享的通信链路)时,就可能会产生信息碰撞,导致通信失败。典型的共享链路的系统和网络有卫星通信系统、局域网等,如图 7-1 所示。在卫星通信系统中,多个用户采用竞争或预约分配等方法向一个中心站(卫星系统中的基站)发送信息,中心站通过下行链路(中心站到用户的链路)发送应答信息。在局域网中,所有用户都通过对应物理接口连接到传输介质上,任意一个用户发送时,所有用户都可以接收到信息。在上述网络中,若多个用户同时发送,则可能会发生多个用户的帧在物理信道上相互重叠(碰撞),使接收端无法正确接收的情况。

同时,信道上的资源(如带宽、时间等)远大于单一用户所需的资源,从而造成通信资源的大量浪费。为了在多个用户共享资源的条件下进行有效的通信,就需要有某种机制来决定资源的使用权,这就是网络的多址接入控制问题。

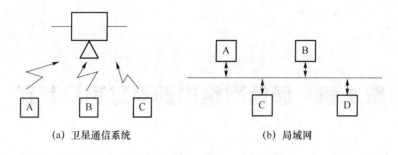

(a) 卫星通信系统　　　　　　　　　(b) 局域网

图 7-1　典型的共享链路的系统与网络

7.1.2　多址接入协议的分类

根据对信道的使用情况,可将多址接入协议分为固定多址接入协议、随机多址接入协议和预约多址接入协议。具体的多址接入协议的分类如图 7-2 所示。

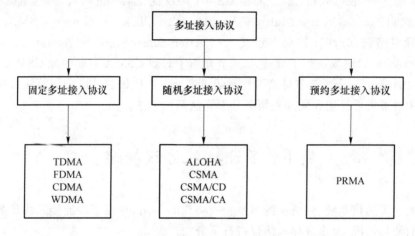

图 7-2　多址接入协议的分类

(1) 固定多址接入协议

在用户接入信道时,专门为其分配一定的信道资源(如频率、时隙、码字或空间),该用户独享该资源,直到通信结束。由于用户在使用该资源时不和其他用户产生冲突,因此固定多址接入协议也称为无冲突的多址协议。典型的固定多址方式有频分多址、时分多址、码分多址以及空分多址等。

(2) 随机多址接入协议

用户可以随时接入信道,并且可能不会顾及其他用户是否在传输。当信道中同时有多个用户接入时,在信道资源的使用上就会发生冲突(碰撞)。因此,随机多址接入协议也称为有竞争的多址接入协议。对于这类多址接入协议,如何解决冲突从而使所有碰撞用户都可以成功进行传输是一个非常重要的问题。典型的随机多址接入协议有 ALOHA 协议和 CSMA 协议。

(3) 预约多址接入协议

在数据分组传输之前先进行资源预约。一旦预约到资源(如频率、时隙等),则在该资源内可进行无冲突的传输。例如,基于分组的预约多址接入协议(Packet Reservation Multiple Access,PRMA),其基本思想是首先采用随机多址接入协议来竞争可用的空闲时隙,若移动台竞争成功,则它就预定了后续帧中相同的时隙,并且在后续帧中,它将不会与其他移动台的分组发生碰撞。

7.2　固定多址接入协议

固定多址接入协议又称为无竞争的多址接入协议或静态分配的多址接入协议。固定多址接入为每个用户固定分配一定的系统资源,这样当用户有数据发送时,就能不受干扰地独享已分配的信道资源。本节重点讨论频分多址和时分多址接入系统。

7.2.1　频分多址

在通信系统中,信道所能提供的带宽通常远大于传送一路信号所需的带宽,因此,一个信道只传输一路信号是非常浪费的。为了充分利用信道的带宽提出了频分多址。

频分多址(Frequency Division Multiple Access,FDMA)是把分配给通信使用的频段分为若干个信道,每个信道都能够传输语音通话、数字服务和数字数据。它是移动电话服务中的一种基本的技术。在 FDMA 中,不同的用户的信息将会被分配到频率不同的信道上进行传输,这种信道分配将由系统集中控制,如图 7-3 所示。

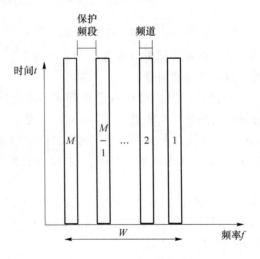

图 7-3　FDMA 的频率分配

FDMA 合并后的复用信号原则上可以在信道中传输,各个接收端可利用相应的带通滤波器来对各路信号的频谱进行区分,然后通过各自的相干解调器恢复各路调制信号。

FDMA 的最大优点是相互之间不会产生干扰。当用户数较少且数量大致固定、每个用户的业务量都较大时(如电话交换网),FDMA 是一种有效的分配方法。然而当网络中用户数较多且数量经常变化,或者通信量具有突发性的特点时,采用 FDMA 就会产生一些问题。最显著的两个问题是:当网络中的实际用户数少于已经划分的频道数时,频道资源会被大量浪费;当网络中的频道已经分配完后,即使这时已分配到频道的用户没有进行通信,其他一些用户也会因为没有分配到频道而不能通信。

以往的模拟通信系统一律采用 FDMA,如全入网通信系统(Total Access Communications System,TACS)(1985)、高级多物理性模拟系统(Advanced Multi Physics Simulation,AMPS)(1946)等。这些频道互不交叠,其宽度应能传输一路数字话音信息,而在相邻频道之间无明显的串扰。

7.2.2　时分多址

时分多址(Time Division Multiple Access,TDMA)是另外一种典型的固定多址接入协议。如图 7-4 所示,TDMA 将时间分割成周期性的帧,每一帧再分割成若干个时隙(帧或时隙都是互不重叠),然后根据一定的原则进行时隙的分配,每个用户只能在指定的时隙内进行信息的发送。在满足定时和同步的情况下,可以保证基站在各时隙中接收到各移动终端的信号而不混扰。在发送端,基站发向多个移动终端的信号都将按顺序在给定的时隙中传输;在接收端,各移动终端只需在指定的时隙内接收,就能在合路的信号中把所需信号区分并接收。

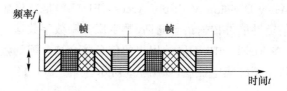

图 7-4　TDMA 的时隙分配

在时分多址的系统中,用户在每一帧中可以占用一个或多个时隙。若用户在已分配的时隙上没有数据传输,则这段时间将被浪费。

在 TDMA 中每载频可有多路信道。TDMA 系统形成频率时间矩阵,在每一频率上产生多个时隙,该矩阵中的每一点都是一个信道,在基站控制分配下,可为任意移动客户提供电话或非话业务。TDMA 的主要优点在于传输速率高和自适应均衡。每载频含有时隙多,则频率间隔宽,传输速率高,但数字传输带来了时间色散,使时延扩展加大,故必须采用自适应均衡技术。

在数字移动通信中往往采用的是 TDMA,如数字先进移动电话服务 (Digital Advanced Multi Physics Simulation,D-AMPS)(1996)、全球移动通信系统(Global System for Mobile Communications,GSM)(1982)等。

7.3　完全随机多址协议

"ALOHA"原为美国夏威夷地区人们相互之间的问候语,20 世纪 70 年代夏威夷大学为了解决夏威夷群岛各个岛屿间的通信问题,而提出了最早最基本的无线数据传输协议并将其命名为 ALOHA 协议(完全随机多址协议)。

设有无限个用户共用一个信道,这些用户的总呼叫流是以 λ 为均值的泊松流。当任何用户有信息要发送时,立即以定长信息包的形式发到信道上,也就是以纯随机方式抢占信道,若两个或两个以上的信息包在信道上发生碰撞,则纯随机地重发,这就是最原始的 ALOHA。

为了对随机多址协议的性能进行分析,假设系统是由 m 个发送节点组成的单跳系统,该系统的信道无差错且无捕获效应,并且对分组的到达和传输过程做出以下假定:

(1) 各个节点的到达过程各自独立,且遵循参数为 λ/m 的 Poisson 到达过程,系统总的到达率为 λ。

(2) 当时隙或分组传输结束时,信道能够立即给出当前传输状态的反馈信息。若反馈信息"0",则表示当前时隙或信道无分组传输;若反馈信息为"1",则表示当前时隙或信道仅有一个分组传输,即传输成功;若反馈信息为"e",则表示当前时隙或信道有多个分组在传输,即发生碰撞,接收端无法正确接收信息。

(3) 发生碰撞的节点将在后面的随机一个时刻重传被碰撞的分组,直至传输成功。若一个节点的分组必须重传,则称该节点为等待重传的节点。

(4) 对于节点的缓存和到达过程作以下两种假设:

① 假设 A:无缓存情况。在该情况下,每个节点最多容纳一个分组。若该节点有一个分组在等待传输或正在传输,则新到达的分组被丢弃且不会被传输。在该情况下,所求得的时延是有缓存情况下的时延下界。

② 假设 B:系统有无限个节点($m=\infty$)。每个新产生的分组到达一个新的节点,网络中所有的分组都参与竞争,导致网络的时延增加。在该情况下,所求得的时延是有限节点情况下的时延上界。

若一个系统采用假设 A 或假设 B 分析的结果是近似的,则该系统的分析方法就是对具有任意大小缓存系统的性能的一个良好的分析方法与近似结果。

7.3.1　纯 ALOHA 的基本原理

纯 ALOHA 协议是最基本的 ALOHA 协议。只要有新的分组到达,就立即被发送,一旦分组发生碰撞,则随机退避一段时间后进行重传。如图 7-5 所示,用户 A 与 B 的第一个分组产生了碰撞,用户 C 与 D 的第一个分组产生了碰撞,只有用户 E 的第一个分组可以成功传输。

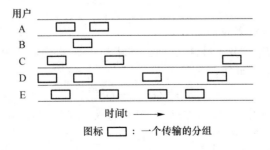

图 7-5　纯 ALOHA 协议工作原理图

如图 7-5 所示,只有从数据分组开始发送的时间起点到其传输结束的这段时间内,没有其他数据分组发送,该分组才能够成功传输。

对纯 ALOHA 协议中数据分组可以不受任何干扰发送的条件进行分析。假设系统中所有分组的长度相等,传输数据分组所需的时间定义为系统的单位时间,令该值等于 t_0。如图 7-6 所示,以在 t_0+t 时刻产生的分组 (图中阴影部分表示的数据分组)为例,若在 t_0 到 t_0+t 时间内,其他用户产 ALOHA 防碰撞 生了数据分组,则该分组的末端就会和阴影分组的始端碰撞。同理可知,在 算法 t_0+t 和 t_0+2t 之间产生的任何分组都将和阴影分组的末端发生碰撞。因此,将时间区间 $[t_0, t_0+2t]$ 称为阴影分组(在 t_0+t 时刻产生的分组)的易受破坏区间。

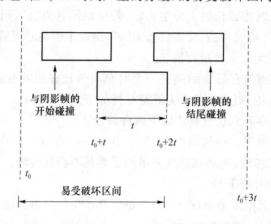

图 7-6   纯 ALOHA 协议的易受破坏区间示意图

在纯 ALOHA 协议中,若在数据分组的易受破坏区间内没有其他分组进行传输,则该分组可以成功传输。

为了方便对其进行分析,进行以下假设:

(1) 令通信系统中分组的传输时间 $t=1$,

(2) 设该系统有无穷多个节点,

(3) 假设重传的时延是随机的,

则由重传分组和新到达分组组合而成的分组流是到达率为 G 的 Poisson 到达过程。该分组成功传输的概率就是在其易受破坏区间内没有其他分组产生的概率。

根据 Poisson 公式,在单位时间内,产生 k 个分组的概率是:

$$P(k) = \frac{\mathrm{e}^{-G}(G)^k}{k!} \tag{7-1}$$

该分组成功传输的概率为:

$$P_{\text{succ}} = P[\text{在易受破坏区间}(2 \text{ 个时间单位})\text{内没有传输}] = \mathrm{e}^{-2G} \tag{7-2}$$

由系统的吞吐量定义可知:

$$S = GP_{\text{succ}} = G\mathrm{e}^{-2G} \tag{7-3}$$

例 7.1   设在一个纯 ALOHA 系统中,分组长度 $\tau = 30\,\mathrm{ms}$,总业务到达率 $\lambda_t = 10\,\mathrm{pkt/s}$,求一个消息成功传输的概率。

解   系统的总业务量为:

$$P = \lambda_t \tau = 10 \times 30 \times 10^{-3} = 0.3$$

纯 ALOHA 系统归一化通过量为：

$$p = Pe^{-2P}$$

则一个消息成功传输的概率为：

$$P_s = p/P = e^{-2P} = e^{-2 \times 0.3} = 0.55$$

对式(7-3)求最大值,可得系统的最大吞吐量为 $1/2e \approx 0.184$ 分组/单位时间对应的 $G = 0.5$ 分组/单位时间。这意味着纯 ALOHA 最多只能有 18.4% 的时间能实现正常通信,其他时间处于碰撞或空闲状态,其效率很低。然而纯 ALOHA 基本上不用控制设备,碰撞也可以不去检测,只是在久无回答后就重发即可,因此便于实现。同时,若 G 较小时,呼叫量与通过量近似,即基本上可以顺利通信。

例 7.2 试证明纯 ALOHA 系统的归一化通过量的最大值为 $1/2e$,此最大值发生在归一化总业务量等于 0.5 处。

证明:

纯 ALOHA 系统的归一化通过量和归一化总业务的关系为: $p = Pe^{-2P}$。当 p 最大时,有:

$$\frac{\partial p}{\partial P} = e^{-2P} - 2Pe^{-2P} = 0$$

可求得 $P = 0.5$, $p_{max} = 0.5e^{-2 \times 0.5} = 1/2e$。

7.3.2　时隙 ALOHA 的基本原理

通过前面的章节可知降低碰撞的概率可以有效地提高系统的最大吞吐量,而降低碰撞的一种有效措施是在信道上进行时隙划分。通信网内所有用户都与主时钟同步,有通信要求的用户只能在主时钟规定的等长时隙内送到信道,也就是到达信道的时刻必须与各时槽的起始时刻一致。主时钟的同步信息要向所有用户广播,这种方式称为时隙 ALOHA 系统。

在这种系统中,只要在一个信息包长的时间内无两个或以上的信息包要发出,就可以成功地发送一个信息包。因为在发送一个信息包的区间内,若在该区间内有新的信息包到达,则该新的信息包须等到下一时隙才会发出。

时隙 ALOHA 系统将时间轴划分为若干个时隙,所有节点同步,各节点只能在时隙的开始时刻才能够发送分组,时隙宽度等于一个分组的传输时间。如图 7-7 所示,当一个分组到达某时隙后,会在下一时隙开始传输,并期望不会与其他节点发生碰撞。若在某时隙内仅有一个分组到达(该分组可以是新到达的也可以是重传的),则该分组将传输成功。若在某时隙内有两个或两个以上的分组到达,则会发生碰撞。碰撞的分组将在以后的时隙中重传。易得此时的易受破坏区间的长度减少为一个单位时间(时隙)。

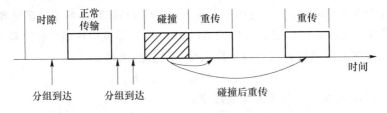

图 7-7　时隙 ALOHA 系统工作原理图

假设系统是由 m 个发送节点组成的单跳系统,该系统的信道无差错且无捕获效应,并且对分组的到达和传输过程的假设同 7.3 节,同时假定系统有无穷多个节点(假设 B)。如图 7-7 所示,在一个时隙内到达的分组由两个部分组成:一部分是新到达的分组,另一部分是重传的分组。设新到达的分组的到达流为到达率为 λ(分组数/时隙)的泊松过程。假定重传的时延足够随机,这样就可以近似地认为重传分组的到达过程和新分组的到达过程之和是到达率为 $G(>\lambda)$ 的泊松过程。

通过上述分析可知,此时易受破坏区间的长度为一个时隙,则该分组成功传输的概率如下:

$$P_{succ} = P[在易受破坏区间(1 个时间单位)内没有传输] = e^{-G} \tag{7-4}$$

系统的吞吐量(S)如下:

$$S = G P_{succ} = G e^{-G} \tag{7-5}$$

例 7.3 设在一个时隙 ALOHA 系统中,分组长度 $\tau = 30$ ms,总业务到达率 $\lambda_t = 10$ pkt/s,求一个消息成功传输的概率、一个消息分组和另一个分组的碰撞概率。

解 系统的总业务量为:

$$P = \lambda_t \tau = 10 \times 30 \times 10^{-3} = 0.3$$

纯 ALOHA 系统归一化通过量为 $p = Pe^{-P}$,则一个消息成功传输的概率为:

$$P_s = p/P = e^{-P} = e^{-0.3} = 0.74$$

一个消息分组和另一个分组的碰撞概率为:

$$1 - P_s = 1 - 0.74 = 0.26$$

因为分组的长度为一个时隙宽度,所以在数值上系统的吞吐量与一个时隙内成功传输的分组数量应当一致。等同于系统的吞吐量和一个时隙内分组成功传输的概率在数值上一致。对式(7-5)求最大值,其最大吞吐量为 $1/e \approx 0.368$ 分组/时隙,对应的 $G = 1$ 分组/时隙。显然,时隙 ALOHA 的最大吞吐量是纯 ALOHA 系统最大吞吐量的 2 倍,如图 7-8 所示。

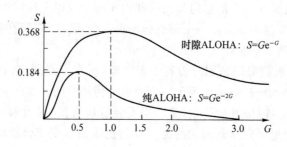

图 7-8 ALOHA 协议的吞吐量曲线

例 7.4 若干个终端用纯 ALOHA 随机接入协议与远端主机通信。其信道速率为 2.4 kbit/s。每个终端平均每 3 min 发送一个帧,帧长为 400 bit,问系统中最多可容纳多少个终端?在其他条件不变的情况下,若采用时隙 ALOHA 协议,系统中最多可容纳多少个终端?

解 设可容纳的终端数为 N。每个终端发送数据的速率是:

$$400/(3 \times 60) \text{bit/s} \approx 2.2 \text{ bit/s}$$

已知纯 ALOHA 系统的最大系统通过率为 $1/2e$,则有:

$$N = \frac{2\,400 \times \dfrac{1}{2\mathrm{e}}}{2.2} \approx 198(\text{个})$$

若采用时隙 ALOHA 协议,已知时隙 ALOHA 系统的最大系统通过率为 $1/\mathrm{e}$,则有:

$$N = \frac{2\,400 \times \dfrac{1}{\mathrm{e}}}{2.2} \approx 396(\text{个})$$

7.3.3　时隙 ALOHA 的稳定性分析

如图 7-8 所示,在时隙 ALOHA 系统中,当 $G>1$ 时,碰撞较多,进一步导致系统性能下降;当 $G<1$ 时,系统空闲的时隙数较多,导致通信资源的浪费。为了达到最佳的性能,G 的波动应该维持在 1 附近。

当系统达到稳态时,系统中新分组的到达率应等于系统中分组的离开速率,即有 $S=\lambda$。则将 $S=\lambda$ 的曲线与其对应的吞吐量曲线相交(如图 7-9 所示),观察可知在对应的 Ge^{-G} 曲线上存在两个平衡点。

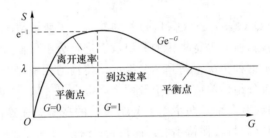

图 7-9　时隙 ALOHA 协议稳态时的平衡点

因为无法从该图中对这两个平衡点的稳定性进行判定,所以需要通过对时隙 ALOHA 系统的动态行为进行进一步的分析,来分析系统的稳定性及其控制方法。

为了分析系统的动态行为,先采用假设 A(无缓存的情况)来进行讨论。用离散时间马尔可夫链来描述时隙 ALOHA 的行为,并设每个时隙开始时刻等待重传的节点数目为其系统的状态。参数设置如下。

n:在每个时隙开始时刻等待重传的节点数目。

m:系统中的总节点数目。

q_r:发生碰撞后等待重传的节点在每一个时隙内重传的概率。

q_a:每个节点有新分组到达的概率。

λ:m 个节点的总到达率(即每个节点的到达率为 λ/m),其单位为分组数/时隙。

$Q_r(i,n)$:在 n 个等待重传的节点中,有 i 个节点在当前时隙传输的概率。

$Q_a(i,n)$:在 $m-n$ 个空闲节点中,有 i 个新到达的分组在当前时隙中传输的概率。

简单分析可得,每个节点有新分组到达的概率为:

$$q_a = 1 - e^{\frac{-\lambda}{m}}$$

在给定 n 的条件下,可得:

$$Q_r(i,n) = \binom{n}{i}(1-q_r)^{n-i}q_r^i \tag{7-6}$$

$$Q_a(i,n) = \binom{m-n}{i}(1-q_a)^{m-n-i}q_a^i \tag{7-7}$$

设时隙开始时刻有 n 个等待重传节点到下一时隙开始时刻有 $n+i$ 个等待重传节点的转移概率为 $P_{n,n+i}$，则 $P_{n,n+i}$ 的表达式如下：

$$P_{n,n+i} = \begin{cases} Q_a(i,n), & 2 \leqslant i \leqslant m-n \\ Q_a(1,n)[1-Q_r(0,n)], & i=1 \\ Q_a(1,n)Q_r(0,n)+Q_a(0,n)[1-Q_r(1,n)], & i=0 \\ Q_a(0,n)Q_r(1,n), & i=-1 \end{cases} \tag{7-8}$$

$Q_a(i,n), 2 \leqslant i \leqslant m-n$ 表示在当前时隙中有 $i(2 \leqslant i \leqslant m-n)$ 个新到达的分组正在进行传输，则当前时隙内必将发生碰撞。此时无须考虑所有初始时等待重传状态的节点的发送情况，系统的状态必将 $n \rightarrow n+i$。

$Q_a(1,n)[1-Q_r(0,n)], i=1$ 表示在当前时隙中有 n 个等待重传节点进行分组传输的同时，空闲节点中有一个新到达的分组在当前时隙中进行传输的情况，此时也必然产生碰撞，并且有 $n \rightarrow n+1$。

$Q_a(1,n)Q_r(0,n)+Q_a(0,n)[1-Q_r(1,n)], i=0$ 包含了两种情况：一种情况是有且仅有一个新到达分组进行传输，所有等待重传的分组没有进行分组传输，此时新到达的分组传输成功，即式中第一项表示这种情况下新到达分组成功传输的概率；另一种情况是没有新分组到达，等待重传节点没有分组传输或有两个及两个以上分组传输，即式中第二项表示在等待重传节点没有分组传输或有两个及两个以上分组传输的概率。在这两种情况下，该系统中处于等待重传状态的节点数目将保持不变，并且有 $n \rightarrow n$。

$Q_a(0,n)Q_r(1,n), i=-1$ 表示等待重传的节点有一个分组成功传输的概率。通过分析可知，该系统的状态转移图如图 7-10 所示。

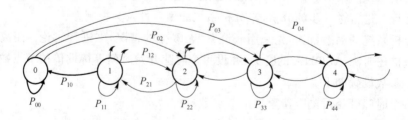

图 7-10　马尔可夫的状态转移图

由图 7-10 可知，系统不会出现 $0 \rightarrow 1$ 的状态转移，因为该状态下系统中有仅有一个分组，所以传输成功是必然的。同时，因为一次成功传输只能减少一个分组，所以每次减少的状态转移中只能减少 1。当系统处于稳态情况时，对于任意状态 n，从其他状态转入的频率应与从该状态转移出去的频率相等，因此

$$\sum_{i=0}^{n-1} p_i P_{i,n} + p_n P_{n,n} + p_{n+1} P_{n+1,n} = \sum_{j=n-1}^{m} p_n P_{n,j} = p_n \sum_{j=n-1}^{m} P_{n,j} \tag{7-9}$$

其中，$p_i (0 \leqslant i \leqslant m)$ 为其稳态概率。

因为从 n 转移到各种可能状态的概率之和为 $1\left(\sum\limits_{j=n-1}^{m} P_{n,j}=1\right)$，所以

$$p_n = \sum_{i=0}^{n+1} p_i P_{i,n} \tag{7-10}$$

又因为 $\sum\limits_{i=0}^{m} p_i = 1$，结合式(7-8)可以求解 p_0 和 p_n。

通过上述分析，结合式(7-8)可知，若重传的概率 $q_r \approx 1$，会造成大量碰撞的发生，这将导致系统中的节点长时间处于等待重传的状态。为了更深入分析系统的重传概率对系统动态行为的影响，定义系统状态偏移量如下：

D_n = 当系统状态为 n 时，在一个时隙内等待重传队列的平均变化量

　　 = (在该时隙内平均到达的新分组数) − (在该时隙内平均成功传输的分组数)

$$= (m-n)q_a - 1 \times P_{\mathrm{succ}} \tag{7-11}$$

其中，

$$P_{\mathrm{succ}} = Q_a(1,n)Q_r(0,n) + Q_a(0,n)Q_r(1,n) \tag{7-12}$$

其中，第一项是一个新到达分组成功传输的概率，第二项是重传的分组队列中存在一个分组传输成功的概率。系统状态偏移量可以用来表示在一个时隙内系统状态的变化大小。

若 $D_n < 0$，意味着系统中等待重传的节点数减少，系统状态转移图的整体趋势是向左的，因此系统更加趋向稳定。若 $D_n > 0$，则意味着系统中等待重传的节点数增加，状态转移图的整体趋势是向右的，因此系统更加趋向不稳定。

令 $G(n)$ 表示当系统状态为 n 时，一个时隙内平均传输的分组数，因此有：

$$G(n) = (m-n)q_a + nq_r \tag{7-13}$$

若将式(7-6)和式(7-7)代入式(7-12)，进一步进行化简：

$$\begin{aligned} P_{\mathrm{succ}} &= \left[\frac{(m-n)q_a}{1-q_r} + \frac{nq_r}{1-q_r}\right](1-q_a)^{m-n}(1-q_r)^n \\ &\approx G(n)\mathrm{e}^{-q_a(m-n)}\mathrm{e}^{-q_r n} \\ &\approx G(n)\mathrm{e}^{-G(n)} \end{aligned} \tag{7-14}$$

如图 7-11 所示，图中存在两条关系曲线：一个时隙内平均传输的分组数与分组离开率的关系曲线 $[P_{\mathrm{succ}}:G(n)]$ 以及系统状态 n 与分组到达率的关系曲线 $(((m-n)q_a):n)$。

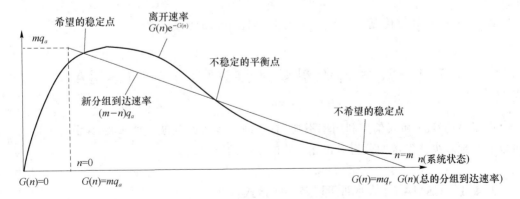

图 7-11　时隙 ALOHA 的动态性能曲线

其横轴在两个关系曲线中有不同的意义：在系统状态 n 与分组到达率的关系曲线（$((m-n)q_a)$∶n）中表示系统状态 n，在一个时隙内平均传输的分组数与分组离开率的关系曲线 $[P_{succ}$∶$G(n)]$ 中表示一个时隙内平均传输的分组数 $G(n)=(m-n)q_a+nq_r$。

如图 7-11 所示，D_n 为分组离开速率曲线与分组到达速率曲线之差。这两条关系曲线存在三个交叉点，这三个交叉点就是三个平衡点。

当系统处于第一个交叉点与第二个交叉点之间的状态时，离开率大于分组的到达率，此时 $D(n)$ 为负值，从而会导致系统的状态减少。意味着，$D(n)$ 的方向为负，因此若第二交叉点存在任意负的扰动都将使得系统趋向第一个交叉点。

当系统处于第二个交叉点与第三个交叉点之间的状态时，离开率小于分组的到达率，此时 $D(n)$ 为正值，从而会导致系统的状态增加。意味着，$D(n)$ 的方向为正，因此若第二交叉点存在任意负的扰动都将使得系统趋向第三个交叉点。

通过上述分析可知，第一和第三个交叉点是稳定的平衡点，而第二个交叉点是不稳定的平衡点。

对图 7-11 进行深入分析，第一个交叉点的吞吐量是较高的，然而第三个交叉点的吞吐量很低。因此，第一个交叉点是系统所期望的稳定平衡点，而第三个交叉点是系统所不希望的稳定平衡点。

若重传概率 q_r 增加，则重传的时延将会减小。若保持图 7-11 的横坐标 n 不变，则 $G(n)=(m-n)q_a+nq_r$ 的取值将增加，$G(n)$ 对应的曲线 $G(n)\mathrm{e}^{-G(n)}$ 的值将会下降，即曲线向左压缩，第二个交叉点向左移。因此退出不稳定性的可能性增加，但到达不希望的稳定点的可能性增大。因为此时很小的 n 值都可能使系统进入不稳定区域。

若重传概率 q_r 减小，则重传的时延将会增大。若保持图 7-11 的横坐标 n 不变，则 $G(n)$ 取值将减小，而曲线 $G(n)\mathrm{e}^{-G(n)}$ 的值将会增加，这意味着曲线将向右进行扩展。在向右扩展到一定程度后，系统将有仅有一个稳定点。

下面采用假设 B 来讨论系统的动态行为。

在假设 B 的系统中有无穷多个节点，因此有 $G(n)=\lambda+nq_r$，图 7-11 的到达过程中所对应的到达率将变为常量。在这种情况下，系统所不希望的稳定点将会消失，从而剩下一个不稳定点和一个希望的稳定点。当系统状态超过不稳定点时，系统的吞吐量趋于 0，时延将会趋于 ∞。

综上所述，可知重传概率 q_r 很大程度上影响系统的动态行为。

7.4　载波侦听型多址协议（Ⅰ）——CSMA

由于 ALOHA 协议信道利用率不高，需要进一步研究载波侦听型的多址接入协议，它可以有效地减少待发送的分组对正在传输的分组的影响。

7.4.1　CSMA 的基本原理与实现形式

在前面章节所讨论的 ALOHA 协议中，网络中的节点不考虑当前信道的状态（空闲或是繁忙),只要有分组到达就各自独立地决定将分组发送到信道。这种控制策略一定存在盲目性,需要进行优化,然而目前对于时隙 ALOHA 协议的改进结果只能使其最大吞吐率达到约 0.368。若想进一步优化系统的吞吐率,需减少节点间发送冲突的概率。

缩小易受破坏区间可以减少节点间发送冲突的概率,然而这存在一定的限度。因此,可以考虑从减少发送的盲目性着手,在节点发送前先进行"载波侦听"(即观察信道是否有用户在传输)从而来确定信道忙闲状态,然后根据信道状态来决定分组是否发送。这就是载波侦听型多址接入协议(Carrier Sense Multiple Access,CSMA)。

CSMA 是从 ALOHA 协议演变出的一种改进型协议,它额外配置了硬件装置,使得每个节点都能够检测(侦听)到信道的状态(即空闲或是繁忙)。若一个节点有分组要传输,它首先进行"载波侦听",若信道正在传输其他分组,则该节点将等到信道空闲后再进行传输,这种方式可以有效减少要发送的分组与正在传输分组之间的碰撞,从而提高系统的吞吐率。

CSMA 协议可细分为几种不同的实现形式:非坚持型 CSMA、1-坚持型 CSMA 以及 p-坚持型 CSMA。

非坚持型 CSMA:若分组到达时,信道处于空闲状态,则该节点立即发送分组。若分组到达时,信道处于忙状态,则该节点将延迟分组的发送,同时延迟分组的该节点不再对信道的状态进行跟踪(即该节点暂时不进行信道的检测),在延迟结束后该节点将再次对信道的状态进行跟踪,并重复上述过程,直到将该分组发送成功。

1-坚持型 CSMA:若分组到达时,信道处于空闲状态,则立即发送分组。若分组到达时,信道处于忙状态,则该节点一直坚持对信道的状态进行跟踪,直至跟踪到信道处于空闲状态后,立即发送该分组。

p-坚持型 CSMA:若分组到达时,信道处于空闲状态,则立即发送分组。若分组到达时,信道处于忙状态,则该节点一直坚持对信道的状态进行跟踪,跟踪到信道处于空闲状态后,以概率 p 发送该分组。

在后续章节中将重点讨论非坚持型 CSMA 的性能。

因为电信号在介质中存在传播时延,所以同一信号状态(即出现或消失)在不同的观察点上监测到的时刻并不相同。由此,在 CSMA 多址协议中,影响系统性能的主要参数为(信道)载波的检测时延(τ)。该检测时延由两部分组成:一部分是发送节点到检测节点的传播时延,另一部分是物理层检测时延(即检测节点从开始检测到检测节点给出信道状态所需的时间)。设信道速率为 C(bit/s),分组长度为 L(bit),则归一化的载波侦听(检测)时延为 $\beta = \tau \cdot (C/L)$。

7.4.2　隐藏终端与暴露终端问题

由于自组织网络具有动态变化的网络拓扑结构,且采用异步通信技术,使得各个移动节点共享同一个通信信道,这就存在信道分配和竞争问题。由于移动节点的频率和发射功率都比较低,并且信号受无线信道中的噪声、信道衰落和障碍物的影响,因此移动节点的通信范围有限的。一个节点发出的信号,网络中的其他节点不一定都能收到,从而会出现"隐藏终端"和"暴露终端"问题。

"隐藏终端"是指在接收节点的覆盖范围内、在发送节点的覆盖范围外的节点。隐藏终端由于听不到发送节点的发送而可能向相同的接收节点发送分组，导致分组在接收节点处冲突。

如图 7-12 所示，A 与 B 为两个节点，这两个节点都关联在接入节点（Access Point，AP）。图中虚线分别代表 A 与 B 的发送范围。由图中 A 与 B 发送范围无法互相覆盖，即无法通过物理载波监听的方法，探测对方是否有发送数据。从而 A 与 B 可能会误以为信道空闲，从而同时发送，继而造成冲突。

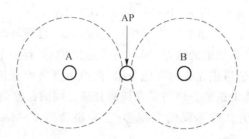

图 7-12 "隐藏终端"拓扑

如图 7-13 所示，根据分布式协调工作模式（Distributed Coordination Function，DCF）中 CSMA/CA 的工作机制，A 与 B 在等待分布式帧间间隙（Distributed InterFrame Spacing，DIFS）之后，分别选取一个随机数进行随机回退过程。B 由于随机数选择较少，从而首先倒数至 0，并发送数据。在 B 发送数据后，由于 A 监听不到 B 已经占用信道，其依旧误以为信道是空闲的，从而继续进行随机回退过程。当 A 的随机回退计数值倒数至 0 时，A 也会发送数据。

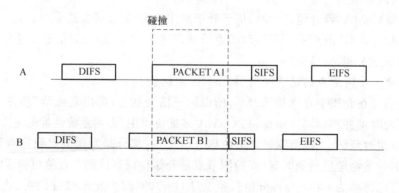

图 7-13 "隐藏终端"过程

由于 A 与 B 同时发送，AP 接收时存在重叠区域，发生了冲突，最终这一轮传输失败。在这一轮传输失败后，A 与 B 采用二进制指数退避算法（Binary Exponential Backoff，BEB）重新选择随机数进行回退，但后续过程中两者依旧无法互相监听，所以很容易再次出现同时传输的现象。在"隐藏终端"的情况下，网络是近似瘫痪的，即 A 与 B 的吞吐量都趋近于 0。

"暴露终端"是指发送节点的覆盖范围内、在接收节点的覆盖范围之外的节点。暴露终端因听到发送节点的发送而可能延迟发送。但是，它其实是在接收节点的通信范围之外，它的发送并不会造成冲突。这就引入了不必要的时延。

如图 7-14 所示，A 与 B 为两个节点，其中 A 关联在 AP1 上，B 关联在 AP2 上。图中虚线代表 A 与 B 的发送范围。图中 AP1 处于 A 的覆盖范围内，而不在 B 的覆盖范围内。

AP2 处于 B 的覆盖范围内，而不在 A 的覆盖范围内。换言之，AP1 只能接收到 A 的数据，AP2 也只能接收到 B 的数据。当 A 与 B 同时发送时，接收节点 AP1 或者 AP2 处均不会发生冲突，故其是可以同时传输的。但是由于这样的拓扑特殊性以及 DCF 中 CSMA/CA 的工作机制，造成 A 与 B 无法同时传输，该问题则是"暴露终端"问题。

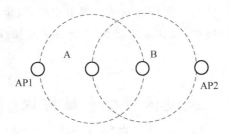

图 7-14　"暴露终端"拓扑

在 CSMA/CA 中，接入是遵守先听后发（Listen Before Talk，LBT）机制的。我们在 DCF 的介绍中所述，每一个节点在接入信道之前需要进行随机回退过程。在该过程内，若信道空闲，则每经过 1 个时隙，随机倒数计数器进行一次倒数。若信道非空闲，则节点不会对随机倒数计数器进行倒数，并对其进行悬挂。只有当其倒数至 0 时，才可以发起传输。其中信道空闲与否是通过载波监听机制进行判断的，而在 DCF 中，存在物理载波监听和虚拟载波监听两种模式，这两种监听方式都有可能引起"暴露终端"问题，以下介绍物理载波监听引起"暴露终端"问题的过程。

如图 7-15 所示，由于 A 与 B 可以互相监听。由于 B 选择了较小的随机数进行倒数，从而其最先倒数至 0，并进行发送。在 B 首先发送数据包给 AP2 后，A 监听信道为忙状态，从而无法发送信息。故在图 7-14 拓扑下，A 是可以传数据给 AP1 的，但是由于监听 B 正在传输，导致信道忙，故 A 悬挂随机倒数计数器，无法继续倒数，从而无法传输。

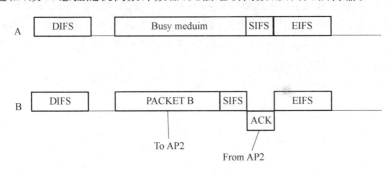

图 7-15　"暴露终端"过程

"隐藏终端"和"暴露终端"的存在，会造成自组织网络时隙资源的无序争用和浪费，增加数据碰撞的概率，严重影响网络的吞吐量、容量和数据传输时延。在自组织网络中，当终端在某一时隙内传送信息时，若其隐藏终端在此时隙发生的同时传送信息，就会产生时隙争用冲突。受隐藏终端的影响，接收端将因为数据碰撞而不能正确地接收信息，造成发送端的有效信息的丢失和大量的时间浪费（数据帧较长时尤为严重），从而降低了网络的吞吐量。在某个终端成为暴露终端后，由于它侦听到另外的终端对某一时隙的占用信息，从而放弃了预约该时隙进行信息传送。其实，因为源终端节点和目的终端节点都不一样，暴露终端是可以占用这个时隙来传送信息的。这样就造成了时隙资源的浪费。

解决隐藏终端问题的思路是使接收节点周围的邻居节点都能了解到它正在进行接收,目前实现的方法有两种:一种方法是接收节点在接收的同时发送忙音来通知邻居节点,即忙音多路访问协议系列;另一种方法是发送节点在数据发送前与接收节点进行一次短控制消息握手交换,以短消息的方 RTS/CTS 协议式通知邻居节点它即将进行接收,也就是请求发送/允许发送协议(Request To Send/Clear To Send,RTS/CTS)方式。

7.5 载波侦听型多址协议(Ⅱ)
——非时隙 CSMA、时隙 CSMA

对于非坚持型 CSMA,按照其是否将时间轴进行分隙,可分为非时隙 CSMA 协议与时隙 CSMA 协议。本节将介绍两者的工作过程并对性能进行分析。

7.5.1 非时隙 CSMA 协议的工作过程

当分组到达节点时,节点进行信道检测。若信道处于空闲状态,则立即发送该分组。若信道处于忙状态,则分组被延迟一段时间,延迟后节点将重新检测信道。若信道处于忙状态或者在发送时与其他分组碰撞,则该分组将变成等待重传的分组。每个等待重传的分组将重复地进行重传尝试,每个等待重传的分组的重传间隔相互独立并且服从指数分布。其具体的控制算法描述如下:

(1) 若有分组等待发送,则转到第(2)步,否则处于空闲状态,等待分组到达。

(2) 监测信道:若信道处于空闲状态,则启动发送分组,发完返回第(1)步;若处于忙状态,则放弃监测信道,选择一个随机时延的时间长度 t 开始延时(此时节点处于退避状态)。

(3) 延时结束,转至第(1)步。

图 7-16 给出了整个过程的示意图。

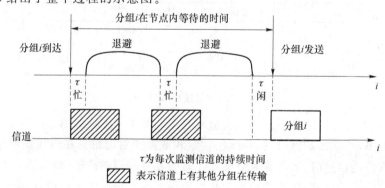

图 7-16 非坚持型非时隙 CSMA 协议的控制过程示意图

非坚持型非时隙 CSMA 协议的主要特点是节点在发送数据前会进行信道的监测,若监测到信道忙时,能主动延迟分组的发送,同时暂时放弃监测信道。非坚持型非时隙 CSMA

协议的系统吞吐量表达式如下：

$$S = \frac{Ge^{-\beta G}}{G(1+2\beta)+e^{-\beta G}} \tag{7-15}$$

7.5.2　时隙 CSMA 协议的工作过程

在时隙 CSMA 协议中，时间轴被分成宽度为 β 的时隙（时隙 ALOHA 中时隙的宽度为一个分组的长度，这里的时隙宽度为归一化的载波检测时间）。若分组在一个空闲的时隙中到达，该分组将在下一个空闲时隙开始传输〔如图 7-17(a)所示〕。若分组到达某节点时，信道上有分组正在传输，则该节点将变为等待重传的节点，该节点将在当前分组传输结束后的后续空闲时隙中以概率 q_r 进行传输，如图 7-17(b)所示。

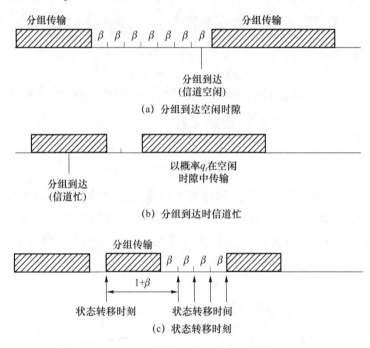

图 7-17　时隙非坚持 CSMA 协议

通过马尔可夫链来对时隙 CSMA 协议的性能进行分析，并进行以下假设：

(1) 分组长度为 1 个单位长度，且其总的到达过程是速率为 λ 的泊松过程；

(2) 网络中有无穷多个节点（假设 B）；

(3) 信道状态 0、1、e 的反馈时延最大为 B。

设每一个空闲时隙结束时刻等待重传的分组数 n 为系统的状态，因此相邻的两个状态转移的时间间隔为 β 或 $\beta+1$，如图 6-17(c)所示。

设 D_n 为一个状态转移间隔内 n 的平均变化数，则有：

$$D_n = E\{状态转移间隔内到达的分组数\} - 1 \times P_{\text{succ}}$$
$$= \lambda \cdot E\{状态转移间隔\} - 1 \times P_{\text{succ}} \tag{7-16}$$

其中有：

$$E\{状态转移间隔\}=\beta \cdot P(时隙空闲)+(1+\beta)(1-P(时隙空闲))$$
$$=\beta+1-P(时隙空闲)$$
$$=\beta+1-e^{-\lambda\beta}(1-q_r)^n \tag{7-17}$$

时隙空闲的概率应与前一时隙内无分组到达同时 n 个等待重传的节点没有分组在当前时隙发送的概率一致。分组的成功传输存在两种情况：一种情况是在前一时隙内有一个分组到达且 n 个等待重传的节点没有分组在当前时隙发送；另一种情况是在前一时隙内没有新分组到达但 n 个等待重传的节点在当前时隙有一个分组传输。则

$$P_{succ}=\lambda\beta e^{-\lambda\beta}(1-q_r)^n+e^{-\lambda\beta}nq_r(1-q_r)^{n-1}$$
$$=\left(\lambda\beta+\frac{q_r}{1-q_r}n\right)e^{-\lambda\beta}(1-q_r)^n \tag{7-18}$$

将式(7-17)和式(7-18)代入式(7-16)得：

$$D_n=\{\lambda[\beta+1-e^{-\lambda\beta}(1-q_r)^n]\}-\left(\lambda\beta+\frac{q_r}{1-q_r}n\right)e^{-\lambda\beta}(1-q_r)^n \tag{7-19}$$

当 q_r 较小时，有 $(1-q_r)^{n-1}\approx(1-q_r)^n\approx e^{-q_rn}$，因此

$$D_n\approx\lambda(\beta+1-e^{-g(n)})-g(n)e^{-g(n)} \tag{7-20}$$

其中，$g(n)=\lambda\beta+q_rn$，它反映的是重传分组数和到达分组数之和，即试图进行传输的总分组数。

使 D_n 为负的条件为：

$$\lambda<\frac{(n)e^{-g(n)}}{\beta+1-e^{-g(n)}} \tag{7-21}$$

其中，$(n)e^{-g(n)}$ 表示在每个状态转移区间内的平均成功传输的分组数，$\beta+1-e^{-g(n)}$ 表示平均状态转移区间的长度，不等式右侧公式表示单位时间内的吞吐量。它与 $g(n)$ 的关系如图 7-18 所示。从图中可以看出，最大的吞吐量为 $1/(1+\sqrt{2\beta})$，它对应于 $g(n)=\sqrt{2\beta}$。

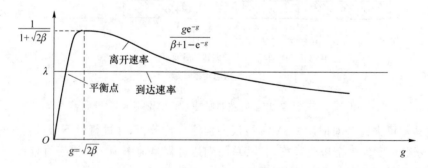

图 7-18　时隙 CSMA 协议的平均离开率（通过率）

CSMA 协议也同样存在着稳定性的问题。图 7-19 给出了几种典型的随机多址接入协议的性能曲线。非坚持型 CSMA 协议可以大量减少分组碰撞的概率，从而使得该通信系统的最大吞吐量可以超过信道容量的 80%，并且时隙非坚持型 CSMA 协议的性能更好。由于 1-坚持型 CSMA 并没有退避的措施，在业务量很小时，数据的发送机会更多，响应也更快。然而，当节点数增大或总的业务量增加时，碰撞的概率急速增大，系统的吞吐量急剧减少，其最大吞吐量只能达到信道容量的 53% 左右。综上所述，CSMA 协议的性能优于 ALOHA 协议的性能。

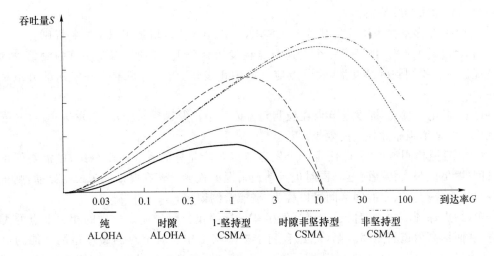

图 7-19　典型的随机接入多址协议性能曲线

7.6　载波侦听型多址协议(Ⅲ)
——CSMA/CD、CSMA/CA

虽然 CSMA 可以减少节点间发送冲突的概率,但是其只在发送数据前检查是否冲突,而数据发送过程中是有可能冲突的,这时 CSMA 会继续将剩下的数据发送完,导致时间、带宽的浪费。所以出现了带有冲突检测的 CSMA 协议(Carrier Sense Multiple Access with Collision Detection,CSMA/CD)。带有冲突避免的载波多路访问协议(Carrier Sense Multiple Access with Collision Avoid,CSMA/ CA,)是对 CSMA/CD 协议的修改,把冲突检测改为冲突避免。CSMA/CD、CSMA/CA 都是对 CSMA 的不同思路的改进。

7.6.1　有碰撞检测功能的载波侦听型多址协议(CSMA/CD)

前面章节所介绍的 CSMA 协议主要是通过节点在分组发送之前进行信道检测,从而减少节点间发送冲突的概率。然而传播时延的存在使得冲突仍旧不可避免,一旦发生冲突,信道资源就会被浪费。因此,在 CSMA 的基础上,CSMA/CD 增加了冲突检测的功能。若检测到信道上发生了冲突,则冲突的节点就必须停止发送。使得信道快速进入空闲状态,减少信道的时间资源的浪费,从而提高信道的利用率。这种边发送边监听的功能称为冲突检测。

CSMA/CD 的工作过程如下。

当一个节点有分组到达时,节点首先侦听信道,看信道是否处于空闲状态。若信道处于空闲状态,则立即发送分组;若信道处于忙状态,则连续侦听信道,直至处于空闲状态后立即发送分组。该节点在发送分组的过程中,将进行 δ 秒的信道监测,用于确定本节点的分组是否与其他节点发生碰撞。若没有发生碰撞,则该节点会无冲突地占用该总线,直至分组传输结束;若发生碰撞,则该节点立即停止发送,并随机时延一段时间后重复上述过程。(在实际应用中,发送节点在检测到碰撞以后还需产生一个阻塞信号来阻塞信道,以防止其他节点没有检测到碰撞而继续传输。）

在 CSMA 多址接入协议的基础上，CSMA/CD 接入协议增加了以下控制规则。

（1）"边说边听"。即任意一个发送节点在发送其分组的同时，需要一直检测信道的碰撞情况。一旦检测到碰撞发生，改节点应立即中止发送，而不管目前正在发送的分组是否发完。

（2）"强化干扰"。即发送节点在检测到碰撞并停止发送后，立即改为发送小段的"强化干扰信号"，来增强碰撞检测的效果。

（3）"碰撞检测窗口"。即任意一个发送节点若能完整的发完一个分组，则需要停止一段时间（两倍的最大传播时延），同时进行信道情况的检测。若在此期间未发生碰撞，则视为该分组传输成功。这个时间区间可以称为"碰撞检测窗口"。

第（1）点保证尽快确知信道中碰撞发生和尽早停止分组碰撞发生后的相关节点的无用发送，从而提高信道利用率。第（2）点有利于提高网络中所有节点的碰撞检测功能的可信度，从而保证了分布式控制的一致性。第（3）点可以提高单个分组发送成功的可信度。若接收节点在此窗口内发送应答帧〔确认字符（Acknowledge Character，ACK）或否定应答（Negative Acknowledgment，NAK）〕，则可保证应答传输成功的可信度。

下面分析 CSMA/CD 协议的性能。为了简化分析，假定一个局域网工作在时隙状态下，以每个分组传输的结束时刻作为参考点，将空闲信道分为若干个微时隙，用分组长度进行归一化的微时隙的宽度为 β。所有节点都同步在微时隙的开始点进行传输。若在一个微时隙开始点有分组发送，则经过一个微时隙后，所有节点都检测到在该微时隙上是否发生碰撞。若发生了碰撞，则立即停止发送。

利用时隙 CSMA 协议性能分析相同的马尔可夫链的方法进行分析。设网络中有无穷多个节点（假设 B），每个空闲时隙结束时的等待重传的分组数为 n，每个等待重传的节点在每个空闲时隙后发送的概率为 q_r。在一个空闲时隙发送分组的节点数为 $g(n)=\lambda\beta+q_r n$。

在一个空闲时隙后存在三种可能的情况：一是仍为空闲时隙；二是完成了一个分组的成功传输（归一化的分组长度为 1）；三是信道中发生了碰撞传输。三者对应的到达下一个空闲时隙结束时刻的区间长度分别为 β、$1+\beta$ 和 2β。因此，两个状态转移时刻的平均间隔为：

$$E\{状态转移时刻的间隔\}=\beta+1 \cdot g(n)e^{-g(n)}+\beta \cdot \{1-[1+g(n)]e^{-g(n)}\} \quad (7\text{-}22)$$

其中，第一项表示在任何情况下基本的间隔为 β，$1 \cdot g(n)e^{-g(n)}$ 是成功传输造成的平均间隔的增加，$\beta \cdot \{1-[1+g(n)]e^{-g(n)}\}$ 是碰撞造成的平均间隔的增加。

设 D_n 为在一个状态转移区间内 n 的变化量，则有：

$$D_n=\lambda \cdot E\{状态转移时刻的间隔\}-1\times P_{\text{succ}} \quad (7\text{-}23)$$

其中，

$$P_{\text{succ}}=g(n)e^{-g(n)} \quad (7\text{-}24)$$

要使 $D_n<0$，则有：

$$\lambda<\frac{g(n)e^{-g(n)}}{\beta+g(n)e^{-g(n)}+\beta \cdot \{1-[1+g(n)]e^{-g(n)}\}} \quad (7\text{-}25)$$

由式（7-25）可知，该不等式右侧为分组离开系统的概率，其最大值为 $1/(1+3.31\beta)$，它对应的 $g(n)=0.77$。因此，若 CSMA/CD 是稳定的（如采用伪贝叶斯算法），则系统稳定的最大分组到达率应小于 $1/(1+3.31\beta)$。

例 7.5 某局域网采用 CSMA/CD 协议实现介质访问控制，数据传输速率是 10 Mbit/s，主机甲和主机乙之间的距离是 2 km,信号传播速度是 2×10^5 km/s。若主机甲和主机乙发送数据时发生冲突,则从开始发送数据时刻起,到两台主机均检测到冲突时刻止,最短需经过多长时间? 最长需经过多长时间(假设主机甲和主机乙发送数据过程中,其他主机不发送数据)?

解　CSMA/CD 协议是带载波监听带冲突检测的 1-坚持访问控制协议,两个主机同时发送数据时两个主机检测到冲突的时间最短,需要 $2/(2\times10^5)=10$ μs,而在甲(乙)主机监测到信道空闲时发送数据帧,在数据帧到达乙(甲)前的一瞬间,乙(甲)主机也开始发送数据帧,此时两个主机均检测到冲突需要 20 μs,此时用时最长。

7.6.2　有碰撞避免功能的载波侦听型多址协议(CSMA/CA)

在无线系统中,硬件设备并不能在相同的频率(信道)上同时进行接收和发送,因此无法利用碰撞检测技术。只能通过冲突避免的方法来减少冲突的可能性。在 CSMA 的基础上,CSMA/CA 增加了冲突避免的功能。在 IEEE 802.11 无线局域网的标准便采用了 CSMA/CA 协议。它可以同时支持全连通的网络拓扑和多跳连通的网络拓扑。

在 IEEE 802.11 中的 CSMA/CA 的基本工作过程如下。

一个节点在发送数据帧之前先对信道进行预约。假定 A 要向 B 发送数据帧,发送节点 A 先发送一个请求发送帧(Request To Send,RTS)来预约信道,所有收到 RTS 帧的节点将暂缓发送。而真正的接收节点 B 在收到 RTS 后,发送一个允许发送的应答帧(Clear To Send,CTS)。在 RTS 和 CTS 帧中均包括要发送分组的长度〔在给定信道传输速率及 RTS 和 CTS 长度的情况下,各节点就可以计算出相应的退避时间,该时间通常称为网络分配矢量(Network Allocation Vector,NAV)〕。CTS 帧有两个作用:一是表明接收节点 B 可以接收发送节点 A 的帧;二是禁止 B 的邻节点发送,从而避免了 B 的邻节点的发送对 A 到 B 的数据传输造成的影响。RTS 和 CTS 帧很短,例如它们分别可为 20 字节和 14 字节。而数据帧最长可以达到 2 346 字节。相比之下,RTS 和 CTS 引入的开销不大。RTS/CTS 的传输过程如图 7-20 所示。

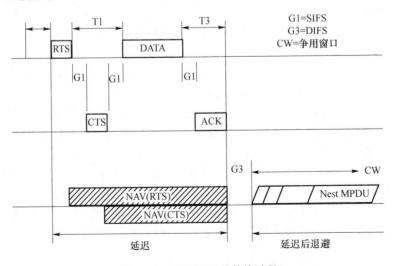

图 7-20　RTS/CTS 的传输过程

为了尽量避免冲突，IEEE 802.11 标准给出了三种长短各不相同的帧间间隔（InterFrame Space，IFS）。图 7-20 给出了只使用一种 IFS〔假设图中的短帧间间隔（Short InterFrame Space，SIFS）、分布式帧间间隔（Distributed InterFrame Space，DIFS)不加以区别〕时的 CSMA/CA 接入算法。

CSMA/CD 与
CSMA/CA 的区别
和优缺点

（1）发送帧的节点先进行信道检测。若发现信道处于空闲状态，则继续侦听一段时间 IFS，看信道是否仍处于空闲状态。若是，则立即发送数据。

（2）若发现信道处于忙状态（开始阶段或 IFS 时间内发现），则继续监听信道，直到信道处于空闲状态。

（3）若信道变为空闲，则此节点延时另一个时间 IFS。若信道在时间 IFS 内仍为空闲，则按照二指数退避算法（二进制指数退避算法，是指对一分组的重发退避时延的取值范围与该分组的重发次数进行二进制指数关系的构建。即随着分组遭碰撞而重发次数的增加，其退避时延的取值范围按 2 的指数增大）延时一段时间。只有在退避期间信道一直处于空闲状态的条件下，该节点才能发送数据。这可使在网络负荷很重的情况下，发生冲突的概率大大地减小。

IEEE 802.11 协议定义了三种不同的帧间间隔：

（1）SIFS，典型的数值只有 $10~\mu s$；

（2）点协调功能中的帧间间隔（Point Interframe Space，PIFS），比 SIFS 长；

（3）DIFS，最长的帧间间隔，典型的数值为 $50~\mu s$。

7.7 冲突分解算法

对于有竞争的多址接入协议而言，存在一个非常重要的问题：如何解决冲突从而使所有碰撞用户都可以成功传输。通过前面章节的讨论可知，可以通过对等待重传队列长度的估值的调整，来改变分组重传的概率，进而有效地减缓碰撞。然而这种方式存在一定的极限，因此可以考虑一种更有效地解决冲突的方式：若系统发生碰撞，则让新到达的分组在系统外等待，在参与碰撞的分组均成功传输结束后，再让新分组传输，即冲突分解（Collision Resolution，CR）。

下面以 ALOHA 协议为例进行讨论，以两个分组碰撞的情况来简要说明冲突分解的过程和好处。

例 7.6 设两个分组在第 i 个时隙发生碰撞，若每个分组独立地以 1/2 的概率在第 $i+1$ 和 $i+2$ 时隙内重传。求在这次冲突分解过程的吞吐量。

解 在第 $i+1$ 个时隙内有一个分组成功传输的概率为 1/2。若成功，则另一个分组在第 $i+2$ 个时隙内成功传输，此时需 2 个时隙解决碰撞。若第 $i+1$ 个时隙空闲或再次碰撞，则每个分组再独立地以概率 1/2 在第 $i+2$ 和 $i+3$ 时隙内重传。这样在第 $i+2$ 个时隙内有一个分组成功传输的概率为 1/4。若成功，则另一个分组在第 $i+3$ 个时隙成功传输，此时共需 3 个时隙解决碰撞。依此类推，需要 k 个时隙完成冲突分解的概率为 $2^{-(k-1)}$。设一个分组成功传输所需的平均时隙数为 $E[t]$，由于每个分组需传输 i 次才能成功（其中 $i-1$ 次重传，1 次正确传输），而分组正确传输的概率是 1/2，所以有：

$$E[t] = \sum_{i=1}^{\infty} i \times \left(\frac{1}{2}\right)^{i-1} \times \frac{1}{2} = \sum_{i=1}^{\infty} i \times \left(\frac{1}{2}\right)^{i} = 2$$

若有一个分组成功传输,则另一个分组在下一时隙必然成功传输,所以平均需要 3 个时隙才能成功发送 2 个分组。因而在冲突分解的过程中,吞吐量为 2/3。

例 7.6 说明冲突分解可以有效地提高系统的吞吐量。下面给出两种具体的冲突分解算法:树形分裂算法(Tree Splitting Algorithm,TSA)和先到先服务的分裂算法(First Come First Service Splitting Algorithm,FCFS)。

7.7.1　树形分裂算法

假设在第 k 个时隙发生碰撞,碰撞节点的集合为 S。所有未介入碰撞的节点进入等待状态,S 被随机地分成两个子集,用左集(L)和右集(R)表示。左集(L)先在第 $k+1$ 时隙中传输。若第 $k+1$ 时隙中传输成功或空闲,则 R 在第 $k+2$ 个时隙中传输。若在第 $k+1$ 时隙中发生碰撞,则将 L 再分为左集(LL)和右集(LR),LL 在第 $k+2$ 个时隙中传输。若第 $k+2$ 时隙中传输成功或空闲,则 LR 在第 $k+3$ 个时隙中传输。依此类推,直至集合 S 中所有的分组传输成功。从碰撞的时隙(第 k 个时隙)开始,直至 S 集合中所有分组成功传输结束的时隙称为一个冲突分解期(Collision Resolution Period,CRP)。

例 7.7　一个有三个节点在第 k 个时隙发生碰撞,其碰撞后的分解过程如图 7-21 所示,图中集合的分割是采用随机的方式,即在每次集合分割时,集合中的节点通过扔硬币的方法决定自己属于左集还是右集。

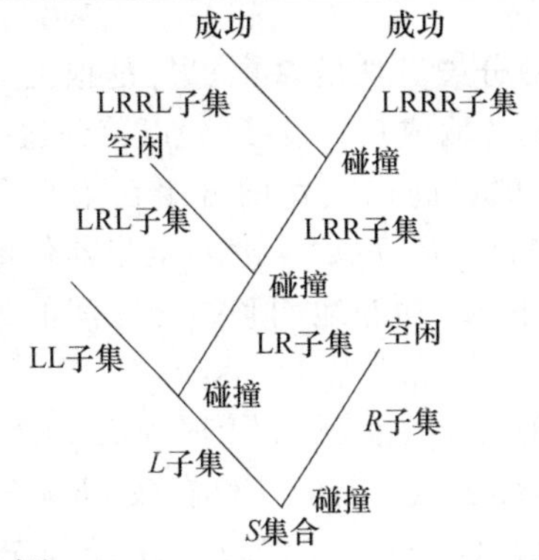

时隙	发送集合	等待集合	反馈
1	S	…	e
2	L	R	e
3	LL	LR, R	1
4	LR	R	e
5	LRL	LRR, R	0
6	LRR	R	e
7	LRRL	LRRR, R	1
8	LRRR	R	1
9	R	…	0

图 7-21　树形冲突分解算法举例

该图中用了 8 个时隙完成了冲突分解。

该算法中,在给定每个时隙结束时立即有$(0,1,e)$反馈信息的情况下,各个节点能构造一个相同的树,并确定自己所处的子集和确定何时发送自己的分组。具体的方法如下。

树形算法中的发送顺序可对应于一个数据压入堆栈的顺序。当一个碰撞发生后,碰撞节点的集合被分为子集,形成的每一个子集作为一个元素压入堆栈。在发送时,堆栈最顶端的子集从堆栈中移出并进行发送。每个节点采用一个计数器来跟踪它的分组所在的当前子集处于堆栈中的位置。若该子集处于堆栈的顶端,则立即发送。当该节点的分组传输发生碰撞(冲突分解开始),计数器的初值置 0 或 1(取决于该分组被放在哪个子集中,简单分析可得若该分组被放入左子集,则初值被置为 0;若该分组被放入右子集,则初值置为 1)。在冲突分解过程中,若计数器的值为 0,则发送该分组。若计数器为非 0,则在冲突分解过程中,每次时隙发生碰撞,计数器值加 1,每次成功传输或时隙空闲,计数器值减 1。

对树形算法进行分析可知,若在一次碰撞(如第 k 个时隙)以后,下一个时隙(第 $k+1$ 时隙)是空闲的,则第 $k+2$ 个时隙必然会再次发生碰撞。这表明将碰撞节点集合中的所有节点都分配到了右集(R),自然会再次发生碰撞。其改进的方法是:当碰撞后出现空闲时隙,则不传送第二个子集(R)中的分组,而是立即将 R 再次分解,然后再传输分解后的第一个子集(RL),若再次空闲,则再次进行分解,然后传送 RLL 集合中的分组,依此类推。通过这样的改进可以使每个时隙的最大吞吐量达到 0.46 个分组。

7.7.2 FCFS 分裂算法

先到先服务(First Come First Service,FCFS)分裂算法的基本思想是根据分组到达的时间进行冲突分解,并尽力保证先到达的分组最先传输成功。设 $T(k)$ 以前到达的分组都已发送完毕,现在需确定从 $T(k)$ 开始,长度为 $\alpha(k)$ 的区间内到达的分组在第 k 个时隙中传输,该区间被称为指配区间(Allocation Interval,AI)。从 $T(k)+\alpha(k)$ 至当前传输时刻称为等待区间。该算法的主要功能是根据冲突分解的情况,动态地调整指配区间的长度和起始时刻。FCFS 分裂算法如图 7-22 所示。

如图 7-22(a)所示,在 $[T(k),T(k)+\alpha(k)]$ 内到达的分组在第 k 个时隙内传输。若第 k 个时隙发生了碰撞,则将指配区间分为两个相等部分:左集(L)和右集(R)。其中,$L=[T(k+1),T(k+1)+\alpha(k+1)]$,$T(k+1)=T(k)$,$\alpha(k+1)=\alpha(k)/2$,且 L 首先在第 $k+1$ 个时隙内传输。若第 $k+1$ 个时隙空闲,则必然在第 $k+2$ 个时隙内碰撞。因为 R 区间必定包括 2 个以上的分组,所以在第$(k+1)$时隙结束时刻立即进行分解,从而得到 RL 和 RR 两个相等的区间。其中 RL$=[T(k+2),T(k+2)+\alpha(k+2)]$,$T(k+2)=T(k+1)+\alpha(k+1)$,$\alpha(k+2)=\alpha(k+1)/2$,这样若在第 $k+2$ 时隙内传输成功,则相应地第 $k+3$ 时隙内也传输成功。此时一个 CRP 结束。

若第 $k+1$ 时隙发生碰撞,这说明 L 区间至少有 2 个分组。(由于 L 区间的碰撞没有给出任何关于 R 区间的信息,因此将 R 区间划入等待区间内,此次碰撞分解不再考虑 R 区间)。将 L 分为 LL 和 LR。其中 LL$=[T(k+2),T(k+2)+\alpha(k+2)]$,$T(k+2)=T(k+1)$,$\alpha(k+2)=\alpha(k+1)/2$。在该例中[图 7-22(b)]中,LL 和 LR 在第$(k+2)$和第$(k+3)$时隙都会成功,一个 CRP 结束。

冲突算法

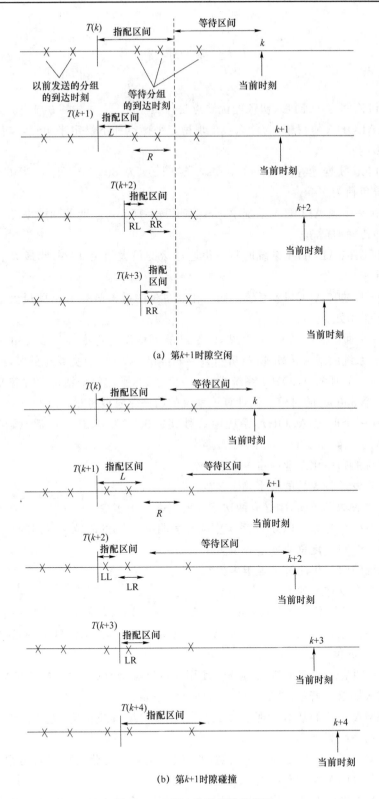

(a) 第$k+1$时隙空闲

(b) 第$k+1$时隙碰撞

图 7-22　FCFS 分裂算法示意图

本 章 习 题

7-1 请讨论固定多址接入协议的优缺点是什么？

7-2 在 ALOHA 协议中，为什么会出现稳定平衡点和不稳定平衡点，重传概率对系统的性能有何影响？

7-3 设信道数据速率为 9 600 bit/s，分组长度为 804 bit。计算当 $G=0.75$ 时纯 ALOHA 系统负荷为多少。

7-4 设在一个纯 ALOHA 系统中，分组长度 $\tau=15$ ms，总业务到达率 $\lambda_t=10$ pkt/s，求一个消息成功传输的概率。

7-5 试证明纯 ALOHA 系统的归一化通过量的最大值为 $1/2e$，此最大值发生在归一化总业务量等于 0.5 处。

7-6 试证明时隙 ALOHA 系统的归一化通过量的最大值为 $1/e$，此最大值发生在归一化总业务量等于 1 处。

7-7 设一个通信系统共有 10 个站，每个站的平均发送速率等于 2 分组/秒，每个分组包含 1 350 bit，系统的最大传输速率（容量）$R=50$ kbit/s，试计算此系统的归一化通过量。

7-8 设在一个时隙 ALOHA 系统中有 6 000 个站，平均每个站每小时需要发送 30 次，每次发送占一个 500 μs 的时隙。试计算该系统的归一化总业务量。

7-9 设在一个时隙 ALOHA 系统中每秒共发送 120 次，其中包括原始发送和重发。每次发送需占用一个 12.5 ms 的时隙。试问：

(1) 该系统的归一化总业务量等于多少？

(2) 第一次发送就成功的概率等于多少？

(3) 在一次成功发送前，刚好有两次碰撞的概率等于多少？

7-10 设在一个时隙 ALOHA 系统中测量表明有 20% 的时隙是空闲的。试问：

(1) 该系统的归一化总业务量等于多少？

(2) 该系统的归一化通过量等于多少？

(3) 该系统有没有过载？

7-11 n 个节点共享一个 9 600 bit/s 的信道，每个节点以每 100 s 产生一个 1 000 bit 分组的平均速率发送数据分组。试求在纯 ALOHA 系统和时隙 ALOHA 系统中最大可容许的系统用户数 N 的值。

7-12 什么叫稳定的多址接入协议？使用伪贝叶斯算法的时隙 ALOHA 协议是不是稳定的多址接入协议？若是，其稳定的最大通过率是多少？

7-13 CSMA 协议的基本原理是什么？与 ALOHA 系统相比，为什么 CSMA 系统有可能获得更高的系统吞吐率？

7-14 CSMA 系统主要是在什么问题的处理决策上去区分三种不同类型的 CSMA 协议？说明它们各自的关键技术特点。

7-15 CSMA 方法有什么应用环境限制？在卫星信道上能采用 CSMA 接入方法吗？为什么？

7-16　假设有以下两个 CSMA/CD 网：

网络 A 是 LAN(局域网)，传送速率为 5 Mbit/s，电缆长 1 km，分组长度 1 000 bit；

网络 B 是 MAN(城域网)，电缆长 50 km，分组长度 1 000 bit。

那么，网络 B 需要多大的传送速率才能达到与网络 A 相同的吞吐量？

7-17　设一条长度为 10 km 的同轴电缆上，接有 1 000 个站，信号在电缆上传输速度为 3.420 0 m/μs，信号发送速率为 10 Mbit/s，分组长度为 5 000 bit。试问：

(1) 若用纯 ALOHA 系统，则每个站最大可能发送分组速率等于多少？

(2) 若用 CSMA/CD 系统，则每个站最大可能发送分组速率等于多少？

7-18　K 个节点共享 10 Mbit/s 的总线电缆，用 CSMA/CD 作为访问方案(即以太网 LAN)。总线长 500 m，分组长 L 比特，假设网络上的 K 个节点总有业务准备传送(重负荷情况)。P 是竞争时隙中一个节点发送分组的概率。令 $K=10$，传播速度是 3×10^8 m/s。求竞争周期的平均时隙数、竞争周期的平均持续时间及以下两种情况的信道利用率：

(1) $L=100$ bit；

(2) $L=1 000$ bit.

7-19　冲突分解的基本思想是什么？试说明常用的冲突分解算法有哪些？

7-20　参考图 7-22，如果等待区间等于 0 或第 k 次的指配区间为图中的一半，分别画出 FCFS 分裂算法的示意图。

第8章 通信网络的路由技术

8.1 路由技术概述

8.1.1 路由技术简介

通信网络用于在分处异地的用户之间传递信息。由于网络中两个终端节点之间的通信可以通过多条路径进行，需要合理的路由方案在网络中选择最优路径，提高传输信道的利用率，满足用户沟通需求，即路由技术的优劣直接影响网络的通信效率和服务质量。

路由方案通常分为固定路由、迂回路由、随机路由和适应路由。固定路由提前规定一个路由，控制简单但路由选择僵化；迂回路由提前规定多个路由，按照特定顺序选取，控制较为复杂，广泛应用于电话通信网；随机路由无须提前规定路由，而是随机选择路由，业务处理效率不高，但是受网络状态影响较小，可应用于军事通信网；适应路由根据网络环境动态选择路由，常应用于数据通信网。

在数据业务逐渐成为主导的现状下，以电话网为代表的传统电信网络融合到以因特网为代表的 IP 数据网络成为主要发展趋势。因此，本章简单概述电话通信网的路由技术，着重介绍数据通信网的路由技术。针对数据通信网，首先简介路由技术基础，涵盖路由器的功能、结构、工作原理，路由表的查找、建立、维护、更新过程，以及两种最为常见的路由表匹配原则；然后基于因特网的层次化路由体系结构，分别介绍内部网关协议和外部网关协议的基本功能与常用路由算法；最后详细介绍四种常用路由协议的报文和其工作原理。

8.1.2 路由技术分类

1. 电话通信网的路由选择

电话通信网的路由即网络中任意两个用户间出现呼叫请求时，对应的交换中心之间建立一条呼叫连接或传递信息的通道。

在两个交换中心间存在多个可能的路由时，需要选择最优路由。电话网的路由选择包含选路结构和选路方式。选路结构分为分级路由和无级选路。分级选路即在源、宿节点间的一组路由中，依次按序进行路由选择；无级选路即在源、宿节点间的一组路由中，允许相互溢出，路由选择没有先后顺序。选路方式分为固定选路和动态选路。固定选路即交换机的路由表生成后通常保持不变,如需改变必须人工介入;动态选路即交换机的路由表可以根据网络状态进行更改,更改可以预先设置或实时进行。

按照路由选择可将路由分为直达路由、迂回路由和最终路由。直达路由是指由两个交换中心的链路直接构成,无需其他交换中心转接。迂回路由是指两个交换中心存在多个路由的情况下,当首选路由遇忙时,迂回到通过第三方交换中心转接的第二路由甚至第三路由。最终路由是指最后选择的无溢出的路由。

按照电路的呼损指标可将路由分为高效路由和低呼损路由。呼损全称为呼叫损失,是指在正常情况下,由于网络原因呼叫未能完成而损失的比率。组成高效路由的电路群没有呼损指标,允许话务量溢出到其他路由,由其他路由接续。组成低呼损路由的电路群的呼损指标小于 1%,不允许话务量溢出至其他路由。

按照交换中心的地位可将路由分为基干路由、跨级路由和跨区路由。基干路由是指构成网络基干结构的特定交换中心之间的路由,由低呼损电路群组成,不允许话务量溢出至其他路由。

2. 数据通信网的路由选择

数据通信网的路由即网络节点收到一个分组后,确定传送路径。虚电路网络在连接建立时确定数据传输的路由,建立连接后所有分组遵循此路由;数据报网络无须建立连接,网络节点对每个分组独立做出路由选择。影响路由选择的要素繁多,包含性能指标、决策地点、决策时间等,据此可对路由技术进行多种分类。

按照管理方式可将路由分为集中式路由和分布式路由。集中式路由使用集中式数据库,有逻辑上的路由控制中心,该中心周期性地收集网络中所有链路状态信息并存储在中央数据库,根据全局状态信息进行路由计算后周期性地向所有网络节点下发路由表。集中式路由拥有全局视图,更可能计算出最优路径。但是,由于集中式路由的中心节点负责网络中所有路由决策,存在单点故障风险和中心节点周围潜在的网络拥塞风险。分布式路由使用分布式数据库,所有节点通过与其他节点交换路由信息,收集局部状态信息,独立进行到达其他节点的路由计算,各自生成路由表。分布式路由所需信息较少,收敛特性更好。但是,由于分布式路由中各节点获得的状态信息不一致,可能导致乒乓效应,造成路由环路。

按照网络状态适应性可将路由分为非适应性路由与适应性路由,也称静态路由和动态路由。静态路由需要网络管理员手动配置路由信息,通常路由表是固定的,当网络拓扑结构或链路状态发生变化时,由网络管理员修改相关信息以适应新的网络状态。静态路由要求网络管理员高度熟悉网络拓扑结构,适用于比较简单的网络环境。此外,静态路由的网络安全性较高,也被应用在某些保密要求严格的网络中。动态路由通过相互连接的节点周期性地交换彼此信息,再按照特定算法优化生成路由表项,从而适应变化的网络状态。动态路由具有较高的自适应能力,适用于网络规模大、拓扑结构复杂、状态变化频繁的网络。与此同时,由于动态路由需要传输路由更新信息,网络带宽占用较高。

此外,路由选择还有其他分类方式,比如按照性能指标可分为最短路由和最优路由;按照通信实体的数量可分为点到点路由、点到多点路由、多点到多点路由等。针对不同的网络,可以根据网络特点,从可靠性、稳健性、最优性等多角度综合评判选择合适的路由技术。

8.2 路由技术基础

路由技术是通信网络中为不同节点的数据提供传输路径的技术,路由器是实现路由技术的基础设备,路由表是路由器进行路由选择时依据的若干条路由数据的集合,路由器使用精准匹配原则或最长前缀匹配原则对目的地址与路由表项进行对比,从而获得匹配项并转发分组。本节将对路由技术中的路由器、路由表以及路由表匹配原则进行介绍。

8.2.1 路由器简介

路由器是用来连接两个或多个网络进行路由的硬件设备。路由器通过配置解析不同的协议并分析目的地址,根据数据包首部字段值做出转发决定。

1. 路由器的功能

路由器作为网络设备是通信网的枢纽,其主要功能即为路由和转发。

路由是路由器控制层面的功能。路由决定了数据包的路由路径。路由器首先根据数据包的报头找到目标地址,通过路由表分析两台主机是否在同一网段内,同一网段则按照对应接口发送给下一路由器直到发送至目的端,否则将数据包通过网关送至另一网段,这个过程就称为路由。路由按计算方式分为静态路由和动态路由,静态路由通过网络管理员使用静态表手动配置和选择网络路由,在网络设计或参数保持不变的情况下应用,然而静态路由通常会降低网络的适应性和灵活性而限制网络性能。动态路由根据实际网络条件在运行时创建和更新路由表,采用动态路由协议找到最快路径,可以适应不断变化的网络条件。路由器的路由功能通过管理数据流量使得网络能够尽可能多地使用其容量而不会造成拥塞,最大限度地减少网络故障,有效提高网络通信效率。

转发是路由器数据层面的功能。转发是将数据包从一台路由器的输入端口传递至适当的输出端口的过程。路由器收到数据包后将在路由表中寻找下一节点,若不知道通过哪个输出端口转发至节点就丢掉数据包,否则就把数据包转发到相应的输出端口,这个过程就称为转发。转发分为基于目的地转发和通用转发两类,其中基于目的地转发是根据 IP 地址转发,然而路由转发表有很多项 IP 地址,通过基于目的地转发不具有普遍性。通用转发通过首部字段值集合和计数器集合对动作集合进行匹配,不限制于 IP 地址进行转发。

路由器除路由与转发两个主要功能外,还具备其他功能,如隔开广播域、将不同网段上的设备进行互通、子网间速率适配等。

2. 路由器的结构

图 8-1 展示了路由器的体系结构,路由器的体系包括输入端口、输出端口、交换结构、路由选择处理器 4 个组件。

如图 8-1 所示,路由器体系结构被分成了控制平面和数据平面,分别完成路由功能和转发功能。本节主要关注转发功能,将对路由器体系结构组件及功能进行详细阐述。

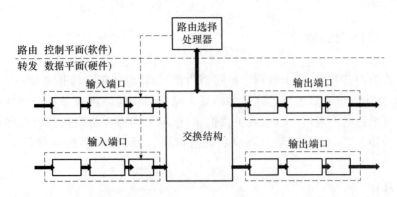

图 8-1　路由器体系结构

图 8-2 描述了路由器中输入端口的工作流程。输入端口具备许多功能:输入端口通过线路端接使输出链路上的数据包进入输入端口;停止传入物理链路的物理层;进行数据链路层处理;进行查找和转发,将数据包从交换结构转发到合适的输出端口。

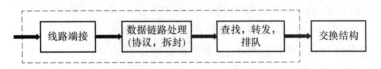

图 8-2　输入端口处理

交换结构位于路由器的核心部位,数据包通过交换结构分组从一个输入端口转发到另一个输出端口中。交换包括内存交换、总线交换、互联网络交换这三种交换技术。

图 8-3 描述了路由器输出端口的工作流程。输出端口处理的功能主要是将存放在输出端口内存中的分组发送到输出链路上。此过程还执行所需的链路层和物理层传输功能。

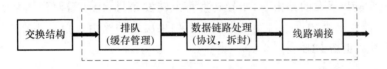

图 8-3　输出端口处理

3. 路由器的工作原理

在路由器功能和路由器结构的基础上,这里将路由器各部分组件功能进行串联以介绍路由器的工作原理。

在路由器工作的过程中,当路由器收到一个数据包时,数据包将进入输入端口处理。输入端口首先通过线路端接功能和链路层处理实现了用于各个输入链路的物理层和链路层。之后在输入端口执行查找操作,也即路由器使用转发表来查找输出端口,使得数据包能经过交换结构转发到该输出端。数据包经过三种交换方式之一实现端口转发,转发到输出端口。最终输出端口处理后把数据发送到输出链路上,执行链路层和物理层的传输功能。

在路由器数据平面工作运行时,路由器的控制功能也在同步工作。控制功能包括执行路由选择协议、执行管理等功能。路由器的控制功能在路由选择器上实现执行。

8.2.2 路由表的建立

在数据传输的过程中,每个数据包经过路由器时,路由器都会为其寻找一条最佳的传输路径,使得数据包能够有效地传送到目的地址。路由器中的路由表是一个存储在路由器或者联网计算机中的电子表格(文件)或类数据库,保存了周边网络的拓扑信息和各种指向特定网络地址的路径,可以实现路由协议和静态路由选择,从众多传输路径中选择最佳的一条。

1. RIB/FIB

在每一个路由器设备中,通常都维护了两张比较相似的表,分别为:

- 路由信息表(Routing Information Base,RIB),简称 RIB 表、路由表。
- 转发信息表(Forwarding Information Base,FIB),简称 FIB 表、转发表。

RIB 用来存储所有的路由信息,路由器通过运行的路由协议来学习新的路由并把它保存在路由表中,通常用来决策路由传输路径。路由表中一般有三类路由:

(1) 直连路由,即链路层协议发现的路由。

(2) 静态路由,即由系统管理员事先设置好的固定路由。

(3) 动态路由,路由器根据网络系统的运行情况而自动调整的路由。路由器有时需要自动计算数据包的最佳传输路径,主要是根据路由选择协议,自动更新网络的运行情况和参数。

FIB 用来转发分组,利用 FIB 表中每条转发项,数据包可以转发到路径的下一个路由器,或者直接传送到相连的网络中的目的主机而不经过别的路由器。

在网络传输过程中,首先由 RIB 决策选出最佳路由,并将筛选的路由下发到 FIB。之后,FIB 接收到 RIB 下发的路由表,指导转发每个转发条目,比如需要到达某子网目的地址或是通过路由器的哪个物理接口发送报文等。如果出现的路由表信息不在 FIB 中,那么由 RIB 生成,并重新更新 FIB 表。

2. 路由表记录信息

路由表包含路由器进行路由选择时所需要的关键信息,这些信息构成了路由表的总体结构。在对路由进行维护和检错时往往需要注意这些信息。路由表中的信息内容如下。

(1) Destination:网络地址(目的地址),用来标识 IP 包的目的地址或者目的网络。

(2) Mask:网络掩码,与目的地址一起标识目的主机或者路由器所在的网段地址。将目的地址和网络掩码"逻辑与"后可得到目的主机或路由器所在网段的地址。

(3) Gateway:网关,又称为下一跳地址,与承载路由表的路由器相邻的路由器的端口地址。

(4) Interface:接口,说明 IP 包将从该路由器哪个接口转发。

(5) Pre:标识路由加入 IP 路由表的优先级。可能到达一个目的地有多条路由,往往选用优先级高的路由进行利用。

(6) Cost:路由开销。当到达一个目的地的多个路由优先级相同时,路由开销最小的将成为最优路由。

8.2.3　路由表的匹配

路由器收到数据包后,在输入端口处理阶段会使用路由转发表来寻找输出端口,从而实现转发功能。在查找输出端口时,路由器用数据包的目的地址与路由表中的表项进行匹配,如果存在匹配项,那么路由器向与该匹配项相关联的链路转发分组。本节将介绍两种匹配规则:精准匹配原则与最长前缀匹配原则。

1. 精准匹配原则

路由表中包含了路由器可以到达的目的网络,而精准匹配原则是将路由表中的各项地址与数据包的目的地址进行每一位的精准匹配。整个过程大致如下:当输入端口处理数据包时,路由器会先查询路由表,将数据包的 32 位目的 IP 地址与路由表的每一个 32 位地址进行逐位比对。目的 IP 地址若不在路由表中则数据包被丢弃,若存在于路由表中则会经过交换到达输出端口处理,从而进入传出链路进行数据传递。

2. 最长前缀匹配原则

最长前缀匹配原则是指在 IP 协议中,被路由器用于在路由表中进行选择的一个算法。路由表中的每个表项都指定了一个网络,所以一个目的地址可能与多个表项匹配。众多表项中最精确的一个,即子网掩码最长的一个,这种匹配就称为最长前缀匹配。因为在多条目的网段相同的路由中,掩码越长的网络地址,表示的网段就越小,匹配也就越精确。最长前缀匹配又称为最长匹配或最佳匹配。

在图 8-4 所示的路由过程中,当路由器 R1 收到一个到达 172.16.2.1 的数据包时,按照 R1 的路由表,它将把数据包转发给哪台路由器呢?

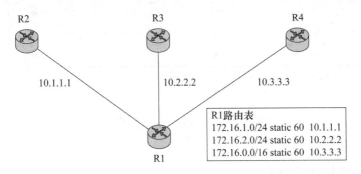

图 8-4　R1 路由示意图

按照最长前缀匹配原则,R1 依次按照路由条目将报文的目的 IP 地址 172.16.2.1 和路由条目的网络掩码(24 位或 16 位)进行逻辑与运算。

运算结果与路由条目 1 的目的网络地址的前 24 bit 进行对比,如表 8-1 所示,结果发现有两个比特位不相同,因此判断出这个目的 IP 与路由条目 1 不匹配,R1 将不使用这条路由转发到达 172.16.2.1 的数据包。目的 IP 地址与路由条目 1 不匹配,会继续与路由条目 2、路由条目 3 匹配。

表 8-1　R1 和路由条目 1 匹配结果

Destination	10101100	00010000	00000010	00000001	172.16.2.1
Mask	11111111	11111111	11111111	00000000	255.255.255.0
结果	10101100	00010000	00000010	00000000	172.16.2.0
路由条目 1	10101100	00010000	00000001	00000000	172.16.1.0

　　将运算结果与路由条目 2 的目的网络地址的前 24 bit 对比,如表 8-2 所示,发现每一个比特位都相同,因此该目的 IP 匹配这条路由,而且匹配结果是 172.16.2.0/24,也就是说匹配长度是 24。继续进行路由条目匹配。

表 8-2　R1 和路由条目 2 匹配结果

Destination	10101100	00010000	00000010	00000001	172.16.2.1
Mask	11111111	11111111	11111111	00000000	255.255.255.0
结果	10101100	00010000	00000010	00000000	172.16.2.0
路由条目 2	10101100	00010000	00000010	00000001	172.16.2.0

　　运算结果与路由条目 3 的前 16 bit 进行对比,如表 8-3 所示,发现每一个比特位都是相同的,因此该目的 IP 匹配此路由,匹配结果是 172.16.0.0/16,匹配长度 16。在要查找地址 172.16.2.1 的时候,有两个条目都"匹配"。也就是说,两个条目都包含要查找的地址。根据最长匹配原则,路由条目 2 匹配度更长(掩码更长),因此 R1 将采用路由条目 2 来转发到达 172.16.2.1 的数据包。

表 8-3　R1 和路由条目 3 匹配结果

Destination	10101100	00010000	00000010	00000001	172.16.2.1
Mask	11111111	11111111	00000000	00000000	255.255.0.0
结果	10101100	00010000	00000000	00000000	172.16.0.0
路由条目 3	10101100	00010000	00000000	00000000	172.16.0.0

8.3　层次路由方法

8.3.1　分层网络架构

　　在简单化网络拓扑模型中,所有因特网路由器被视为等价,整个网络拓扑被视为一个图结构,但这种所有路由器等价的网络结构模型过于理想化,与实际网络需求存在较大出入,在实际应用中会产生两个严重的问题。

　　(1)规模问题:随着网络规模的膨胀,网络拓扑图迅速扩大,在整个因特网上运行路由选择算法会产生庞大的开销。因特网目前规模极其巨大,上百万台路由器互相连接,目的网络数以亿计,简单化网络结构下,所有路由器需要维护整张网络所有的路由信息,庞大的路由交换信息容易使网络陷入瘫痪状态。

（2）自治问题：某些组织或单位不愿意让外界了解自己的网络架构和使用的路由协议，希望按自己的意愿管理组织内部的网络架构和路由器，但又需要与因特网连接，简单化网络结构难以实现此类需求。

因此，在通信网络中提出通过划分自治系统（Autonomous System，AS）的路由技术来解决上述问题，在标准文献 RFC177 中，因特网工程任务组把自治系统定义为：处在单个管理机构的控制下、使用同一路由策略的一组路由器。其中，每个 AS 分配一个全局唯一的自治系统号码（Autonomous System Number，ASN），用来标识不同的自治系统。

AS 由处于单一技术管理下的众多网络、IP 地址以及路由器组成。路由器使用一种自治系统内部的路由选择协议和共同的度量以确定分组在该 AS 内的路由。不同的 AS 可以使用多种内部路由选择协议和多种度量，但是每一个 AS 内部的路由器需要使用一致的路由选择协议和度量。同时，AS 之间需要交换信息，不同 AS 之间通过路由器相连，使用一种 AS 之间的路由选择协议交换信息。负责向本 AS 之外的目的网络转发分组的路由器称为网关路由器。

如图 8-5 所示，共有 3 个 AS，其中，同一 AS 下的路由器被划分到一个阴影部分之下，AS 外部网关路由器之间的链路连接由最粗线表示，AS 内部路由器之间的链路连接由较粗线表示，路由器与子网之间的连接由最细线表示。可以看到，AS1 内部共有 4 台路由器，分别为 x1、y1、z1 和 k1，它们使用同一种内部路由选择协议。自治系统 AS2 和 AS3 内部各有 4 台和 3 台路由器。路由器 k1、k2、z2 和 y3 为网关路由器。运行在 AS1、AS2 和 AS3 中的 AS 内部路由选择协议不需要相同，但每个 AS 内所有的路由器运行的路由选择协议是相同的。

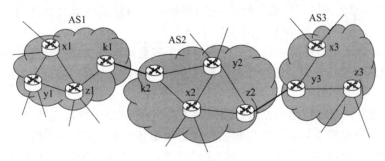

图 8-5　一个简单的分层网络架构示例

综上，AS 可以较好地解决简单化网络存在的规模问题和自治问题。同一 AS 内部，所有路由器运行同样的 AS 内部路由选择协议。不同 AS 之间，网关路由器运行 AS 间路由选择协议以连接 AS。那么一个 AS 内部的路由器仅需要进行内部的 IP 数据报的分组转发，需要维护的路由信息规模大幅降低，且一个 AS 内部的网络架构和路由协议也可以对外隐藏。

目前，大部分组织或单位都已将拥有的路由器封装成一个 AS，AS 内部使用自己的网络架构和路由协议，在自治区域边界选择若干台路由器作为网关路由器，使用 AS 之间的路由协议与因特网中其他 AS 相连。

8.3.2　内部网关协议 IGP

基于 8.3.1 小节提到的 AS 概念，因特网的路由协议可分为 AS 内部和 AS 之间两类。

其中,内部网关协议(Interior Gateway Protocol,IGP)又称内部路由选择协议,运行于 AS 内部,用于确定在一个 AS 内执行路由选择的方式,主要功能是计算 AS 内部节点之间的最短路由路径并对 AS 内部的 IP 数据包进行转发。

路由协议的核心是路由选择算法,不同的路由协议使用不同的算法计算路由表中将更新的路由信息发送给邻居节点以及确定源节点到目的节点的最短路径。IGP 通常采用距离矢量路由选择算法或链路状态路由选择算法。

1. 距离矢量路由算法

距离矢量由距离和方向构成,其中,距离按跳数等度量来定义,方向则是下一跳的路由器或路由信息送出接口,用来通告路由信息。距离矢量(Distance Vector,DV)路由算法是美国高级研究计划署(Advanced Research Project Agency,APRA)网络上最早使用的路由算法,属于分散式路由选择算法(Decentralized Routing Algorithm)的一种。

距离矢量路由算法采用迭代式更新、分布式计算的方法计算源节点到目的节点的最短路径。网络中所有节点均不拥有整个网络拓扑的路由信息,每个节点维护一张矢量表,矢量表中的每一行都记录了从当前节点能到达的目的节点的最佳出口(接口)和距离(跳数)。网络中的节点通过与邻居节点交换路由信息,迭代计算出到达目的节点的最短路径,以此更新矢量表。使用距离矢量路由选择算法的典型协议为路由信息协议(Routing Information Protocol,RIP)。

距离矢量路由算法有如下典型的共同特征。

(1)定期更新。距离矢量路由算法按照一定的时间间隔发送更新,例如,RIP 协议间隔 30 秒更新一次。即使网络拓扑结构保持不变,网络中的节点依然会向自己的所有邻居节点发送定期更新。

(2)仅维护邻居节点的路由信息。网络中每个节点路由器只维护自身接口的网络地址以及能够通过其邻居节点到达的远程网络地址,并不维护整个网络拓扑的路由信息,即单一节点无法得知全局拓扑结构。

(3)广播更新。当节点路由器运行路由协议时,会向网络中发送广播更新信息,配置了相同路由协议的节点路由器收到广播数据包时会做出相应响应,不关心路由更新的主机或运行其他协议的路由器会在第 1、2、3 层处理此类更新,然后将其丢弃。广播更新的发送地址为 255.255.255.255,某些特殊的距离矢量路由协议不使用广播地址,而是使用组播地址。

(4)全路由选择表更新。大多数距离矢量路由协议广播路由信息时,会向邻居节点发送整个路由表,邻居路由器只会选择自己路由表中没有的信息加表,丢弃其他信息。

从上述特征可以看出,距离矢量路由算法运行时简单清晰,新节点加入网络拓扑时可以迅速与其他节点建立联系获得补充路由信息。但是距离矢量路由算法每次更新信息时发送整个全局路由表,网络开销较大且占用内存较多,同时,算法收敛时间较长,导致网络中某些路由器的路由表更新较慢,从而有一定概率引发路由环路。综上,距离矢量路由算法仅适用于以下情形:

- 网络拓扑结构简单、扁平,无特殊的层次化架构;
- 网络对算法收敛时间不敏感;
- 特定类型的网络拓扑结构,如集中星形(Hub-and-Spoke)网络;

- 管理员不熟悉链路状态协议配置和故障排查。

Bellman-Ford 算法是典型的距离矢量算法之一，由 Richard Bellman 和 Lester Ford 创立，是一种典型的最短路径算法，用于计算一个节点到其他节点的最短路径。算法基本原理为：若 Y 为 X 至 Z 的最短路径上的一个节点，则 $X{\rightarrow}Y$ 和 $Y{\rightarrow}Z$ 分别为 X 到 Y 和 Y 到 Z 的最短路径。算法在执行中对图中每一条链路去迭代计算当前节点到其他所有节点的最短路径，执行 n 遍，最终得到源节点到其他所有节点的最短路径。其中，n 为网络拓扑图中节点的个数。具体执行步骤如下。

（1）给定一个网络拓扑，设 X 为源节点，Z 为目的节点，Y 为 Z 的邻居节点，Y 到 Z 的链路权重是 W，初始化源节点到其他所有节点的距离为 d，X 到 X 的距离 $d=0$，X 到其他节点距离 $d=\infty$。

（2）进行 $n-1$ 次循环，遍历网络拓扑中所有的链路，进行松弛计算，迭代更新最短路径，$d(X,Z)=\min(d(X,Z),d(X,Y)+W)$。

（3）遍历图中所有的边，检验是否出现这种情况：$d(X,Z)>d(X,Y)+W$，若出现则返回 false，没有最短路。

以图 8-6 为例，假设路由器 E 为源节点，则 Bellman-Ford 算法运行结果如表 8-4 所示。

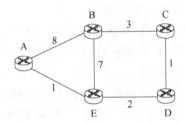

图 8-6　一个 AS 内部拓扑图 1

表 8-4　Bellman-Ford 算法运行结果

d( )	经过邻居节点的成本		
	A	B	D
A	1	14	5
B	8	7	6
C	5	10	3
D	4	11	2

表 8-4 计算了节点 E 对于其他所有节点的距离矩阵。上边 A、B、D 为节点 E 的邻居节点，侧边为其他所有节点。每一行是节点 E 经过不同邻居节点到达目的节点的距离。

由上可知，在一个含有 n 个节点，m 条链路的网络拓扑图中，Bellman-Ford 算法的时间复杂度为 $O(mn)$。

2. 链路状态路由算法

与距离矢量路由算法不同，链路状态（Link State，LS）路由算法是一种全局式路由选择算法（Global Routing Algorithm），链路状态路由算法的输入是所有节点的连接状态以及所有链路的费用，只通告链路状态不通告路由表，使用链路状态路由选择算法的典型协议为开放式最短路径优先协议(Open Shortest Path First,OSPF)。

链路状态路由选择算法运行时主要分为以下四个步骤。

(1)每个节点搜索自己的邻居节点,获取邻居节点的网络地址,通过发送 Hello 分组,建立一个协议的邻居关系,同时测量到每个相邻节点的开销及延迟。

(2)收集用于交换的路由信息,并构造包含这些路由信息的链路状态更新分组,即链路状态数据包(Link Status Packet,LSP)。创建链路状态更新分组的时机分两种:一种为定期创建,另一种为事件发生时创建。

(3)使用洪泛(Flood)算法向其他节点发送链路状态数据包。Flood 算法的实现优劣在一定程度上会影响链路状态算法的性能。

(4)根据收到的所有节点的连接状态以及所有链路的费用等路由信息来创建网络的完整拓扑结构,并在拓扑结构中计算选择到达源节点到达所有目的节点的最短路由路径。

链路状态路由算法存在如下典型的共同特征。

(1)需要创建完整拓扑图。链路状态路由算法运行时会创建网络结构的完整拓扑图,网络中的节点均得知完整拓扑图,距离矢量路由算法则不需要,运行距离矢量路由算法的路由器仅维护一个网络列表,其中列出了通往各个节点的距离以及当前节点的下一跳路由器。

微课-最短路径
算法求解比较

(2)收敛速度快。节点收到一个链路状态数据包 LSP 后,链路状态路由算法便立即将该 LSP 从除了接收该 LSP 的端口以外的所有端口洪泛出去。运行距离矢量路由算法的路由器需要对每个路由更新进行处理,并且在更新完路由表后才能将更新分组从路由器端口洪泛出去,触发更新也不例外。因此链路状态路由算法的收敛时间更短。

(3)事件驱动更新。链路状态路由协议是事件驱动更新,发生变化即触发更新。在初始 LSP 泛洪之后,链路状态路由算法在运行时仅在网络拓扑结构发生改变时才会发出 LSP,该 LSP 由发生变化的路由器洪泛自身的链路状态更新分组到其他的节点路由器。与距离矢量路由算法不同,链路状态路由算法不会定期发送更新。

(4)采用层次式设计。链路状态路由算法使用了区域的原理,多个区域形成了层次状的网络结构,这样有利于在一个区域内隔离路由问题。

由上述对链路状态路由算法的介绍可以看出,链路状态路由算法需要获取整张网络的链路状态信息,获取、管理并处理这些链路信息需要强大的 CPU 处理能力以及足够的内存,所以链路状态路由算法并不适用于所有网络。链路状态路由算法主要适用于以下情形。

(1)网络结构为层次状的网络结构,通常大规模网络会采用分层设计结构。

(2)网络对收敛速度的要求很高。

(3)管理员熟悉网络中采用的链路状态路由算法。

链路状态路由算法的典型代表为 Dijkstra 算法,Dijkstra 算法是用来解决单源最短路径问题的经典算法,单一源节点到其余各个节点的最短路径称为"单源最短路径"。Dijkstra 算法运行步骤如下。

(1)给定网络拓扑 G,将源节点 s 作为当前节点开始计算,设置集合 S,将源节点加入集合 S,此时集合 S 中只有源节点。

(2)将距离当前节点的距离最短的路由节点 u 加入集合 S 中。

(3)令节点 u 为中介点,优化起点 s 与所有从 u 能到达的节点 v 之间的最短距离,更新源节点到集合 S 之外所有路由节点的路径。

（4）判断集合 S 外节点列表是否为空，如果为空则算法计算结束，否则回到步骤（2），直至所有节点加入集合 S，源节点到其他所有节点最短路径被找出，算法结束运行。

以图 8-7 为例，假设路由器 A 为源节点，则 Dijkstra 算法运行结果如表 8-5 所示。

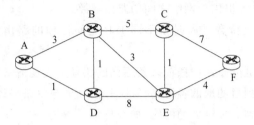

图 8-7　一个 AS 内部拓扑图 2

表 8-5　Dijkstra 算法运行结果

n	$d(A,A)$	$d(A,B)$	$d(A,C)$	$d(A,D)$	$d(A,E)$	$d(A,F)$
1	0	3(AB)	∞	1(AD)	∞	∞
2	0	2(ADB)	∞	1(AD)	9(ADE)	∞
3	0	2(ADB)	7(ADBC)	1(AD)	5(ADBE)	∞
4	0	2(ADB)	6(ADBEC)	1(AD)	5(ADBE)	9(ADBEF)
5	0	2(ADB)	6(ADBEC)	1(AD)	5(ADBE)	9(ADBEF)

在上述例子中，Dijkstra 算法经过 5 轮迭代，计算出了源节点到 5 个目的节点的最低费用路径。

由上可知，当网络中存 C 在 n 个节点（不算源节点）时，最多需要经过 n 次迭代才能计算出从源节点到所有目的节点的最短路径。在最坏情况下所有迭代中共需要搜寻 $n(n+1)/2$ 个节点。因此链路状态算法的时间复杂度为 $O(n^2)$。

8.3.3　外部网关协议 EGP

8.3.2 小节介绍的内部网关协议用于一个 AS 内部的路由寻路，而整个网络中不同 AS 之间则通过网关路由器使用外部网关协议连通，外部网关协议（External Gateway Protocol，EGP）是一种在自治系统的相邻两个网关主机间交换路由信息的协议，为两个相邻的位于各自域边界上的网关路由器提供一种交换消息和信息的方法。

EGP 通过在 AS 网络中交换信息来连接两个网关主机，每个网关主机都有自己的边界路由器。相邻的 EGP 路由器均属于独立的 AS，交换路由表进行 AS 间路由。EGP 的代表协议是边界网关协议（Border Gateway Protocol，BGP）。

EGP 通过获取邻居、监视邻居可达性和以 Update 消息形式交换网络可达性信息。EGP 是一个轮询协议，基于使用 Hello/I-Heard-You(I-H-U) 消息交换来监视邻居可达性，使用 Poll 命令征求更新响应。使用 EGP 的网关路由器的路由表包含一组已知路由器及这些路由器的可达地址以及路径开销，从而可以选择最佳路由。每间隔 120 秒或 480 秒，网络中的每个节点路由器会访问其邻居节点一次,邻居节点路由器响应此访问并发送完整的路由表。

EGP 有如下典型的特征:

(1) EGP 用于由许多因特网服务提供商(Internet Service Provider,ISP)支持的广域网中的路由器,支持不同服务提供者网络之间的路由寻路;

(2) EGP 通过实现支持数据同时在不同 ISP 之间传输的路由策略,实现网络路径的冗余;

(3) EGP 通过将数据分布在两条或多条不同的路径上实现流量负载均衡;

(4) EGP 维护从源到目的地的各种路径的信息,知道与每条路径相关的开销;

(5) EGP 可以扩展到非常巨大的网络,如因特网。

EGP 通常采用路径矢量路由算法,路径矢量路由算法结合了距离矢量路由算法和链路状态路由算法,在对等的实体交换路由信息的时候使用类似距离矢量的算法,而在建立网络拓扑关系图时则采用了类似链路状态的算法。结合了两种算法的特点,可以达到减少信息传输量和降低处理复杂度的目的,但是也有着路径选择非最佳,收敛速度较慢的缺点。

8.4 经典路由协议

8.4.1 OSPF 协议

1. OSPF 协议概述

20 世纪 80 年代中期,路由信息协议(Routing Information Protocol,RIP)已难以适应大规模异构网络的互连,网间工程任务组织(The Internet Engineering Task Force,IETF)的内部网关协议工作组为 IP 网络开发了开放式最短路径优先协议(Open Shortest Path First,OSPF)。

OSPF 是一种基于链路状态的路由协议,在该协议中,网络运营商为每个链路分配一个权重,从每个路由器到每个目的地的最短路径使用这些权重作为链路的长度来计算。在每个路由器中,到所有可能目的地的所有最短路径上的下一个链路都存储在路由表中,进入路由器的请求通过在到达目的地的最短路径上的链路之间分割流来发送到目的地。

OSPF 会将一个自治域(Autonomous System,AS)划分为区,根据源与目的地是否在同一区有两种类型的路由选择方式:区内路由选择和区间路由选择。当源和目的地在同一区时,采用区内路由选择;当源和目的地在不同区时,采用区间路由选择。此方案可以有效减少网络开销,并提高网络的稳定性。当区内路由器出现故障时,自治域内其他区的路由器仍可以正常工作不受影响,这有利于网络的管理与维护。然而,OSPF 路由的质量很大程度上取决于权重的选择。

2. OSPF 协议报文

OSPF 协议报文直接封装在 IP 报文中,IP 报文头部中的协议字段值为 89。如图 8-8 所示,OSPF 报文包括 8 个字段;各字段功能如表 8-6 所示。

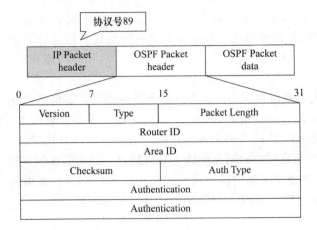

图 8-8 OSPF 协议报文

表 8-6 OSPF 协议报文各字段作用

字 段	长度/B	作 用
Version	1	OSPF 协议版本
Type	1	标识 OSPF 报文类型,取值 1~5
Packet length	2	标识 OSPF 报文长度,单位为字节
Router ID	4	标识该报文发送者的身份
Area ID	4	标识路由器(接口)所处区域
Checksum	2	校验字段,用于校验数据包的准确性,校验从 OSPF Header 开始除 Authentication 以外的字段
Auth Type	2	用于路由器之间加密协商,为 0 时表示不认证,为 1 时表示简单的明文密码认证,为 2 时表示加密(MD5)认证
Authentication	8	认证所需的信息

OSPF 报文类型分为 5 种,分别是 Hello、Database Description(DD)、Link State Request(LSR)、Link State Update(LSU)和 Link State Ack(LSAck),各类型对应的功能如表 8-7 所示。

表 8-7 OSPF 协议类型及其作用

类型标识	报文类型	报文功能
1	Hello	用于建立和维护邻居关系
2	Database Description	用于互相传递链路状态数据库摘要信息
3	Link State Request	用于请求特定的链路状态信息
4	Link State Update	用于传递完整的链路状态信息
5	Link State Ack	发送确认报文,通过封装链路状态广播的头部信息完成链路状态信息传递的确认

3. OSPF 协议工作原理

OSPF 协议是一种基于链路状态的路由协议,该协议的核心思想是各路由器将链路状态传递给其他路由器,然后各路由器根据收集到的链路状态信息计算出去往不同目的地的路由。下面介绍 OSPF 协议相关概念。

(1) 链路状态

OSPF 路由器收集其所在网络区域上各路由器的链路状态信息(Link-State),生成链路状态数据库(Link-State Data Base,LSDB)。自治系统的链路状态数据库描述一个有向图,图的顶点由路由器组成。当两个路由器通过物理点对点网络连接时,图中会连接它们。将路由器连接到网络的边表示路由器在网络上具有接口。路由器掌握该区域上所有路由器的链路状态信息,即了解整个网络的拓扑状况。在此基础上,OSPF 路由器将利用最短路径优先算法(Shortest Path First,SPF),计算到达任意目的地的路由。

(2) 区域

OSPF 协议引入"分层路由"的概念。OSPF 会将网络分割成一个"主干"和多个相互独立的"区域",一个"区域"由连续网络、主机和具有与任何一个所包含网络的接口的路由器组成,"主干"则连接多个相互独立的"区域"。每个区域都有独立的 LSDB 和相应的图示,各 LSDB 只保存该区域的链路状态,并且每个区域都运行基本链路状态路由算法的单独副本。区域外部不可见区域内的拓扑,在给定区域内的路由器也不知道区域外的详细拓扑。这种信息隔离能够显著减少协议的路由流量,每个路由器的 LSDB 都可以保持合理的大小,路由计算的时间、报文数量都不会过大。

(3) OSPF 网络类型

根据路由器所连接的物理网络不同,OSPF 协议所支持的网络分为以下四种类型:广播型(Broadcast)、非广播多路访问型(None-Broadcast Multi-Access,NBMA)、点到多点型(Point-to-MultiPoint,P2MP)、点到点型(Point-to-Point,P2P)。当链路层协议是 Ethernet 或 Fiber Distributed Digital Interface(FDDI)时,OSPF 协议默认的网络类型是 Broadcast。当链路层协议是帧中继、ATM 或 x.25 时,OSPF 协议默认的网络类型是 NBMA。P2MP 类型的网络必须是由其他网络类型强制更改的。当链路层协议是 PPP、HDLC 和 LAPB 时,OSPF 协议的默认网络类型是 P2P。

(4) 路由器类型

OSPF 定义了三种路由器:指派路由器(Designate Router,DR)、备份指派路由器(Backup Designate Router,BDR)和自治系统边界路由器(Autonomous System Boundary Router,ASBR)。

DR 与 BDR 只适用于广播网络和 NBMA 网络。在广播网络或 NBMA 网络中,DR 与 BDR 会与其他路由器建立邻接关系。互为邻接关系的路由器之间可以交互所有信息,其他路由器之间不建立邻接关系可以避免路由器之间建立完全相邻关系而引起的大量开销。DR 收集所有的链路状态信息,并发布给其他路由器。BDR 是备份 DR,在 DR 失效时,迅速替代 DR 的角色。

ASBR 负责与其他自治系统交换路由信息,只要一台 OSPF 路由器引入了外部路由的信息,它就成为 ASBR。

基于上述基础概念,OSPF 的运行机制主要分为 5 个步骤:通过交互 Hello 报文形成邻居关系;通过泛洪链路状态通告(Link-State Advertisement,LSA)通告链路状态信息;通过组建 LSDB 形成带权有向图;通过 SPF 算法计算并形成路由;维护和更新路由表。

(1) 通过交互 Hello 报文形成邻居关系

路由器运行 OSPF 协议后,将发送 Hello 报文。如果两台路由器共享一条公共数据链路,并通过 Hello 报文协商一致各自 Hello 报文中所指定的某些参数,即可形成邻居关系,如图 8-9 所示。

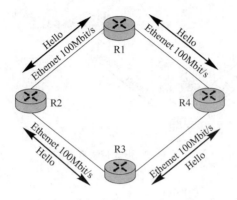

图 8-9　交互 Hello 报文

(2) 通过泛洪 LSA 通告链路状态信息

如图 8-10 所示,形成邻居关系的路由器之间进一步交互 LSA 形成邻接关系。每台路由器根据自己周围的网络拓扑结构生成 LSA,路由器通过交互链路信息来获取整个网络的拓扑信息。

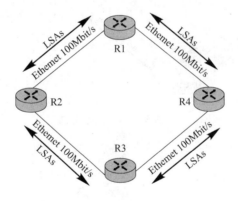

图 8-10　通告链路状态信息

(3) 通过组建 LSDB 形成带权有向图

路由器把收到的 LSA 汇总记录在 LSDB 中,LSDB 是对整个 AS 的网络拓扑结构的描述。最终,所有路由器都会形成同样的 LSDB,并形成带权有向图,如图 8-11 所示。

(4) 通过 SPF 算法计算并形成路由

在 LSDB 同步完成之后,每一台路由器都将以其自身为根,运行 SPF 算法计算出其到达每一个目的地的最短路径,并采用一个无环路的拓扑图来描述这些信息。这个拓扑图就是最短路径树,根据该图路由器就得到了到达 AS 中各个节点的最优路径,如图 8-12 所示。

(5) 维护和更新路由表

每台路由器将计算得出的最短路径加载到 OSPF 路由表,并实时更新。同时,邻居之间还将交互 Hello 报文进行保活,维持邻居关系或邻接关系,周期性地重传 LSA,如图 8-13 所示。

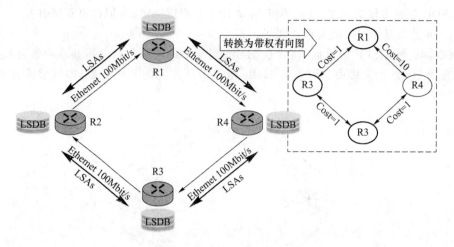

图 8-11　形成带权有向图

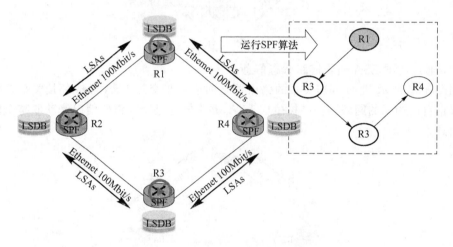

图 8-12　形成路由

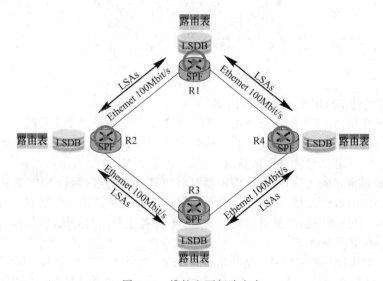

图 8-13　维护和更新路由表

8.4.2　IS-IS 协议

1. IS-IS 协议概述

中间系统到中间系统(Intermediate System-to-Intermediate System,IS-IS)路由协议最初是由国际标准化组织(the International Organization for Standardization,ISO)设计提出的,以实现对无连接网络协议(Connection Less Network Protocol,CLNP)进行路由选择。

随着 TCP/IP 的发展,通过对 IS-IS 进行扩充和修改,形成了集成 IS-IS 路由协议,集成 IS-IS 协议能够同时应用在 TCP/IP 和 OSI 环境中。现在 IP 网络中广泛使用集成 IS-IS 路由协议,提到的 IS-IS 协议都是指集成化的 IS-IS 协议。

IS-IS 协议是一种链路状态协议,采用 SPF 算法来计算通过网络的最佳路径,与 OSPF 协议相似,IS-IS 协议也将一个自治域分为一个骨干虚拟区域和多个路由区域,提供两层级路由。

2. IS-IS 协议报文

IS-IS 协议定义了心跳报文(Hello)、链路状态报文(Link State PDUs,LSP)、全时序协议数据报文(Complete Sequence Numbers PDUs,CSNP)和部分时序数据报文(Partial Sequence Number PDUs,PSNP)四种数据报文。如图 8-14 所示,所有的 IS-IS 协议报文可以分为报文头和变长字段部分,报文头又可以分为通用报文头部和专用报文头部两部分,四种数据报文的通用报文头相同,如图 8-15 所示。

通用报文头部
专用报文头部
变长字段

图 8-14　IS-IS 协议报文组成

Intradomain Routing Protocol Discriminator	
Length Indicator	
Version/Protocol ID Extension	
ID Length	
Reserved	PDU Type
Version	
Reserved	
Maximum Area Addresses	

图 8-15　IS-IS 协议通用报文头部字段

IS-IS 协议通用报文头部各字段的作用如表 8-8 所示。

Hello 报文用于在链路中探测邻居路由器和建立邻居关系,在邻居关系建立后维持邻居关系,其专用报文头部各字段及其说明如图 8-16 所示。

表 8-8　IS-IS 协议通用报文头部各字段的作用

字　段	长　度	作　用
Intradomain Routing Protocol Discriminator	1 B	域内路由协议鉴别符，IS-IS 协议固定为 0x83
Length Indicator	1 B	标识 IS-IS 报文头部长度，单位为字节，包括通用报文和专用报文头部
Version/Protocol ID Extension	1 B	标识版本/协议标识扩展，固定为 0x1
ID Length	1 B	标识 NSAP 地址中，System ID 区域的长度
Reserved	11 bit	保留字段，恒为 0
PDU Type	5 bit	IS-IS PUD 报文类型，共 9 种
Version	1 B	标识 IS-IS 版本，恒为 0x1
Maximum Area Address	1 B	标识同时支持的最大区域个数

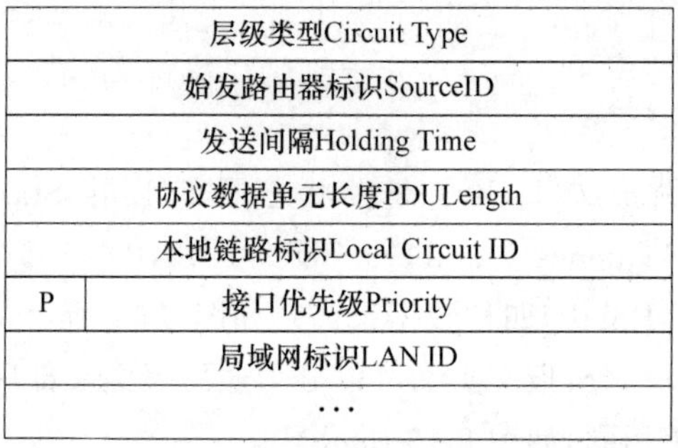

图 8-16　Hello 专用报文头部各字段及其说明

LSP 报文用于转递链路状态信息，一个 LSP 包含了一个路由器的所有基本信息，如邻接关系、OSI 终端系统、区域地址等。LSP 报文专用报文头部各字段及其说明如图 8-17 所示。LSP 报文具体内容存储在报文变长字段部分，即 TLV 字段部分。

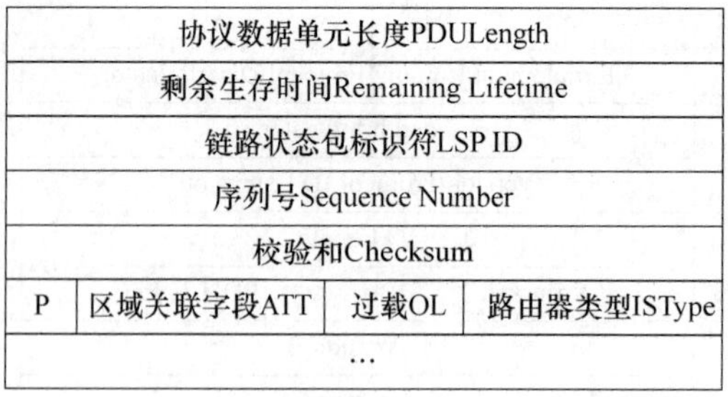

图 8-17　LSP 专用报文头部各字段及其说明

CSNP 报文用于路由器向全网通告本机所有 LSP 信息摘要，其他路由器根据摘要信息请求缺少的链路信息。CSNP 报文专用报文头部各字段及其说明如图 8-18 所示。

PSNP 报文用于一个路由器收到其他路由器发送的 CSNP 报文后请求指定的链路信息。PSNP 报文专用报文头部各字段及其说明如图 8-19 所示。

协议数据单元长度PDU Length
始发路由器标识Source ID
本地链路状态包起始标识符Start LSP ID
本地链路状态包结束标识符End LSP ID
…

图 8-18　CSNP 专用报文头部各字段及其说明

协议数据单元长度PDU Length
始发路由器标识Source ID
…

图 8-19　PSNP 专用报文头部各字段及其说明

3．IS-IS 协议工作流程

IS-IS 协议是一种链路状态选择协议,该协议基于如下的假设:区域内的节点交换链路信息得到一致的区域内拓扑描述,通过 SPF 算法计算出该区域内到达任意节点的最优路径。一致的区域内拓扑描述使得每台路由器可以独立地计算到达区域内任何目的地的最优路由和无自环路由。

IS-IS 协议遵循 OSI 规范中定义的 Level0、Level1、Level2 三种路由级别工作。Level0级别负责局域网内的数据传输,Level1 级别负责区域内的路由,Level2 级别负责区域间路由。IS-IS 路由选择通常指区域内和区域间的路由,即 Level1 和 Level2。

配置 IS-IS 协议的路由器在启动以后,会以一个固定的间隔向各个启用 IS-IS 协议的接口发送握手的 Hello 报文数据,该 Hello 报文数据会携带本路由器的区域号、系统标识、接口 IP、IS-IS 层级等信息。

当链路上的其他 IS-IS 路由器收到链路上的 Hello 报文时会对数据报文信息进行解析,核对对方路由器的区域号和 IS-IS 层级是否与自己接口的区域号和 IS-IS 层级相同,若相同则核对邻居关系是否已经存在,若不存在则使用类型为 6 的 TLV 字段将对方路由器的MAC 地址加入自己发送的 Hello 包中,向对方回应,待收到对带带有自己路由器接口 MAC地址的回应时正式建立邻居关系。若已存在则刷新这个邻居的 holdingTime。路由器会定时清理 holdingTime 为 0 的邻居关系,并对这个邻居接口和网段进行失效通告。邻居关系的建立过程如图 8-20 所示。

IS-IS 协议网络环境中的路由器使用 CSNP 报文向全网内其他路由器广播本路由器上的链路摘要信息,使用 LSP 报文向全网内其他路由器广播发送本路由器上的链路数据信息,使用 PSNP 报文向其他路由器请求本地缺少的链路数据信息。在两台邻接的 IS-IS 协议路由器建立邻居关系后,它们都会使用 LSP 报文向对方发送本路由器上本地存储的链路状态信息,通过这种链路状态交换两台邻居路由器的本地链路状态数据库达到一致。在这次交换以后,如果链路不发生变化,路由器间会通过 CSNP 报文确保邻居间的链路状态一致,若出现不一致则通过 PSNP 报文进行增量更新。路由信息交换过程如图 8-21 所示。

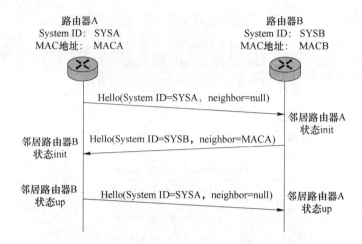

图 8-20　路由器邻居关系的建立过程

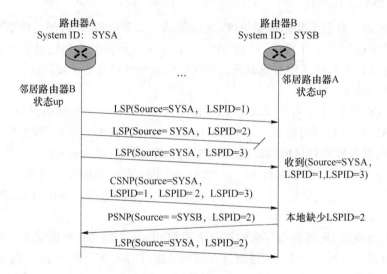

图 8-21　路由信息交换过程

8.4.3　RIP 协议

1. RIP 协议概述

路由信息协议（Routing Information Protocol，RIP）是一种内部网关协议（Interior Gateway Protocol，IGP），用于一个 AS 内的路由信息传递。

RIP 协议是一种分布式的、基于距离向量的路由选择协议，网络中的每一台路由器都要维护其到其他每一个目的网络的距离记录。从一个路由器到直接连接的网络的距离定义为 1，从一个路由器到非直接连接的网络的距离定义为所经过的路由器数加 1。RIP 协议认为好的路由就是通过的路由器数目少的路由，其允许的一条路径最多只能包含 15 个路由器，距离为 16 时，即为不可达。

RIP 协议共有 RIPv1 与 RIPv2 两个版本，它们的区别如表 8-9 所示。

表 8-9　RIPv1 与 RIPv2 的区别

区　别	RIPv1	RIPv2
是否为有类路由协议	有类路由协议	无类路由协议
是否支持可变长子网掩码 （Variable Length Subnet Mask，VLSM）	不支持	支持
是否有认证功能	无	有
是否有手工汇总功能	无	有
信息传输方式	广播更新	组播更新
对路由是否有标记功能	无	有
发送的 update 可携带路由条目	25	24
发送的 updata 包中是否有 next-hop 属性	无	有

2. RIP 协议报文

RIPv1 协议报文格式如图 8-22 所示，各字段及其功能如表 8-10 所示。

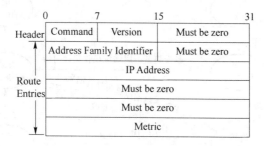

图 8-22　RIPv1 协议报文格式

表 8-10　RIPv1 协议报文各字段作用

字　段	长度/B	作　用
Command	1	标识报文类型，1 为 Request 报文，向邻居请求全部或部分路由信息，2 为 Response 报文，发送自己的全部或部分路由信息
Version	1	标识 RIP 协议版本号
Must be zero	2/4	必须为 0 字段
Address family identifier	2	地址簇标识
IP Address	4	该路由的目的 IP 地址
Metric	4	标识路由的开销值

RIPv2 协议报文格式如图 8-23 所示。

RIPv2 协议报文中部分字段与 RIPv1 一致，不一致的字段如下。

Route Tag：用于为路由设置标记信息，默认为 0。当一条外部路由引入 RIP 从而形成一条 RIP 路由时,RIP 可以为该路由设置路由标记,当这条路由在整个 RIP 域内传播时,路由标记不会丢失。

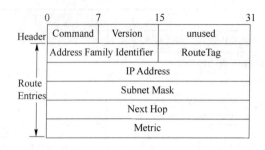

图 8-23 RIPv2 协议报文格式

Netmask:路由的目的网络掩码,RIPv2 定义了该字段,能够支持 VLSM。

Next Hop:下一跳,RIPv2 定义了该字段,以避免路由器在多路访问网络上出现次优路径现象。

动画-RIP 协议
工作流程

3. RIP 协议工作流程

RIP 协议工作流程如图 8-24 所示。

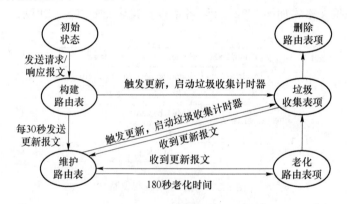

图 8-24 RIP 协议工作流程

刚开始工作时,路由器只有到直接连接网络的距离信息,路由表中也只存储了到直连网络的直连路由。之后,每一次更新,各路由器也与有限数目的相邻路由器交换并更新路由信息。经过多次更新后,所有的路由器都会获得到达本 AS 中任何一个网络的最短距离和下一跳路由器的地址。路由器在收到相邻路由器发送的路由表后将执行距离矢量算法。

RIP 协议在整个工作流程中主要使用更新定时器(Update Timer)、老化定时器(Age Timer)、垃圾收集定时器(Garbage-collect Timer)和抑制定时器(Suppress Timer)四个定时器。当更新定时器超时时,立即发送更新报文。RIP 设备如果在老化时间内没有收到邻居发来的路由更新报文,则认为该路由不可达。如果在垃圾收集时间内不可达路由没有收到来自同一邻居的更新,则该路由将被从 RIP 路由表中彻底删除。当 RIP 设备收到对端的路由更新,其开销为 16 时,对应路由进入抑制状态,并启动抑制定时器。为了防止路由震荡,在抑制定时器超时之前,即使再收到对端路由开销小于 16 的更新,也不接收。当抑制定时器超时时,就重新允许接收对端发送的路由更新报文。

8.4.4　BGP 协议

1. BGP 协议概述

边界网关协议(Border Gateway Protocol,BGP)是一种 AS 间的路由协议。该协议与 RIP 协议相同,是一种距离矢量协议,但相较于 RIP 等距离矢量协议,许多性能得到了增强。

BGP 协议使用 TCP 作为其传输层协议,使用端口号为 179。在通信中,路由器之间会先建立 TCP 会话,保证协议的可靠性。此外,BGP 协议使用增量的、触发性的路由更新。这种更新方式是指在路由更新时,BGP 只发送更新的路由,而不是更新整个路由表,该更新方式可以节省 BGP 传播路由所占用的带宽,适用于传播大量的路由信息。BGP 协议还携带 AS 路径信息来标记途径的 AS,带有本地的 AS 号的路由将被丢弃,从设计上避免了环路的发送。

BGP 协议将配置有 BGP 进程的路由器称为 BGP 发言者(Speaker),Speaker 接受或产生新的路由器。可以直接建立连接并相互传递路由信息的处于同一物理链路中的两台 BGP 路由器称为 BGP 对等体(Peer),即 BGP 邻居。根据是否运行在同一 AS 内部,BGP 邻居可以分为内部邻居(Internal BGP,IBGP)和外部邻居(External BGP,EBGP)两种,两端路由器运行于同一 AS 内部称为 IBGP,两端路由器运行于不同 AS 则称为 EBGP。

2. BGP 协议报文

BGP 协议共有 5 种报文类型:Open 报文、Update 报文、Keepalive 报文、Notification 报文和 Route-Refresh 报文。Open 报文是在 TCP 连接建立后,路由器互相发送的第一个消息,以建立 BGP 邻居关系并开启对话。BGP 会话建立后,对等体之间通过周期性发送 Keepalive 报文以保持连接状态,通过发送 Update 报文交换路由信息。当本地在运行中发现错误即发送 Notification 报文告知对等体。Route-Refresh 报文则是用于告知对等体本地支持路由刷新能力。

5 种报文的 BGP 报文头相同,如图 8-25 所示。Marker 字段用于标识 BGP 报文边界,长度为 16 B,固定值为所有比特均为 1。Length 字段标识包括报头在内的 BGP 报文长度,长度为 2 B。Type 字段用于标识 BGP 报文类型,取值 1 至 5,分别标识 Open 报文、Update 报文、Keepalive 报文、Notification 报文和 Route-Refresh 报文。

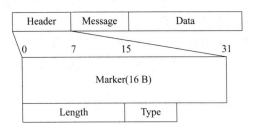

图 8-25　BGP 报文头

3. BGP 协议工作原理

微课-BGP
协议工作原理

BGP 连接建立与 TCP 连接建立相同,都要经过一系列的对话和握手。通过发送 Open 报文,握手协商 BGP 版本、BGP 连接保持时间、本地路由器标识、授权信息等参数。BGP 的具体连接过程如图 8-26 所示。BGP 有限状态机共有 Idle、Connect、Active、OpenSent、OpenConfirm 和 Established 六种状态。

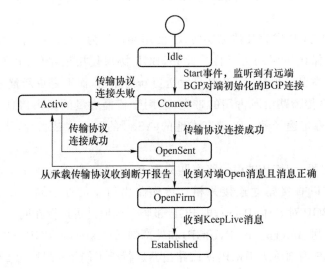

图 8-26 BGP 有限状态机

BGP 协议通过对路由属性的设计为网络提供了丰富的选路策略。在默认情况下 BGP 只走单条路径。当 BGP 路由表中有多条路径可以到达同一目标网段时,BGP 会筛选出已经完成同步、不存在 AS 环路以及下一跳地址可达的路由,然后按照一定顺序比较路由信息中的路径属性来进行最佳路径的选择。选出最佳路径后,BGP 路由器会将最佳路由加入路由表中,并转发给对等体。

本章习题

8-1 简述集中式路由和分布式路由的优缺点,并举例说明其适用场景。

8-2 简述静态路由和动态路由的优缺点,并举例说明其适用场景。

8-3 简述网络层的转发和路由选路两个重要功能的区别和联系。

8-4 基于目的地转发意味着什么? 这与通用转发有什么不同?

8-5 描述在输入端口会出现分组丢失的原因。描述在输入端口如何消除分组丢失(不使用无限缓存)。

8-6 描述在输出端口出现分组丢失的原因。通过增加交换结构速率,能够防止这种丢失吗?

8-7 在假定 n 个输入线路都具有相同的线路速率条件下,我们注意到如果交换结构比输入线路速率快 n 倍,将不可能有输入排队。请简单分析其原因。

8-8　本章提出了路由器的 3 类交换结构,请列出每一类交换结构并简要讨论。

8-9　考虑使用 8 比特主机地址的数据报网络。假定一台路由器使用最长前缀匹配并具有表 8-11 所示转发表。

表 8-11　习题 8-9 转发表

前缀匹配	接口
00	0
01	1
10	2
11	3

对这 4 个接口,给出相关的目的主机地址的范围和该范围中的地址数量。

8-10　考虑使用 8 比特主机地址的数据报网络。假定一台路由器使用最长前缀匹配并具有表 8-12 所示转发表。

表 8-12　习题 8-10 转发表

前缀匹配	接口
1	0
11	1
111	2
其他	3

对这 4 个接口,给出相关的目的主机地址的范围和该范围中的地址数量。

8-11　给定一个源节点,Dijkstra 算法可以寻找到达所有目的节点的最短路径,算法首先寻找哪些目的节点?

8-12　距离向量路由算法在计算最短路径时,每次迭代节点只与邻居节点交换距离向量,以此更新矢量表。若算法在运行过程中,每个节点只能得知邻居节点的链路费用,思考算法的最大迭代次数。

8-13　假设一个图拓扑共有 n 个节点,m 条链路,使用 Bellman-Ford 算法计算最短路径,思考 Bellman-Ford 算法的时间复杂度。

8-14　考虑图 8-27 所示的网络拓扑图,已知网络中的链路费用,使用 Bellman-Ford 算法计算路由器 A 到其他所有路由器的最短路径。

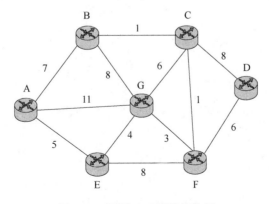

图 8-27　习题 8-14 网络拓扑图

8-15 图 8-28 所示网络是一个自治系统内部网络,共有 6 个路由器,路由器之间的链路费用已经标明。使用 Dijkstra 算法计算路由器 A 到路由器 D 的最短路径。

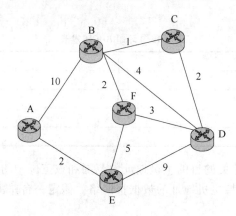

图 8-28 习题 8-15 网络图

8-16 考虑习题 8-14 中的网络,使用 Dijkstra 算法计算路由器 E 到其他所有路由器的最短路径。

8-17 IGP 协议和 EGP 协议的主要区别是什么?

8-18 OSPF 协议和 RIP 协议的主要区别是什么?

8-19 简述 OSPF、IS-IS、RIP 和 BGP 路由选择协议的主要特点。

8-20 IS-IS 协议的 Hello、LSP、CSNP、PSNP 四种报文的主要作用分别是什么? 传递的信息有什么不同?

8-21 RIP 协议的工作流程中需要几个定时器? 简述各定时器的作用。

8-22 RIP 使用 UDP,而 BGP 使用 TCP,这样做有什么优点?

8-23 为什么 RIP 周期性地和邻站交换路由信息而 BGP 却不这样做?

8-24 在 BGP 协议中,BGP 对等体指的是什么? 路由器之间如何建立这种关系?

8-25 在 BGP 会话建立后,对等体之间如何保持连接状态? 本地在运行中发现错误如何告知对等体?

第9章 网络可靠性

通信网的运行涉及传输、交换、终端设施和信令、协议以及相应的支撑系统,是复杂的综合系统,在其为终端提供通信服务的过程中,可以用时延、阻塞率等参数来衡量服务提供过程中的性能,这些参数可以通过投入通信资源得以优化,它们会随着用户需求的变化而改变。但是,通信网是否能够在给定的时间区间内提供指定的服务,还取决于系统的可靠性,而可靠性受众多因素的影响。在本章中,将给出可靠性的定义,运用概率模型对可靠性进行定量分析,并对如何提升可靠性进行讨论。

9.1 可靠性的概念

可靠性是服务质量的一个重要组成部分。对于单个元件或者系统,可靠性主要在时间维度上体现了产品质量,可以通过对于系统能够正常服务的概率或者时间来进行评估。对于多个子系统构成的网络,可靠性可以从抵抗局部故障的能力来分析。本节主要介绍通用的定义和概念,在后续章节中将结合具体实例从时间和空间两个不同角度定量分析通信网的可靠性。

9.1.1 可靠性的定义

在给出具体定义之前,首先需要明确可靠性的主体。通信网络包含通信设备和线路。通信设备又包含复杂的零部件、元器件、装置、分系统、功能模块等硬件,还有相应的软件。通信线路包含管道、传输媒质和沿途各类传输设备。在本章中,将能够被单独考虑的设备和线路都统一定义为系统,本章按照系统的功能来划分系统的边界。在没有特殊声明时,不对系统内部进行二次拆解,将其看作一个整体。

定义 9.1 可靠性

系统在给定的条件下和在给定的时间区间内能完成要求的功能的能力称为可靠性。

上述定义包含系统、规定条件、规定时间区间、规定功能和能完成功能的概率这五项要素。在具体研究或者度量可靠性时,必须对这些要素进行明确定义和规范。对于能够提供多种功能模式的系统,当其处于不同模式时,认为彼此相互独立,需要分别对不同模式进行可靠性分析。在本章中,默认系统提供单一化的功能,当系统能够完成要求的功能时,称其状态为"正常",反之称其状态为"失效",也就是不正常或故障。通常认为,在时间区间的始端,系统处于正常状态。为了简化模型,不考虑"正常"和"失效"之间的其他过渡状态和状态切换时间。

定义 9.2 可靠度 $R(t)$

系统在给定条件下和给定的时间区间 $(0,t)$ 内能完成要求的功能的概率称为可靠度。

可靠度将抽象的能力转化为可以度量和计算的概率,是对定义9.1的量化。系统开始运行时,处于正常状态,即 $R(0)=1$。在时间区间 $(0,t)$ 内,系统持续保持正常运行状态,不存在停机、维修等异常情况。

对于单个系统而言,可靠性不是一种可分配和度量的属性,而是一种随机或满足某一概率的参数,因此不能像长度等属性一样被精确和重复地度量;而是需要根据大量的累计使用情况(如工作时间、运行周期等)统计和观测到的失效数进行估计。在通常情况下,需要通过对同型号同批次的多个系统进行抽样监测才能得到有效的可靠度数据,需统计可靠性试验中失效事件发生的频率来估计可靠度。例如,对于电子元器件的测试中,可以抽取 N_0 个产品进行实验,若在规定时间 t 内有 $Y(t)$ 个产品失效,则此时刻还有 $N_0-Y(t)$ 个产品可以完成规定的功能,当 N_0 足够大时,

$$R(t)=\frac{N_0-Y(t)}{N_0}=1-\frac{Y(t)}{N_0}$$

其中,$R(t)$ 代表了正常工作的概率,$0 \leqslant R(t) \leqslant 1$,$R(t)$ 是时间 t 的函数。

例9.1 可靠度的计算

某不可维修的元器件4 000件,工作到1 000小时失效20件,工作到2 000小时又失效了50件。求 $t=1 000$ h 和 $t=2 000$ h 时的可靠度。

解
$$R(t)=\frac{N_0-Y(t)}{N_0}$$

$$R(1\ 000\ \text{h})=\frac{4\ 000-20}{4\ 000}=0.995=99.5\%$$

$$R(2\ 000\ \text{h})=\frac{4\ 000-20-50}{4\ 000}=0.982\ 5=98.25\%$$

在较长的时间跨度内工作的通信系统,其可靠性也会随着工作环境和元器件的老化而发生改变,为了描述这种随着时间而改变的性质,引入失效率 α。

定义9.3 失效率 α

当 t 时刻,系统处于正常运行状态,在 t 到 $t+\Delta t$ 内失效的条件概率为 $\alpha \Delta t$。

一般而言,α 是 t 的函数。根据条件概率公式得到

$$R(t+\Delta t)=R(t)(1-\alpha \Delta t) \tag{9-1}$$

典型的失效率曲线为浴盆曲线,如图9-1所示,在第一阶段 $[0,a]$,系统处于运行初期,由于设计、原材料、工艺、系统配置等问题,容易出现失效的情况,需要进行试运行,排除故障。在第二阶段 $[a,b]$,系统进入了稳定工作阶段,偶发故障,失效率可近似为常数。在第三阶段,由于元器件老化、耗损等原因,失效率随着时间延长而快速增加。

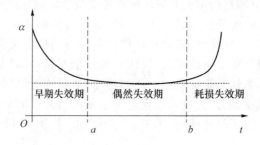

图9-1 浴盆曲线

针对稳定运行阶段,令式(9-1)中的 $\Delta t \to 0$,得到可靠度的微分方程:

$$R'(t) = -\alpha R(t)$$

在 $R(0)=1$ 的起始条件下,求解方程得:

$$R(t) = \exp\left(\int_0^t \alpha \mathrm{d}t\right) \tag{9-2}$$

在稳定期内,α 被视为常量,与 t 无关,可得:

$$R(t) = \mathrm{e}^{-\alpha t} \tag{9-3}$$

可知,当失效率为常数时,可靠度 $R(t)$ 为负指数分布,具有负指数分布的无记忆性等特征。这里 t 为参数,随机变量为系统的运行状态。

定义 9.4　寿命分布 $F(t)$

如果将时间 t 设为因变量,可以定义系统的寿命,从 0 时刻开始,系统处于正常状态,在 t 时刻失效,认为该系统的寿命为 t,用连续随机变量 X 来描述系统的寿命,则其分布函数为寿命分布:

$$F(t) = p\{X \leqslant t\}, \quad t \geqslant 0 \tag{9-4}$$

式(9-4)表示系统寿命 X 小于或等于 t 的概率,其概率密度为 $f(t)$。

按照定义 9.2 给出的可靠度的含义,$R(t)$ 表示系统寿命 X 大于 t 的概率,即:

$$R(t) = p\{X > t\}$$

根据概率的归一性有:

$$F(t) = p\{X \leqslant t\} = 1 - p\{X > t\} = 1 - R(t)$$

故而,$F(t)$ 还可定义为系统的不可靠度或累计失效概率。

系统的平均寿命 T 为:

$$T = E[X] = \int_0^\infty t\mathrm{d}F(t) = \int_0^\infty \int_0^t \mathrm{d}u\mathrm{d}F(t) = \int_0^\infty \int_u^\infty \mathrm{d}F(t)\mathrm{d}u = \int_0^\infty [1 - F(u)]\mathrm{d}u$$

所以,

$$E(X) = \int_0^\infty R(t)\mathrm{d}t$$

若系统在 t 时刻正常,则系统在 $(t, t+\Delta t)$ 中失效的条件概率为:

$$p\{X \leqslant t + \Delta t \mid X > t\} = \frac{F(t+\Delta t) - F(t)}{1 - F(t)} \approx \frac{f(t)\Delta t}{1 - F(t)}$$

由此,以 t 为因变量,引入失效率函数的定义如下。

定义 9.5　失效率函数

$r(t) = \dfrac{f(t)}{1 - F(t)}$,对任意时间 t,$F(t) < 1$。

当 Δt 很小时,$p\{X \leqslant t+\Delta t \mid X > t\} \approx \dfrac{f(t)\Delta t}{1 - F(t)} = r(t)\Delta t$,表示在 $(t, t+\Delta t)$ 中失效的概率。具体应用时,将给定时间区间 $(t, t+\Delta t)$ 内发生失效的系统与 t 时刻未发生失效的系统数之比除以 Δt,就可以得到 $r(t)$ 的一个估计值。

例 9.2　分析可靠度为负指数分布的系统的失效率函数。

解　对于可靠度为负指数分布的系统,$R(t) = \mathrm{e}^{-\alpha t}$,其寿命分布为:

$$F(t) = 1 - R(t) = 1 - \mathrm{e}^{-\alpha t}$$

其寿命分布的概率密度为:

$$f(t) = F'(t) = \frac{\mathrm{d}F(t)}{\mathrm{d}t} = \alpha \cdot \mathrm{e}^{-\alpha t}$$

其失效率函数为：

$$r(t) = \frac{f(t)}{1 - F(t)} = \frac{\alpha \cdot \mathrm{e}^{-\alpha t}}{1 - (1 - \mathrm{e}^{-\alpha t})} = \alpha$$

所以，负指数分布的系统失效率函数为常数。

该系统的平均寿命为：

$$T = E(X) = \int_0^\infty R(t)\mathrm{d}t = \int_0^\infty \mathrm{e}^{-\alpha t}\mathrm{d}t = \frac{1}{\alpha}$$

由此可见，失效率 α 与平均寿命 T 呈反比例关系。

工程中，失效率的单位为 $[1/h]$，即每小时失效的概率。由于这个值通常非常小，也可用菲特（Fits，Failures in time）表示。

当失效率 α 随时间变化时，需要引入更为精确的概率分布来描述寿命。由瑞典科学家威布尔从材料强度的统计理论推导出来的威布尔（Weibull）分布被广泛应用于可靠性的分析。使用该分布描述的失效率函数 $r(t)$ 为：

$$r(t) = \frac{m}{t_0}(t - \gamma)^{m-1}, \quad (t - \gamma) \geqslant 0$$

当随机变量满足上述概率分布时，称其服从参数 (m, γ, t_0) 的威布尔分布，记为 $W(m, \gamma, t_0)$。其中，m、γ、t_0 是与时间 t 无关的参数，分别为形状参数、位置参数和尺度参数。

形状参数 $m < 1$、$m = 1$、$m > 1$ 分别对应图 9-1 浴盆曲线的早期失效期、偶然失效期和耗损失效期。当 $m = 1$ 时，对应负指数分布。

位置参数 γ 表示失效率函数曲线在时间轴上的平移量，它不改变失效率分布。

若 $\gamma < 0$，表示某些系统在开始工作时就已经失效，而 $\gamma > 0$ 表示在 γ 之前系统处于绝对安全期，不会发生故障。通常，假设 $\gamma = 0$，即开始运行时系统正常，运行过程中会出现失效。

尺度参数 t_0 反映系统平均寿命的大小，t_0 越大，平均寿命越长。

9.1.2　不可修复系统和可修复系统

系统在使用的过程中，发生故障后，通常有两种处理方法：一种是针对局部故障，修复损坏的组件后，系统重新恢复正常工作状态；另一种是整体失效，无法局部替换，只能弃用或者整体更换。通常，称第一种系统为可修复系统，第二种系统为不可修复系统。

对于不可修复系统，可以采用 9.1.1 小节中的寿命分布 $F(t)$ 和可靠性函数 $R(t)$ 来分析其可靠性。比如，对于失效率函数 $r(t)$ 为常数 α 的情况，寿命 X 服从负指数分布，

$$R(t) = p\{X > t\} = \mathrm{e}^{-\alpha t}$$

根据例 9.2 的分析可得，其平均寿命为：

$$T_1 = E(X) = \frac{1}{\alpha} \tag{9-5}$$

通常，将不可修复系统的平均寿命记为 MTTF（Mean Time to Failure，平均失效前时间）。

对于可修复系统，不发生故障或可靠性高固然重要，发生故障和失效后能迅速修复以维

持良好而完善的状态非常重要,称这种易于维修的性能为**维修性**。与前面用可靠度来定量描述可靠性类似,也可用**维修度**来定量描述系统排除故障的能力。

定义 9.6   维修度 $M(t_1, t_2)$

在指定条件下,按照指定的程序和资源进行维修时,对于给定使用条件下的系统能在时间区间 (t_1, t_2) 内完成给定的实际维修工作的概率。

与失效率类似,也可以引入修复率来描述维修能力的高低。

定义 9.7   修复率函数 $\mu(t)$

设系统在时间区间 $(t, t+\Delta t)$ 的开始时刻 t 处于失效状态,维修没有结束,在 $(t, t+\Delta t]$ 内修复性维修工作结束的条件概率与时间区间长度 Δt 之比,当 Δt 趋近于 0 时的极限如果存在,则称其为修复率 $\mu(t)$。

修复率与多种因素有关,比如系统的复杂性、维修人员的维修能力等,为了简化,也可以与失效率 $r(t) = \alpha$ 类似,将修复率 $\mu(t)$ 设为常数 β。按照例题 9.2 的方法,可以得到负指数分布时的平均修复时间

$$T_2 = \frac{1}{\beta} \tag{9-6}$$

在 $(t, t+\Delta t)$ 时间区间内,系统按照图 9-2 所示进行状态的转移。

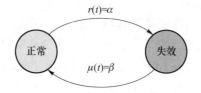

图 9-2   可修复系统的状态转移图

对于图 9-2 所示的可修复系统,在 t 时刻处于正常状态的概率为 $R(t)$,处于失效状态的概率为 $1-R(t)$,在 $(t, t+\Delta t)$ 时间区间内,按照失效率和修复率在两种状态间转移,可以得到其可靠度 $R(t)$ 的微分方程为:

$$R(t+\Delta t) = (1-\alpha \Delta t) \cdot R(t) + \beta \Delta t \cdot [1-R(t)]$$

令 $\Delta t \to 0$,得:

$$R'(t) = \beta + (\beta - \alpha)R(t)$$

为一阶微分方程,其解与系统的初始状态是否正常有关。

$t=0$ 时系统如果正常,$R(0) = 1$:

$$R(0) = 1, \quad R(t) = \frac{\beta}{\alpha + \beta} + \frac{\alpha}{\alpha + \beta} e^{-(\alpha + \beta)t}$$

$t=0$ 时系统如果失效,$R(0) = 0$:

$$R(0) = 0, \quad R(t) = \frac{\beta}{\alpha + \beta} [1 - e^{-(\alpha + \beta)t}]$$

$t \to \infty$ 时,上述两式均趋近于相同的值:

$$R = \lim_{t \to \infty} R(t) = \frac{\beta}{\alpha + \beta}$$

这就是稳态时可修复系统的可靠度,只与 α 和 β 有关,也是一个常数。

随着时间的推移,可修复系统在正常和失效状态间转换,如图 9-3 所示。

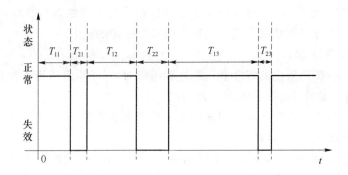

图 9-3 可修复系统的状态转移过程

T_{1i}表示每次系统发生故障前的持续工作时间，将其平均值 T_1 定义为 MTBF（Mean Operating Time Between Failures，平均失效间隔工作时间）。当前国标 GB/T 2009.13—2008《电工术语 可信性与服务质量》中，已拒用 MTBF 另一个容易引起歧义的英文描述——mean time between failures。

$$T_1 = \frac{\sum_{i=1}^{N} T_{1i}}{N} = \frac{1}{\alpha}$$

T_{2i}表示发生每次故障后到恢复到工作状态的时间，在实际工程中，这个时间包含系统识别出故障后的通知维修、实施维修等一系列时间，为简化起见，合并定义为修复时间，称其平均值 T_2 为 MTTR（Mean Time to Restoration，Mean Time to Recovery，平均修复时间）。

$$T_2 = \frac{\sum_{i=1}^{N} T_{2i}}{N} = \frac{1}{\beta}$$

通过对系统每次故障前的工作时间 T_{1i} 和故障过程的处理时间 T_{2i} 进行跟踪记录和统计汇总，可以获得系统的可靠度如下：

$$R = \frac{\beta}{\alpha + \beta} = \frac{\frac{1}{\alpha}}{\frac{1}{\alpha} + \frac{1}{\beta}} = \frac{T_1}{T_1 + T_2} = \frac{\text{MTBF}}{\text{MTBF} + \text{MTTR}} \qquad (9\text{-}7)$$

从式(9-7)可见，稳态时的系统可靠度就是系统正常运行时间在总时间中的占比，故又称 R 为运行率或可用度（Availability）。

9.2 复杂系统可靠度的串并联分析法

对于单个系统，其可靠性是不可拆解分析的，可靠度反映了系统整体的保持正常工作状态的能力。但是对于由多个系统构成的复杂系统集合，其可靠性的分析是可以通过对其逻辑关联关系进行分析，进行拆分，逐层深入，进行故障的分析和元件可靠性评估，然后再逐层封装组合，还原成一个系统。根据系统状态与各子系统的工作状态之间的依赖关系，可以分为以下 4 类。

（1）串接系统

系统必须在所有子系统都处于正常状态时，才能正常运行。只要有一个子系统失效，系统就要失效，这类系统称为串接系统，如图 9-4(a)所示，相当于电路的串联结构。但是与电路中电流依次通过串联的元器件不同，在分析通信系统可靠性时，各子系统可能不一定都在通信信号流经过的通路上，比如一个放大器系统包含供电模块和信号放大模块，其中只有信号放大模块参与通信信号处理，但是如果供电模块失效，放大器也无法工作，所以在进行系统分解时，要从各子系统的功能入手，不能只关注信号流向。

（2）并接系统

当且仅当系统中所有的子系统均失效时，系统才失效。只要一个子系统能正常工作，系统就处于正常状态，这类系统称为并接系统，如图 9-4(b)所示。相当于电路中的并联结构。通信系统中的各种主用和备用的组合就是这类情况。在实际应用时，并接的子系统有时会同时工作，分担任务，也有可能多个系统做相同的工作，在本章的后续可靠性分析时，没有特殊说明，不区别对待，只从概率角度分析系统的整体可靠性。

（3）混接系统

串接和并接的组合系统，如图 9-4 (c)所示，可以逐层分解后计算整体系统的可靠性。

（4）桥接系统和其他复杂系统

类似图 9-4(d)的混合系统，不能简单用串接或者并接分析其子系统和总系统的可靠性关联关系，可以采用布尔代数的计算方法进行状态的穷举分类计算。

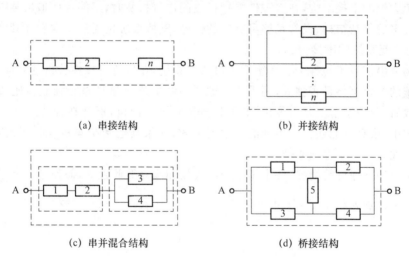

图 9-4　复杂系统中的 4 种典型结构

上面这四类结构只是系统和子系统的可靠性关联关系，子系统还可以用类似的方式继续分解成更小的子系统。这种可靠性的关联关系更多是从概率的角度来分析，具体的物理连接结构不一定存在完全对应的关系。

9.2.1　串接系统的可靠性分析

假设各子系统是相互独立的，即每个子系统的状态变化与其他子系统无关。设每个子

系统的可靠度为 R_i。简单的串接的可靠性计算方法如下。

串接系统的所有子系统均正常,系统才正常,故串接系统可靠性为:

$$R_{串} = R_1 R_2 \cdots R_n = \prod_{i=1}^{n} R_i \qquad (9\text{-}8)$$

由于每个子系统的可靠性均小于1,那么串接后,整体的可靠性将小于各子系统的可靠性,而且串接越多,可靠性越小。当串接的各子系统可靠性差异较大时,可以只考虑可靠性最差的几个薄弱子系统的可靠性,简化计算过程。

(1) 不可修复系统的串接

若所有子系统均为不可修复系统,第 i 个子系统均服从参数为 α_i 的负指数分布,则每个子系统的可靠度为 $R(t) = \mathrm{e}^{-\alpha_i t}$,子系统的平均寿命 $T = \dfrac{1}{\alpha_i}$。串接后的系统可靠度为:

$$R_{串} = R_1 \cdot R_2 \cdot \cdots \cdot R_n = \prod_{i=1}^{n} \mathrm{e}^{-\alpha_i t} = \mathrm{e}^{-(\sum_{i=1}^{n} \alpha_i) t} \qquad (9\text{-}9)$$

串接系统的平均寿命为:

$$E[X] = \int_0^\infty R_{串} \, \mathrm{d}t = \frac{1}{\sum_{i=1}^{n} \alpha_i} \qquad (9\text{-}10)$$

若各系统的 α_i 均为相同值 α,则 $T_{串} = \dfrac{1}{n}$,为原来的 $\dfrac{1}{n}$。所以在进行复杂系统设计时,应尽量避免大量的串接结构,在多种性能指标之间进行权衡时,不能片面追求某一指标的提升而引入过多的复杂结构,没有足够可靠性的保障,整体系统也无法正常发挥其作用。

(2) 可修复系统的串接

如果构成串接系统的各个子系统均为可修复系统,在进行可靠性分析的时候,除了需要考虑子系统的失效事件是否独立,还需要考虑子系统的修复事件是否独立。比如当某一个子系统失效后,其他子系统是否停机,如果其他子系统不停机,那么在等待第一个失效系统修复的过程中,很有可能还会产生新的子系统失效,如果其他系统停机,那么就会破坏子系统间的独立性。

对于第一种不停机的情况,各个子系统的失效和修复彼此独立,假设第 i 个子系统的失效率和修复率分别为 α_i 和 β_i,其可靠度 $R_i = \dfrac{\beta_i}{\alpha_i + \beta_i}$,代入式(9-8),可得:

$$R_{串} = \prod_{i=1}^{n} R_i = \prod_{i=1}^{n} \frac{\beta_i}{\alpha_i + \beta_i} \qquad (9\text{-}11)$$

对于第二种情况,子系统间的独立性被破坏,下面用例题进行分析。

例 9.3 非独立可恢复系统的串接

有 n 个子系统串接形成一个系统,每个子系统为可修复系统,其可靠度为 $\dfrac{\beta_i}{\alpha_i + \beta_i}$,失效和恢复均符合负指数分布,当某个子系统故障时,别的子系统停顿,等故障子系统修复后,其他子系统继续一起工作,求系统可靠度 R。

解 n 个子系统串接,由于其失效事件符合负指数分布,无记忆性,故每次恢复正常后,都是 n 个子系统同时工作,只要有1个失效,系统就会进入失效状态,与不可修复串接系统的平均寿命分布相同,平均失效间隔工作时间 MTBF 计算如下:

$$\text{MTBF} = \frac{1}{\sum\limits_{i=1}^{n} \alpha_i}$$

失效原因是第 i 个子系统的概率为：

$$p_i = \frac{a_i}{\sum\limits_{i=1}^{n} a_i}$$

当第 i 个子系统失效时，其他子系统都停顿，不会出现二次失效，只需要修复第 i 个子系统即可，对应的修复时间为 $\dfrac{1}{\beta_i}$，故而可以计算系统的平均修复时间为：

$$\text{MTTR} = \sum_{i=1}^{n} \frac{1}{\beta_i} p_i$$

按照式(9-7)的定义，系统的可靠性为：

$$R = \frac{\text{MTBF}}{\text{MTBF} + \text{MTTR}} = \frac{1}{1 + \sum\limits_{i=1}^{n} \dfrac{\alpha_i}{\beta_i}}$$

9.2.2　并接系统的可靠性分析

在并接系统中，各子系统的可靠度为 R_i，其不可靠度(失效的概率)为 $F_i = 1 - R_i$。

所有子系统同时失效的概率为：

$$F_\# = F_1 \cdot F_2 \cdot \cdots \cdot F_n = \prod_{i=1}^{n} F_i$$

并接系统的可靠性为：

$$R_\# = 1 - F_\# = 1 - \prod_{i=1}^{n} F_i = 1 - \prod_{i=1}^{n}(1 - R_i) \tag{9-12}$$

(1) 不可修复系统的并接

当并接多个不可修复系统时，若各子系统同时开始工作，各子系统彼此独立，其可靠性均为 $R(t) = \mathrm{e}^{-\alpha_i t}$，彼此工作状态不互相影响，则并接后的系统可靠度为：

$$R_\# = 1 - \prod_{i=1}^{n}(1 - R_i) = 1 - \prod_{i=1}^{n}(1 - \mathrm{e}^{-\alpha_i t})$$

二项式展开后得：

$$R_\# = \sum_{i=1}^{n} \mathrm{e}^{-\alpha_i t} - \sum_{i_1 \neq i_2} \mathrm{e}^{-(\alpha_{i1} + \alpha_{i2})t} + \sum_{i_1 \neq i_2 \neq i_3} \mathrm{e}^{-(\alpha_{i1} + \alpha_{i2} + \alpha_{i3})t} - \cdots$$

平均寿命为：

$$T = E[X] = \int_0^\infty R_\# \, \mathrm{d}t = \sum_{i=1}^{n} \frac{1}{\alpha_i} - \sum_{i_1 \neq i_2} \frac{1}{\alpha_{i1} + \alpha_{i2}} + \sum_{i_1 \neq i_2 \neq i_3} \frac{1}{\alpha_{i1} + \alpha_{i2} + \alpha_{i3}} - \cdots$$

若各系统的失效率 α_i 均为 α，上式化简为：

$$T = \frac{n}{\alpha} - \frac{1}{2\alpha}\binom{n}{2} + \frac{1}{3\alpha}\binom{n}{3} - \cdots - (-1)^n \frac{1}{n\alpha}$$

表 9-1 和图 9-5 表示了不同 n 值时并接系统的平均寿命与失效率乘积的变化趋势,当 n 较小时,n 的增加对于平均寿命的增加较为明显,n 增大时,平均寿命与失效率乘积的增速变缓。在使用备份系统方案来提升系统可靠性的时候,在普通的通信网络中 n 一般为 2 或者 3,即 1 个主用系统提供 1 个或 2 个备用系统。

表 9-1 独立系统并接时平均寿命与失效率乘积的变化趋势

n	1	2	3	4	5	6	7	8	9	10
αT	1	1.500	1.833	2.083	2.283	2.450	2.593	2.718	2.829	2.929
$\dfrac{\alpha T}{n}$	1	0.750	0.611	0.521	0.457	0.408	0.370	0.340	0.314	0.293

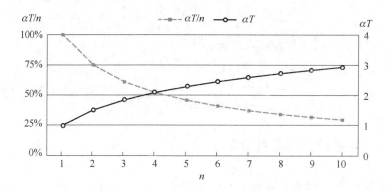

图 9-5 并接系统中子系统数量 n 对于可靠性的影响趋势分析图

上面的分析的前提是所有子系统都同时运行,即完全的热备份,在某个子系统失效时,只要其他子系统还能工作,全系统就处于正常状态。但这种热备份的资源效率和能源效率均较低。如果采用 n 个子系统冷备份模式,在一个子系统失效后,再激活下一个子系统,那么平均寿命将是原来的 n 倍,但是切换过程中往往需要消耗时间来完成故障检测和新系统的激活,相当于备件替换的修复方式。也有少量系统彼此热备份,再辅助若干冷备份的模式。

(2)可修复系统的并接

若所有并接子系统同时工作,各自失效和修复彼此独立,假设第 i 个子系统的失效率和修复率分别为 α_i 和 β_i,其可靠度 $R_i = \dfrac{\beta_i}{\alpha_i + \beta_i}$,代入式(9-12),可得:

$$R_{并} = 1 - \prod_{i=1}^{n}(1 - R_i) = 1 - \prod_{i=1}^{n}\left(1 - \frac{\beta_i}{\alpha_i + \beta_i}\right) = 1 - \prod_{i=1}^{n}\left(\frac{\alpha_i}{\alpha_i + \beta_i}\right) \quad (9\text{-}13)$$

加入修复事件彼此不独立,则需要借助状态图来分析系统的可靠性。

例 9.4 非独立并接系统

两个子系统并接形成一个系统,每个子系统都是可修复系统,且失效率 α 和修复率 β 均为常数。若在系统故障时只能修复一个子系统,求系统的可靠度 R。

解 设状态数 X 为系统中处于失效状态的子系统个数,可知 X 取值可为 0、1、2,当 $X=2$ 时,系统中所有子系统均失效,由于两个子系统是并接关系,此时总系统失效。其状态转移图如图 9-6 所示。

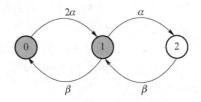

图 9-6　状态转移图

状态方程如下：

$$\begin{cases} p_2 + p_1 + p_0 = 1 \\ 2\alpha p_0 = \beta p_1 \\ \alpha p_2 = \beta p_2 \end{cases}$$

求解后得：

$$\begin{cases} p_0 = \dfrac{\beta^2}{2\alpha\beta + 2\alpha^2 + \beta^2} \\[2mm] p_1 = \dfrac{2\alpha\beta}{2\alpha\beta + 2\alpha^2 + \beta^2} \\[2mm] p_2 = \dfrac{2\alpha^2}{2\alpha\beta + 2\alpha^2 + \beta^2} \end{cases}$$

$$R = 1 - p_2$$

9.2.3　层次型串并接系统的可靠性分析

如果一个系统由一系列串接或者并接的子系统构成，每个子系统有相似的结构，而且每个子系统的子系统也有相似的结构，那么这个系统可称为层次型的串并接系统。对于这类系统，需要采用先层次化分解再合并计算的方法，下面用例题来讲解。

例 9.5　层次型串并接系统

一个系统由 9 个子系统构成，如图 9-7 所示，每个子系统彼此独立，第 i 个子系统的可靠性为 R_i，求混合系统的可靠性。

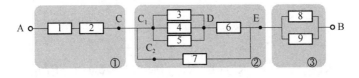

图 9-7　层次型串并接系统

解　将系统分解为三个部分：

$$R_{\mathrm{AB}} = R_{\mathrm{AC}} \cdot R_{\mathrm{CE}} \cdot R_{\mathrm{EB}}$$

然后计算每个部分的可靠性：

$$R_{\mathrm{AC}} = R_1 \cdot R_2$$

对于 CE 之间的部分，还可以继续二次甚至三次划分子系统：

$$R_{CE}=1-(1-R_{C1E})(1-R_{C2E})=1-(1-R_{C1D}R_{DE})(1-R_7)$$
$$=1-(1-R_{C1D}R_6)(1-R_7)$$
$$R_{C1D}=1-(1-R_3)(1-R_4)(1-R_5)$$
$$R_{EB}=1-(1-R_8)(1-R_9)$$

最后将各部分的计算结果合并即可。

9.2.4　复杂混合系统的可靠性分析

对于无法层次化分解为串并接的系统,可以采用状态分析法或者布尔计算的方法来求解。

例 9.6　独立桥接系统

一个混合系统由 5 个子系统构成,如图 9-8 所示,每个子系统彼此独立,第 i 个子系统的可靠性为 R_i,求混合系统的可靠性。

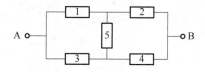

图 9-8　独立桥接系统

解　第 5 个子系统为这题中的桥接子系统,其状态分别为正常和失效,当第 5 子系统正常时,系统相当于第 1 和 3 子系统并接后与第 2、4 子系统并接系统串接,如图 9-9(a)所示,当第 5 子系统失效时,系统相当于第 1 和 2 子系统串接接后与第 3、4 子系统串接系统并接,如图 9-9(b)所示。

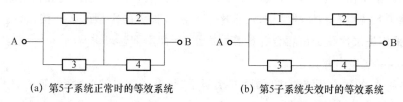

(a) 第5子系统正常时的等效系统　　　　(b) 第5子系统失效时的等效系统

图 9-9　独立桥接系统的等效系统

$$R_{系统}=R_5R_A+(1-R_5)R_B$$

其中,R_A,R_B 如下:

$$R_A=[1-(1-R_1)(1-R_2)][1-(1-R_3)(1-R_4)]$$
$$R_B=1-(1-R_1R_3)(1-R_2R_4)$$

例 9.7　k-out-of-n:G 系统

有一个混合系统由 4 个子系统构成,每个子系统的可靠度均为 R,只要其中 3 个子系统处于正常状态,总系统就能正常工作,各子系统彼此独立,求总系统的可靠度。

解　每个子系统状态正常的概率为 $p=R$,失效的概率为 $q=1-p=1-R$。

系统正常的情况有两种:

一种是全部子系统正常,这种情况的概率为 p^4。

另一种情况是只有一个系统失效,此时的概率为 $\binom{4}{1}p^3(1-p)$。

故而总系统的可靠度为其正常的概率

$$R_s = 4p^3(1-p) + p^4$$

这类系统被称为 n 中取 k 个好的系统,记为 k-out-of-n：G 系统,即一个系统由 n 个子系统构成,当其中至少 k 个子系统处于工作状态时,系统才能正常工作。这也是一类特殊的冗余模式,显然 n-out-of-n：G 系统就是 n 个子系统串接模式,而 1-out-of-n：G 系统就是 n 个子系统并接模式。

9.3　网络综合可靠度

9.3.1　网络连通性分析

在对通信网进行可靠性分析时,也可以使用 9.1.1 小节给出的可靠性定义——"系统在给定的条件下和在给定的时间区间内能完成要求的功能的能力",将所分析的通信网络看作一个系统,只不过构成这个系统的元件为通信设备和链路,系统提供的功能也就是通信功能。对于网络是否能完成通信功能,有不同的定义方法,需要从分析对象范围、通信性能边界等多种方面综合考虑什么是可靠,定义出数学概念上的可靠集和失效集,然后就可以定量计算网络处于可靠集的概率,得出网络的可靠度。

假设使用无向图 $G=(V,E)$ 描述网络的拓扑连接关系,图中端点数为 $|V|=n$,边数为 $|E|=m$。在 6.2.1 小节中,使用点连通度 α 来表示图的最小割端集中端的数目,用线连通度 β 表示图中最小割边集中边的数目。由于点连通度 α 代表去掉图中部分端使得图变为不联结的度量,所以又可称其为图的联结度(Connectivity)。线连通度 β 代表去掉某些边使图成为不联结的度量,又称其为图的结合度(Cohesion)。α 与 β 反映了图的可靠性大小,下面再定义一个混合连通度。

定义 9.8　混合连通度 γ

$\gamma=\min|Z|$,其中 Z 为混合割集,既可以包含端点,也可以包含边。

容易证明 $\alpha=\gamma\leqslant\beta\leqslant\delta\leqslant\dfrac{2m}{n}$,$\delta$ 为图的最小度数。

网络的可靠性定义可以从不同层面来定义,比如建设网络过程中,需要使用通信设备(端点)和通信缆线(边)组成网络,在组成过程中,除了包含物理的硬构件,也包含用软件实现功能的软构件(如信令、协议),在这个阶段分析网络可靠性时,需要更多的考虑连通可靠度,也就是保证边和端的连接方式是可靠的。在网络运营阶段,往往需要从性能角度分析可靠性,此时,可以通过对各类元件的评价工作时长推演处于网络正常状态的概率。在面向用户提供网络服务时,还需要考虑业务可靠性,分析网络的故障概率,推演网络系统是否能在规定时间和规定条件下完成规定的通信服务功能。在本节中,重点考虑连通性。

为了更加细致地分析图的连通可靠度,引入三个辅助指标。

定义 9.9 连通度辅助指标

$$C_a = 最小割端集的数目$$

$$B_\beta = 最小割边集的数目$$

$$A_\gamma = 最小混合割集的数目$$

例 9.8 如图 9-10(a)(b)(c)所示三个图,分别计算它们的各种可靠性指标。

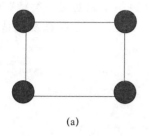 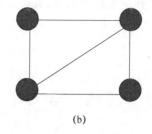 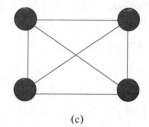

图 9-10 例 9.8 图

解 对于图(a),有 $\alpha = \beta = \gamma = 2, C_a = 2, B_\beta = 6, A_\gamma = 16$;

对于图(b),有 $\alpha = \beta = \gamma = 2, C_a = 1, B_\beta = 2, A_\gamma = 7$;

对于图(c),有 $\alpha = \beta = \gamma = 3, C_a = 4, B_\beta = 4, A_\gamma = 26$。

对于本例中的简单拓扑,使用定义即可完成各种可靠度指标的计算,对于复杂的拓扑,可以采用最大流最小割定理进行推导计算,考虑将图中的某两个端点 v_i 和 v_j 分开,对无向图进行转换,获取的指定端点对之间的最大流途经的最小割集,然后进行可靠性分析。

上面描述的连通度分析基础上只是考虑了拓扑连接关系,是对网络可靠性的一种确定性度量,与概率无关。在此基础上,如果图中边和端存在一定的故障概率,可以引入网络可靠性的概率性度量。

假设图 $G = (V, E)$ 中,端点数为 $|V| = n$,边数为 $|E| = m$。如果每条边的不可靠度为 p,每端的不可靠度为 q,由于各个端点的故障独立,在 $p \ll 1, q \ll 1$ 条件下,可以对网络的可靠度进行近似概率计算,具体定义如下。

定义 9.10 网络可靠集 = {没有失效的端之间连通},网络可靠度为网络处于可靠集的概率。

这里的网络可靠度不但和前面各种连通度有关,而且与边和端的故障概率有关,故有时也被称为概率性度量。针对故障的不同类型,可以分别计算不同情况下的网络可靠度。

(1) 仅有端故障(端故障概率为 q)

$C_i (i \geq \alpha)$ 表示有 i 个割端的割端集的数目,此时,网络的不可靠集可以按照割端集来分类,由于各个端点的故障独立,网络可靠度可以计算如下:

$$R(n) = 1 - \sum_{i=\alpha}^{n} C_i \cdot q^i (1-q)^{n-i}$$

其中,$q^i (1-q)^{n-i}$ 表示割端集中的 i 个端点均故障,而其他 $n-i$ 个端点正常的概率。对所有割端集的组合进行求和,即可获得网络处于不可靠状态的概率。

由于 $q \ll 1$,保留最大项,对应最小割端集,且 $1-q \approx 1$,所以,

$$R(n) \approx 1 - C_a \cdot q^a$$

（2）仅有边故障（端故障概率为 p）

与前面分析类似，仅有边故障时，网路可靠度

$$R(e) \approx 1 - B_\beta \cdot p^\beta$$

（3）混合割集

如果网络中端点和边可能同时故障，那么网络可靠度的近似计算如下：

$$R(n,e) \approx 1 - \sum p^s q^t$$

需要求和的项遍历所有 A_γ 个混合割集。

例 9.9 网络近似可靠度

有 4 个站连接成 3 种拓扑，设边故障率为 p，端故障率为 q，且 $p \ll 1, q \ll 1$。则在端和边均可能故障的情况下，计算不同拓扑结构下网络的近似可靠度。

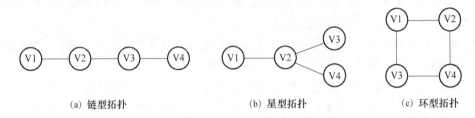

（a）链型拓扑　　　　　　（b）星型拓扑　　　　　　（c）环型拓扑

图 9-11　不同拓扑结构的网络近似可靠度分析

解　（1）链型拓扑

$\alpha = \beta = \gamma = 1, C_\alpha = 2, B_\beta = 3$；

只有端故障下的网络近似可靠度 $R_{(n)} \approx 1 - C_\alpha q^\alpha = 1 - 2q$；

只有边故障下的网络近似可靠度 $R_{(e)} \approx 1 - B_\beta p^\beta = 1 - 3p$；

混合故障下的网络近似可靠度 $R_{(n,e)} \approx 1 - 2q - 3p$。

（2）星型拓扑

$\alpha = \beta = \gamma = 1, C_\alpha = 1, B_\beta = 3$；

只有端故障下的网络近似可靠度 $R_{(n)} \approx 1 - C_\alpha q^\alpha = 1 - q$；

只有边故障下的网络近似可靠度 $R_{(e)} \approx 1 - B_\beta p^\beta = 1 - 3p$；

混合故障下的网络近似可靠度 $R_{(n,e)} \approx 1 - q - 3p$。

（3）环型拓扑

$\alpha = \beta = \gamma = 2, C_\alpha = 2, B_\beta = 6, A_\gamma = 16$；

只有端故障下的网络近似可靠度 $R_{(n)} \approx 1 - C_\alpha q^\alpha = 1 - 2q^2$；

只有边故障下的网络近似可靠度 $R_{(e)} \approx 1 - B_\beta p^\beta = 1 - 6p^2$；

混合故障下的网络近似可靠度 $R_{(n,e)} \approx 1 - 2q^2 - 6p^2 - 12pq$。

由上面的分析可知，环型拓扑可靠性优于其他两种拓扑结构。

如果只考虑网络中部分端点的可靠集，比如 $X \subset V$，可以用下面的定义。

定义 9.11　网络可靠集 $= \{X$ 没有失效的端之间连通$\}$，网络可靠度为网络处于可靠集的概率。

在此定义中，认为需要重点考虑 X 集合中的端点，对应于网络中需要重点保障可靠性的关键节点。当不属于 X 集合的端点发生故障时，可以不认为网络处于不可靠状态。在此

定义基础上,最小割端集的定义改为使 X 集合中端点不连通的最下割端集。最小割边集也需要相应变化。计算近似可靠时,所用的连通度辅助指标 C_α、B_β 和 A_γ 也需要根据新的定义修改。

考虑 G 中特定两个端点 s 和 t,s 和 t 之间的可靠度为两端之间有路径相通的概率。也可以沿用定义 9.11 的方法近似求解,此时,$X = \{s, t\}$。

如果网络中各端点和边的可靠度不一样,并且网络规模不大,那么可以使用概率分析的方法来精确求解可靠度问题。比如,可以利用布尔真值表先分析网络的状态,给网络中每个构件设定一个状态布尔变量。在不同的状态组合下,判断网络是否处于可靠集,最后计算各状态的概率。最后对所有可靠集的状态概率求和即可获得网络的可靠度。

当网络规模较大,无法适用精确分析的方法时,可以采用蒙特卡罗法(随机模拟法)进行可靠性的估算。其核心思想是通过随机抽样技术模拟网络中各构件的故障,进而获得整个系统故障的概率。算法步骤如下。

步骤 1:通过直接抽样法对网络中 N 个构件服从指数分布的寿命进行抽样,用抽样值模拟每个构件的故障时间,记为 $TTF_1, TTF_2, \cdots, TTF_n$。

步骤 2:对 TTF_i 从小到大进行排序,并记录每个 TTF_i 所对应的网络中的构件。

步骤 3:按以上排序模拟网络中各构件的故障时间,对应的构件依次发生故障。

步骤 4:对此刻故障时间进行判断,若未达到仿真上限时间,则判断对应构件故障后网络是否满足 k 端连通条件,若满足,则取下一个构件故障时间,重复步骤 4;若不满足,则记此构件的故障时间为本次仿真故障时间,记为 t_i,故障次数 $r(t)+1$。若此刻已达到仿真时间上限,则本次仿真无故障发生,进入下次仿真,返回步骤 1。

步骤 5:仿真次数达到 N_s 时,试验结束。

步骤 6:根据试验得到的数据,进行可靠性分析:

系统可靠度 $R(t)$:$R(t) = \dfrac{N_s - r(t)}{N_s}$。

平均故障时间 MTTF:$MTTF = \dfrac{1}{Ns} \sum_{i=1}^{N_s} t_i$。

返回值:$R(t)$,MTTF。

9.3.2 网络综合可靠度分析

9.3.1 小节给出了基于拓扑分析的可靠度确定性度量和基于可靠集分析的概率性度量,这两种方式均侧重于评价网络本身。为了进一步分析网络的可靠度,还需要考虑网络中承载的业务。下面以电话网为例,考虑网络平均呼损的计算。在通信网性能分析中已讨论电话网络平均呼损的计算方法,不过当时并没有考虑网络故障因素。考虑故障因素的电话网络平均呼损也被称为综合不可靠度。

如果网络用 $G = (V, E)$ 表示,$|V| = n$,$|E| = m$ 各个端和边的故障独立,考虑网络中的故障因素,网络将有 2^{n+m} 种状态。设在状态 $S_k (k = 0, 1, 2, \cdots, 2^{n+m}-1)$ 下,端 i 和 j 之间的呼损为 $p_{ij}(k)$,这个概率可以根据状态 S_k 下网络 G 的新结构 $G(k)$,然后依照 4.5 节中的方法计算 $p_{ij}(k)$。状态 S_k 的概率为 p_k,各端点之间的呼叫量为 a_{ij}。将网络平均呼损(综合

不可靠度)F 定义如下：

$$F = \frac{\sum\limits_{k=0}^{2^{m+n}-1} \left[\sum\limits_{i\cdot j} a_{ij} \cdot p_{ij}^{(k)}\right] \cdot p_k}{\sum\limits_{i\cdot j} a_{ij}} \tag{9-14}$$

此时，网络的综合可靠度为：

$$R = 1 - \frac{\sum\limits_{r=0}^{2^{m+n}-1} p_r \sum\limits_{i,j} a_{ij} p_{ij}^{(k)}}{\sum\limits_{i,j} a_{ij}}$$

式(9-14)的分子表示了不同状态下呼叫被拒绝的概率统计求和。由于端和边的故障概率很小，所以往往忽略多个故障同时发生的情况，只保留单故障或者双故障的情况，从而简化计算。即使如此简化，如果网络较为复杂，仍然难于精确求解，此时，也可以采用蒙特卡罗法(随机模拟法)进行仿真计算。

如果使用性能门限设定网络可靠集，那么式(9-14)计算的平均呼损也可用于计算另一类网络综合可靠度。

例如，设定呼损边界 $\varepsilon(0 < \varepsilon < 1)$，对每个状态 S_k 分析 $G(k)$ 的平均呼损，若平均呼损小于 ε，则该状态 S_k 为可靠集；否则，S_k 是不可靠集。

这种可靠集定义方式不仅依赖于拓扑结构、网络故障因素，而且依赖于网络承载的业务和相应的质量指标。

定义 9.12　当网络可靠集 $= \{S_k \mid S_k$ 下平均呼损小于 $\varepsilon\}$ 时，网络综合可靠度为：

$$R_\varepsilon = \sum p_k, S_k \in \text{网络可靠集}$$

网络综合可靠度为网络处于可靠集的概率，当呼损门限 ε 变化时，可以对应不同等级的业务应用需求。

例 9.10　网络综合可靠度计算

在图 9-12 三角形网络中，如果各条边的中继线数目均为 5，各端点之间的呼叫量均为 $a_{ij} = a = 3$ erl。各端点对之间除直达路由外，均有一条迂回路由。请计算：

(1) 不考虑故障的条件下的网络平均呼损；

(2) 每条边故障的概率为 0.10，各边故障概率独立，且端无故障条件下的网络平均呼损；

(3) 如(2)一样考虑故障，设定呼损边界 $\varepsilon = 0.1$，计算网络综合可靠度。

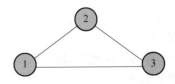

图 9-12　例题 9.10 配图

解　(1) 设 b_{ij} 为边 (i,j) 的阻塞率，$A_{i,j}$ 为边 (i,j) 上的呼叫量

$$A_{1,2}(1-b_{1,2}) = a_{1,2}(1-b_{1,2}) + a_{2,3}b_{2,3}(1-b_{1,2})(1-b_{1,3}) + a_{1,3}b_{1,3}(1-b_{1,2})(1-b_{2,3})$$

$$A_{1,2} = a_{1,2} + a_{2,3}b_{2,3}(1-b_{1,3}) + a_{1,3}b_{1,3}(1-b_{2,3})$$

根据爱尔兰公式，
$$B(s_{1,2},A_{1,2})=b_{1,2}, B(s_{1,3},A_{1,3})=b_{1,3}, B(s_{2,3},A_{2,3})=b_{2,3}$$
$b_{i,j}$可以通过迭代求解，各端之间的呼损计算如下：
$$p_{1,2}=b_{1,2}\left[1-(1-b_{1,3})(1-b_{2,3})\right]$$
$$p_{2,3}=b_{2,3}\left[1-(1-b_{1,2})(1-b_{1,3})\right]$$
$$p_{1,3}=b_{1,3}\left[1-(1-b_{2,3})(1-b_{1,2})\right]$$

考虑对称性，化简得：
$$B(s,A)=b$$
$$A=a+2ab(1-b)$$

对上述两式进行迭代求解，当 $a=3\mathrm{erl}$ 时，$b\approx0.19$，网络平均呼损 $p\approx0.07$。

（2）考虑网络故障，假设 $e_{1,3}$ 故障，网络将转化为 V1-V2-V3 的链型拓扑。设边阻塞率为 b，每边承载的总呼叫量为 A，则
$$A=a+a(1-b)$$

根据爱尔兰公式，有：
$$B(s,a)=b$$
其中，$s=5$。

两式迭代求解 $b\approx0.29$，$p_{1,2}=p_{2,3}=0.29$，
$$p_{1,3}=1-(1-b)^2=0.50$$

在此状态下，网络平均呼损为：
$$p\approx(0.29*2+0.5)/3=0.36$$

原三角形网络中出现单边故障的情况有三种，忽略双故障和两个以上的边故障情况。网络平均呼损为：
$$p\approx0.07*0.9^3+0.36*0.9^2*0.1*3=0.14$$

（3）如果 $\varepsilon=0.1$，由（2）知，单边故障时网络平均呼损为 0.36，不属于可靠集，所以可靠集只有网络全部边均正常的状态，网络处于此状态的概率为：
$$R_\varepsilon=\sum_{S_k\in\text{网络可靠集}}p_k=0.9^3=0.729\approx0.73$$

9.4　可靠性设计

可靠性设计方法
示例

可靠性设计的基本原则如下。

（1）避免串接的子系统过多

尽量简化系统构成，减少元器件和部件的数目。

（2）必要时采用备份形式并接系统

例如，在通信网中，若把呼损看作是不可靠的因素之一，则采用迂回路由，这等效于增加了备用电路。

（3）尽量减小各子系统和部件的故障率 α

例如，元器件的筛选，生产和安装工艺的提高，精心设计和测试。

（4）尽量提高修复率

增加维护力量,提高维护人员素质。采用故障诊断技术,以便快速置换电路板、模块或子系统。

本 章 习 题

9-1　如果某系统的失效率为常数 α,证明其寿命分布为含参数 α 的负指数分布。

9-2　一个系统由 9 个子系统构成,如图 9-13 所示,每个子系统彼此独立,第 i 个子系统的可靠性为 R_i,求混合系统的可靠性。

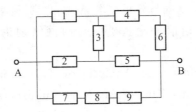

图 9-13　习题 9-2 配图

9-3　如果端故障概率为 q,边故障概率为 p,$p \ll 1$,$q \ll 1$,且各边、端故障概率独立。请计算如图 9-14 所示完全二部图 $K_{3,3}$ 在各种情况下的近似可靠度。

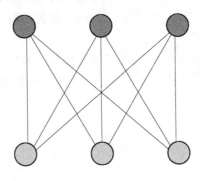

图 9-14　习题 9-3 配图

9-4　非独立不可修复系统的分析。

系统由两个子系统并接而成,这两个子系统的寿命 X_1 和 X_2 服从下面的二维负指数分布:

$$p\{X_1 > x_1, X_2 > x_2\} = \exp[-\alpha_1 x_1 - \alpha_2 x_2 - \alpha_{1,2} \max\{x_1, x_2\}]$$

其中,$x_1, x_2 \geq 0$,$\alpha_1, \alpha_2, \alpha_{1,2} > 0$,试分析系统的平均寿命和可靠度 $R(t)$。

9-5　如果某拓扑图中,节点的可靠度均为 r,链路的可靠性与长度有关,单位长度的线路故障概率为 p,在该拓扑上有一条业务采用了端到端的保护方式,有一条工作路由和一条保护路由,请简述计算该业务可靠性的方法。

参 考 文 献

[1] 周炯槃,等. 通信网理论基础[M]. 修订版. 北京:人民邮电出版社,2009.

[2] 苏驷希. 通信网性能分析基础[M]. 北京:北京邮电大学出版社,2006.

[3] 田丰,张运清. 图与网络流理论[M]. 北京:科学出版社,2015.

[4] 唐应辉,唐小我. 排队论基础与分析技术[M]. 北京:科学出版社,2006.

[5] 樊平毅,冯重熙. 现代通信理论基础(中册)网络理论[M]. 北京:清华大学出版社,2007.

[6] Wah Chun Chan. Performance Analysis of Telecommunications and Local Area Networks[M]. Dordrecht:Kluwer Academic Publishers,2000.

[7] Robert B Cooper. Introduction to Queueing Theory[M]. Amsterdam:Elsevier North Hooland,1981.

[8] 彭木根,刘雅琼,闫实,等. 物联网基础与应用[M]. 北京:北京邮电大学出版社,2019.

[9] 纪越峰. 现代通信技术[M]. 北京:北京邮电大学出版社,2020.

[10] 彭木根,刘喜庆,闫实,等. 6G移动通信系统:理论与技术[M]. 北京:人民邮电出版社,2022.

[11] 谢希仁. 计算机网络[M]. 北京:电子工业出版社,2017.

[12] 黄宁. 网络可靠性及评估技术[M]. 北京:国防工业出版社,2020.

附录 爱尔兰 B 表

注:第 1 列为中继线数量 CN,第一行为阻塞率 BR,表格内部为呼叫量(单位:erl)

CN\BR	0.01%	0.02%	0.05%	0.1%	0.2%	0.5%	1.0%	2.0%	5.0%	10%	20%	50%
1	0.000 1	0.000 2	0.000 5	0.001 0	0.002 0	0.005 0	0.010 1	0.020 4	0.052 6	0.111	0.250	1.00
2	0.014 2	0.020 2	0.032 1	0.045 8	0.065 3	0.105	0.153	0.223	0.381	0.595	1.00	2.73
3	0.086 8	0.110	0.152	0.194	0.249	0.349	0.455	0.605	0.899	1.27	1.93	4.59
4	0.235	0.282	0.362	0.439	0.535	0.701	0.869	1.09	1.52	2.05	2.95	6.50
5	0.452	0.527	0.649	0.762	0.900	1.13	1.36	1.66	2.22	2.88	4.01	8.44
6	0.728	0.832	0.996	1.15	1.33	1.62	1.91	2.28	2.96	3.76	5.11	10.39
7	1.05	1.19	1.39	1.58	1.80	2.16	2.50	2.93	3.74	4.67	6.23	12.4
8	1.42	1.58	1.83	2.05	2.31	2.73	3.13	3.63	4.54	5.59	7.37	14.3
9	1.83	2.01	2.30	2.56	2.85	3.33	3.78	4.34	5.37	6.54	8.52	16.3
10	2.26	2.47	2.80	3.09	3.42	3.96	4.46	5.08	6.22	7.51	9.69	18.3
11	2.72	2.97	3.32	3.65	4.02	4.61	5.16	5.84	7.08	8.49	10.9	20.3
12	3.21	3.48	3.88	4.23	4.64	5.28	5.87	6.62	7.95	9.47	12.0	22.2
13	3.72	4.01	4.45	4.83	5.27	5.97	6.61	7.40	8.84	10.5	13.2	24.2
14	4.24	4.56	5.03	5.45	5.92	6.67	7.35	8.20	9.73	11.5	14.4	26.2
15	4.78	5.13	5.64	6.07	6.58	7.38	8.11	9.01	10.6	12.5	15.6	28.2
16	5.34	5.71	6.25	6.72	7.26	8.10	8.87	9.83	11.5	13.5	16.8	30.2
17	5.91	6.30	6.87	7.38	7.95	8.83	9.65	10.7	12.5	14.5	18.0	32.2
18	6.49	6.91	7.52	8.04	8.64	9.58	10.4	11.5	13.4	15.6	19.2	34.2
19	7.09	7.53	8.17	8.73	9.35	10.3	11.2	12.3	14.3	16.6	20.4	36.2
20	7.70	8.15	8.83	9.41	10.1	11.1	12.0	13.2	15.3	17.6	21.6	38.2
21	8.32	8.79	9.50	10.1	10.8	11.9	12.8	14.0	16.2	18.7	22.8	40.2
22	8.95	9.44	10.2	10.8	11.5	12.6	13.7	14.9	17.1	19.7	24.1	42.1
23	9.58	10.1	10.9	11.5	12.3	13.4	14.5	15.8	18.1	20.7	25.3	44.1
24	10.2	10.8	11.6	12.2	13.0	14.2	15.3	16.6	19.0	21.8	26.5	46.1
25	10.9	11.4	12.3	13.0	13.8	15.0	16.1	17.5	20.0	22.8	27.7	48.1
26	11.5	12.1	13.0	13.7	14.5	15.8	17.0	18.4	20.9	23.9	28.9	50.1
27	12.2	12.8	13.7	14.4	15.3	16.6	17.8	19.3	21.9	24.9	30.2	52.1
28	12.9	13.5	14.4	15.2	16.1	17.4	18.6	20.1	22.9	26.0	31.4	54.1
29	13.6	14.2	15.1	15.9	16.8	18.2	19.5	21.0	23.8	27.1	32.6	56.1

续　表

CN\BR	0.01%	0.02%	0.05%	0.1%	0.2%	0.5%	1.0%	2.0%	5.0%	10%	20%	50%
30	14.2	14.9	15.9	16.7	17.6	19.0	20.3	21.9	24.8	28.1	33.8	58.1
31	14.9	15.6	16.6	17.4	18.4	19.9	21.2	22.8	25.8	29.2	35.1	60.1
32	15.6	16.3	17.3	18.2	19.2	20.7	22.0	23.7	26.7	30.2	36.3	62.1
33	16.3	17.0	18.1	19.0	20.0	21.5	22.9	24.6	27.7	31.3	37.5	64.1
34	17.0	17.8	18.8	19.7	20.8	22.3	23.8	25.5	28.7	32.4	38.8	66.1
35	17.8	18.5	19.6	20.5	21.6	23.2	24.6	26.4	29.7	33.4	40.0	68.1
36	18.5	19.2	20.3	21.3	22.4	24.0	25.5	27.3	30.7	34.5	41.2	70.1
37	19.2	20.0	21.1	22.1	23.2	24.8	26.4	28.3	31.6	35.6	42.4	72.1
38	19.9	20.7	21.9	22.9	24.0	25.7	27.3	29.2	32.6	36.6	43.7	74.1
39	20.6	21.4	22.6	23.7	24.8	26.5	28.1	30.1	33.6	37.7	44.9	76.1
40	21.4	22.2	23.4	24.4	25.6	27.4	29.0	31.0	34.6	38.8	46.1	78.1
41	22.1	23.0	24.2	25.2	26.4	28.2	29.9	31.9	35.6	39.9	47.4	80.1
42	22.8	23.7	25.0	26.0	27.2	29.1	30.8	32.8	36.6	40.9	48.6	82.1
43	23.6	24.5	25.7	26.8	28.1	29.9	31.7	33.8	37.6	42.0	49.9	84.1
44	24.3	25.2	26.5	27.6	28.9	30.8	32.5	34.7	38.6	43.1	51.1	86.1
45	25.1	26.0	27.3	28.4	29.7	31.7	33.4	35.6	39.5	44.2	52.3	88.1
46	25.8	26.8	28.1	29.3	30.5	32.5	34.3	36.5	40.5	45.2	53.6	90.1
47	26.6	27.5	28.9	30.1	31.4	33.4	35.2	37.5	41.5	46.3	54.8	92.1
48	27.3	28.3	29.7	30.9	32.2	34.2	36.1	38.4	42.5	47.4	56.0	94.1
49	28.1	29.1	30.5	31.7	33.0	35.1	37.0	39.3	43.5	48.5	57.3	96.1
50	28.9	29.8	31.3	32.5	33.9	36.0	37.9	40.3	44.5	49.6	58.5	98.1
60	36.6	37.8	39.4	40.8	42.4	44.8	47.0	49.6	54.6	60.4	70.9	118.1
70	44.6	45.8	47.7	49.2	51.0	53.7	56.1	59.1	64.7	71.3	83.3	138.1
80	52.7	54.1	56.1	57.8	59.7	62.7	65.4	68.7	74.8	82.2	95.7	158.0
90	60.9	62.4	64.6	66.5	68.6	71.8	74.7	78.3	85.0	93.1	108.2	178.0
100	69.3	70.9	73.2	75.2	77.5	80.9	84.1	88.0	95.2	104.1	120.6	198.0
150	112.1	114.2	117.3	119.9	122.9	127.4	131.6	136.8	146.7	159.1	183.0	298.0
200	156.2	158.7	162.5	165.6	169.2	174.6	179.7	186.2	198.5	214.3	245.4	398.0
300	246.4	249.7	254.6	258.6	263.2	270.4	277.1	285.7	302.6	325.0	370.3	598.0
400	338.4	342.3	348.1	353.0	358.5	367.2	375.3	385.9	407.1	435.8	495.2	798.0
500	431.4	435.9	442.5	448.2	454.5	464.5	474.0	486.4	511.8	546.7	620.2	998.0
600	525.2	530.2	537.6	543.9	551.0	562.3	573.1	587.2	616.6	657.7	745.2	1 198.0
700	619.5	625.1	633.2	640.1	647.9	660.4	672.4	688.2	721.4	768.7	870.1	1 398.0
800	714.3	720.3	729.1	736.6	745.1	758.7	771.8	789.3	826.4	879.7	995.1	1 598.0
900	809.4	815.8	825.3	833.3	842.5	857.2	871.5	890.5	931.4	990.8	1 120.1	1 798.0
1 000	904.8	911.7	921.7	930.3	940.1	955.9	971.2	991.9	1 036.4	1 101.8	1 245.1	1 998.0